Technology of the diesel engine

Motor Fan
illustrated Vol. 15

DIESEL Technology

Motor Fan illustrated CONTENTS
Special Edition

078 도해특집 디젤 엔진 -제2탄-

008	**Chapter 1**	구조와 연소
	008	압축 착화가 디젤 엔진의 특징
	010	연소 기구
	012	디젤 엔진과 배출가스
	014	**Column1** 국제 경쟁에서 살아남은 토요타(Toyota) – 자동 직기(織機) 기술
016	**Chapter 2**	연료 분사
	022	**Column2** 커먼 레일 연료 시스템의 조립
024	**Chapter 3**	과급과 EGR
	024	과급
	032	EGR
	038	**Column3** 진화를 계속하는 복서 디젤
042	**Chapter 4**	후처리 기술
046	**Chapter 5**	디젤 엔진 배기가스 규제의 향방
	050	**Column4** 엔지니어링 회사 IAV에게 들어보는 10개의 질문……
054	**Chapter 6**	대형 디젤 엔진 기술
	058	**Column5** 거대한 선박용 디젤 엔진의 테크놀로지
062	Epilogue	

실연비 중시 시대와 디젤 엔진에 대한 기대도

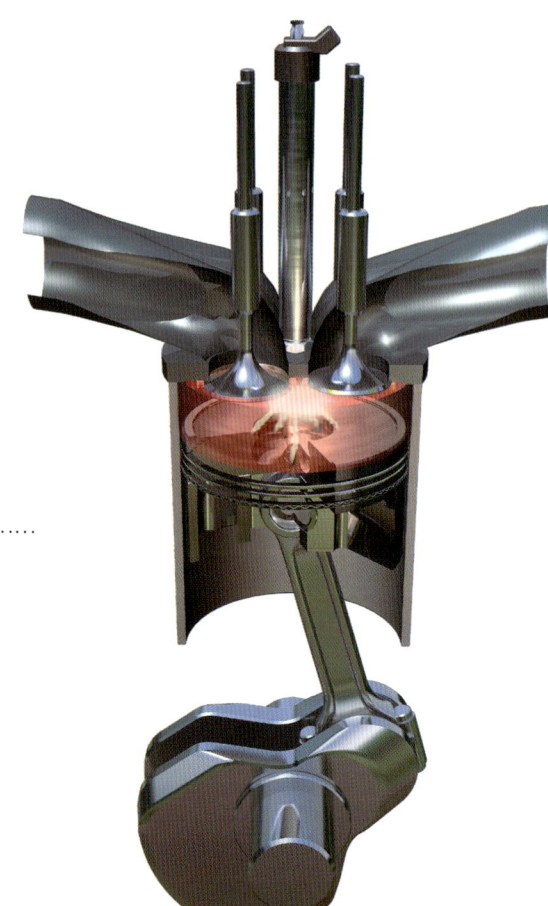

064 도해특집 터보의 신시대

066	Introduction	사고방식은「배기량」에서「흡기량」으로, 결코 작지 않은 10년간의 변화
070	Chapter 1	[BASICS] 과급이란?
	070	왜 과급을 해야 하는가?
	072	터보차저의 매칭
	074	궁극의 레스 실린더(Less cylinder) 개념
	076	디젤 엔진과 과급은 왜 조합이 잘 이루어지는가?
	078	자동차용 엔진에는 무엇이 최적일까
	080	터보차저(turbo-charger)
	084	슈퍼차저(super-charger)
	086	일렉트릭 차저(electric charger)
	088	인터쿨러(inter-cooler)
090	Chapter 2	[EFFICIENT] 과급기의 구조
	090	과급 응답 지연의 대책
	094	가변 밸브 계통과 과급은 조합이 잘 이루어진다
	096	신세대 배기 매니폴드를 향한 도전
	098	**SPECIAL INTERVIEW** 연소의 메커니즘이 더욱 해명된다면 과급 엔진은 더욱 재미있어진다
100	Chapter 3	[CATALOGUE] 과급기 시스템의 구성
	100	Single Scroll Turbo 터보차저×1
	102	Twin Scroll Turbo 터보차저×1
	104	Two Stage Turbo(Sequential Turbo) 터보차저×2
	106	Variable Geometry Turbo 가변 용량 터보차저×1
	108	Twin Turbo(Parallel Twin Turbo) 터보차저×2
	110	Supercharger 슈퍼차저×1
	112	Super Turbo 터보차저+슈퍼차저
	114	카트리지의 제조 현장
118	Epilogue	「과급」의 혜택은 무한대이다

도해 특집 : **디젤 엔진 -제2탄-**

디젤 엔진 기초, 그리고 미래

드디어 일본에서도 디젤 엔진이 시민권을 획득하였다.
하지만 시장 점유율은 겨우 1%에 지나지 않는다. 디젤 엔진 본래의 실력으로 봐서는 아직도 갈 길이 멀다.
이 잡지에서는 창간호(번역판 Vol.3) 및 Vol.25(번역판 Vol.6)에서 디젤 엔진에 대해 다루고 있다.
그로부터 5년. 디젤 엔진은 진화를 통해 거듭나고 있다.
클린·디젤은 다음 단계로 진화되고 있는 것이다.
지금이야말로 디젤의 기초를 알고 미래를 직시할 절호의 기회다.
이러한 생각을 갖고 이 특집을 편성하였다.

취재협력 : Bosch / Continental Automotive / 후지중공업 / 히노자동차 / IAV / 미쓰비시 중공업 / 토요타자동직기 / Wärtsilä Japan
사진 : 델파이(Delphi)

드디어 일본에서도 [클린 디젤]이라는 이름으로 디젤 엔진을 탑재한(이하 디젤 엔진) 승용자동차의 판매가 조금씩 증가되며 활기를 띠고 있다. 아직도 모델의 수는 적지만 일본의 자동차 메이커 각사에서 판매개시 및 판매의 확대를 향하여 준비를 하고 있다. 오랫동안 극단적으로 진행되어온 가솔린 엔진 자동차의 편중시대가 막을 내리려고 하는 커다란 변환기이다.

디젤 엔진 승용자동차의 판매가 잘 되는 유럽에서는 EU(유럽연합) 선행가맹 15개국과 EFTA(유럽자유 무역권) 3개국을 통틀어 디젤 엔진 승용자동차의 점유율이 60%에 근접하고 있다. 2012년의 데이터는 아직 공표되지 않았지만 필시 60%에 도달했을 것이다.

7~8년 전의「디젤 엔진은 터보차저나 배기가스 후처리 장치를 장착하는 비용의 상승으로 구입자가 연료비의 인센티브(연료비 차액)를 얻을 수 없어서 점유율의 상승이 멈출 것이다.」라고 말들을 해 왔다. 실제로 가솔린 엔진 자동차와 비교해 보면 디젤 엔진 자동차의 가격은 10%정도 더 높다.

그런데도 디젤 엔진 자동차는 유럽에서 판매가 계속 잘 되고 있다. 왜일까? ……

한 자동차 메이커의 판매 담당자는「유럽에서 디젤 엔진 자동차는 동력성능 때문에 판매되고 있다. 가솔린 엔진 자동차보다 중속의 가속 성능이 좋을 뿐만 아니라 가속 페달의 조작에 대한 응답성도 좋기 때문에 유럽은 디젤 엔진의 자동차가 전성시대다」「CO_2 의 배출이 가솔린 엔진 자동차보다 낮은 디젤 엔진 자동차가 활개를 치며 달릴 수 있다. 그래서 고성능 디젤 엔진 자동차가 판매되는 것이다」라고 말했다.

예전에는 1.6ℓ 가솔린 엔진 자동차와 같은 모델에 2.0ℓ NA(무과급) 디젤 엔진이 탑재되었다. 현재의 과급 디젤 엔진이라면 배기량을 가솔린 엔진보다 오히려 적게 할 수 있으며, 연소시의「카락 카락」하던 독특한 소음도 낮아졌고 진동도 감소되었다. 그로 인해서 과급기와의 조합이 잘 이루어져 동급의 가솔린 엔진 자동차보다 연비는 25~30%나 더 향상되었다. 고성능화 및 저소음화가 디젤 엔진 자동차의 판매율을 활성화시키는 최대의 요소인 것이다.

하나 더, 운행비용이 저렴한 것도 매력이다. 유럽의 각 나라를 보면 디젤 엔진 승용자동차의 판매율이 높은 나라는 하나같이 경유 가격이 가솔린 가격보다 싼 경향이 있고 연료 가격과 그 가격을 결정하는 큰 요인인 세무에 관한 제도(稅制)는 자동차 판매 방향에 영향을 준다. 가솔린 엔진 자동차와 비교하여 일상적으로 비용이 싸기 때문에 프랑스나 벨기에, 노르웨이 등에서는 디젤 엔진 승용자동차의 비율이 70%대로 높다. 그렇지 않아도 가솔린 엔진보다 열효율이 뛰어난 디젤 엔진이 저렴한 연료비의 혜택을 추가로 받을 수 있다면 판매되지 않을 이유가 없다.

한편 세계에서 유일하게 제한속도가 무제한인 '아우토반'

Illustration Feature
Diesel Engine THE NEXT!

CHAPTER 0

KEYNOTE

『왜 지금 디젤인가?』

디젤 엔진을 탑재한 승용자동차가 전 세계적으로 판매 대수를 늘려가고 있다.
유럽에서는 EU가맹 27개국의 평균으로 디젤 엔진 자동차의 점유율이 약 60%나 되었다.
가솔린 엔진 자동차가 압도적인 점유율 기록하고 있는 미국과 일본에서도 서서히 디젤 엔진 자동차에 대한 관심이 높아지고 있다.
그 이유는 CO_2 배출의 저감으로 연결되는 좋은 열효율 때문만은 아니다.
저중속의 영역에서 토크의 크기가 고성능 자동차(High Performance car)의 동력원으로서도 중요한 위치를 차지하고 있기 때문이다.
「같은 출력을 얻기 위해서는 가솔린×1.2 이상의 배기량이 필요하다.」라고 알려진 디젤 엔진의 과거는 이미 지나갔다.

글 : 마키노 시게오(Shigeo Makino) 그림 : Bosch/ACEA/마키노 시게오

을 갖고 있는 독일에서는 디젤 엔진 승용자동차의 비율이 아직 50%까지는 못 미치는 상황이며, 영국에서는 50%를 조금 상회하고 있다. 연료 가격은 가솔린이나 경유나 거의 같지만 같은 1ℓ의 연료로써 주행할 수 있는 거리가 디젤 엔진 승용자동차가 길기 때문에 특히 장거리 통근자나 회사 업무용 자동차로 디젤 엔진 승용자동차가 판매되고 있는 것 같다. 그리고 주행시의 가속성능도 양호하여 독일의 아우토반과 영국의 모터웨이에서는 내측의 차선을 디젤 엔진 승용자동차가 달리고 있다.

생각해 보면 일본도 경유 가격이 가솔린보다 비교적 싸기 때문에 디젤 엔진 승용자동차의 점유율을 높일 가능성이 있다. 만약 일본의 자동차 사용자의 연간 평균 주행거리가 15,000km 라면 그 가능성은 더욱 높아 질 것이다. 그러나 실제로는 7,000km정도가 평균이기 때문에 차량의 가격이 상대적으로 높은 디젤 엔진 승용자동차를 구입한다면 그 차량의 가격만큼을 연료비로써 절감하여 만회하기 까지는 몇 년이나 더 계속하여 사용하지 않으면 안된다. 연간 20,000km 이상 주행한다면 디젤 엔진 승용자동차는 압도적으로 유리하지만 평균 주행거리가 짧은 일본시장에서는 어려움이 있다.

한편, 1990년 당시의 EC(유럽공동체)에서도 디젤 엔진 승용자동차의 비율은 10%대였다. 1991년 가을, EU가 발족하기 전 브뤼셀에서 EC위원회를 취재하고 있던 당시 EC사무소 내에서「언젠가는 디젤 엔진 승용자동차의 비율이 상승할 것이다. 동서 냉전이 종결되었기 때문에 더 이상의 경유를 비축할 필요가 없어졌다」라고 들었다. 조금 생각해보면 알 수 있듯이 1989년 11월에「베를린 장벽」이 붕괴되고 1990년 10월에 동서 독일이 통일 되었다. 냉전의 종결이었다. 바르샤바 조약기구 군과 NATO군이 대치하고 있던 동서 독일의 국경선 부근에서는 전차 등 지상군의 차량에 없어서는 안 될 경유가 대량으로 비축되고 있었지만 그 비축이 불필요하게 되었다. 원유를 정제하여 얻어지는 중간유분이 일정한 비율로 경유와 가솔린이 생성된다. 그러나 경유는 유사시에 필요하기 때문에 비축한 분량은 절대로 소비할 수 없는 것이었다. 마찬가지로 공군이 사용하는 제트 연료(등유에 가솔린을 혼합한 것)도 비축되고 있었다.

동서 냉전의 종결로 디젤 엔진 승용자동차의 비율이 상승한다고 잘라 말할 수 없지만 안전보장의 환경 변화가 하나의 계기가 된 것은 부정할 수 없을 것이다. 그리고 그 후로 등장한 유닛 인젝터(unit injector), 그 다음 세대의 커먼레일이라는 연료장치가 디젤 엔진 승용자동차의 성능을 비약적으로 향상시키면서 보급에 드라이브를 걸었다. 1994년부터 97년 사이에는 디젤 엔진의 보급「휴지기」는 기술적으로 발전이 적었던 점이나 정치 체제 및 연료 세제의 문제에 커다란 움직임이 없었다는 이유로 설명이 된다.

왜 지금 디젤 엔진인가?……여러 가지 요인 중에서 가장 큰 이유를 찾아낸다면 자동차로 인한 CO_2의 문제일 것이다. 그러나 대의만으로 상품은 판매되지 않는다.

유럽에서 디젤 엔진이 판매되어 승용차의 60%에 달하고 있는 이유를 한마디로 표현한다면「고객욕구를 만족시키고 있다」는 것은 아닐까. 쏜살같이 매우 빠르게 주행하여도 연비가 좋으며, 속도가 나오고 응답성도 좋다. 차내에서「카락 카락」하던 소음은 이제 거의 들리지 않게 되었다. 굳이 대의가 아니더라도 단순히 좋아졌기 때문이라고 생각한다.

MCC(Micro Compact Car) 스마트 카가 등장하였을 때 고급 자동차 소유자들이 앞 다투어 구입한 이유는 배기량이 큰 자동차가 주차된 차고 앞에 세워두기 위해서였다. 언젠가 디젤 엔진은 스포츠카 세계도 석권할 것이다. 고성능 디젤 엔진의 하이브리드로써 CO_2 배출이 적은 고성능 자동차라면 각 자동차 회사마다의 CO_2 평균값을 큰 폭으로 올라가게 할 염려도 없을 테니까.

금회는 Vol.25[디젤. 진정한 역량(번역판 Vol.6)] 이후 5년만의 특집이다. 이따금 디젤 엔진을 취급하곤 하였지만 체계적으로 디젤 엔진만으로 특집을 내는 것은 오랜만이다. 약 5년분의 디젤 엔진의 진보를 지면에서 느낄 수 있다면 하는 바램이다.

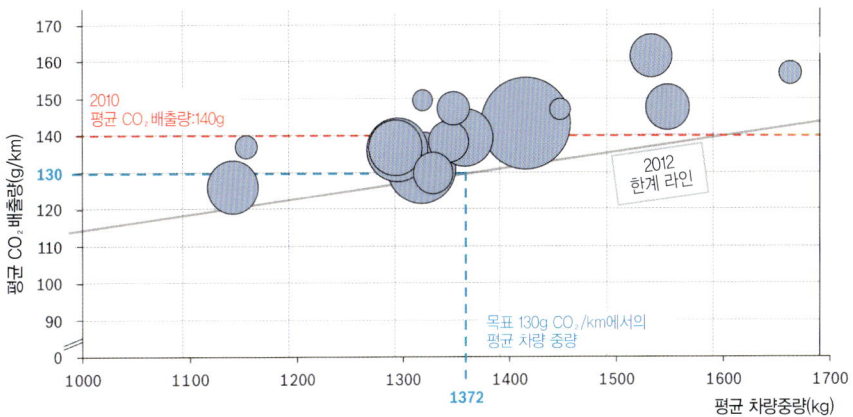

〈EU에서의 자동차 메이커 별 평균 CO_2 배출(2010년)〉

디젤 엔진 연료분사장치 공급원인 독일·Robert Bosch가 정리한 데이터이다. 하나의 원이 하나의 자동차 메이커이고 원의 크기가 판매 대수를 표시한 것이다. 당면한 목표인 130g/km는 아직 달성하지 못한 메이커가 많다. 이 그래프에서 95g/km가 극히 어려운 기술이라는 것을 알 수 있다.

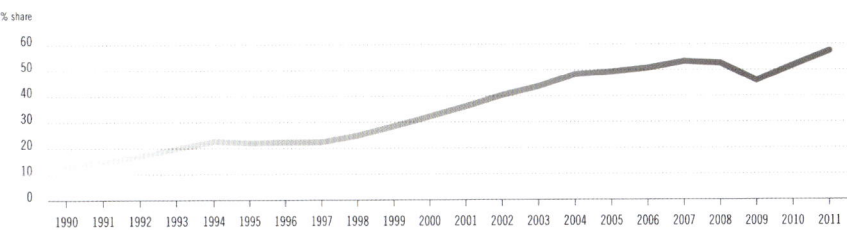

유럽 시장에서의 디젤 엔진 승용자동차 비율 추이(EU선행가맹 15개국 + EFTA)

ACEA(유럽자동차공업회)가 요약한 디젤 엔진 상용자동차 비율의 추이를 보면 1990년 이후 디젤 엔진 자동차는 오른쪽으로 상향되고 있다. 2008년 가을, 리먼쇼크에 의해 2008년과 2009년에 뚝 떨어지는 것을 볼 수 있지만 그 후의 회복세는 현저하다. 단, 원유 정제의 관계로 볼 때「적정 비율은 60%정도가 아닐까」라고 말들을 한다.

Illustration Feature
Diesel Engine THE NEXT!

CHAPTER 1

[Structure and Combustion]

구조와 연소
강건한 보디와 고정밀도의 제어를 가능하게 하는 현대의 디젤 연소

크고 무거운 구조에서 큰 토크를 생성하며, 연비가 뛰어나다, 소음이 큰 배출가스로 고생한다.
디젤 엔진의 일반적인 이미지는 이와 같을 것이다.
왜 같은 4행정 엔진인 가솔린 엔진과 비교해서 같은 배기량에서도 이 정도의 차이가 생기는 것일까.
연소방법에서 그 이유를 고찰해 보자.

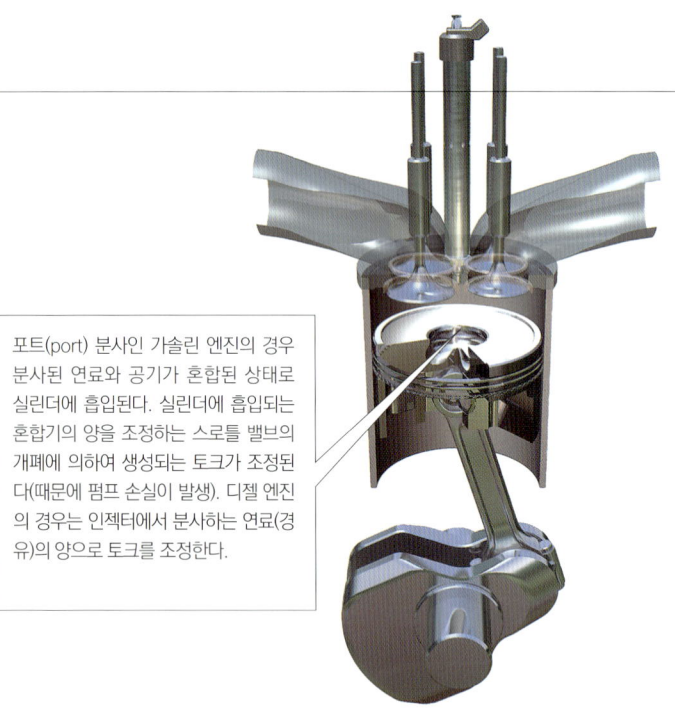

포트(port) 분사인 가솔린 엔진의 경우 분사된 연료와 공기가 혼합된 상태로 실린더에 흡입된다. 실린더에 흡입되는 혼합기의 양을 조정하는 스로틀 밸브의 개폐에 의하여 생성되는 토크가 조정된다(때문에 펌프 손실이 발생). 디젤 엔진의 경우는 인젝터에서 분사하는 연료(경유)의 양으로 토크를 조정한다.

흡기 행정

디젤 엔진의 경우는 먼저 실린더 내로 공기만을 흡입한다. 압축 행정의 후반에 분사한 연료와 공기가 잘 혼합되도록 하기 위하여 흡기 포트의 형상을 최적화하거나 한쪽의 밸브를 닫아 강한 와류를 형성하는 것이 일반적이다.

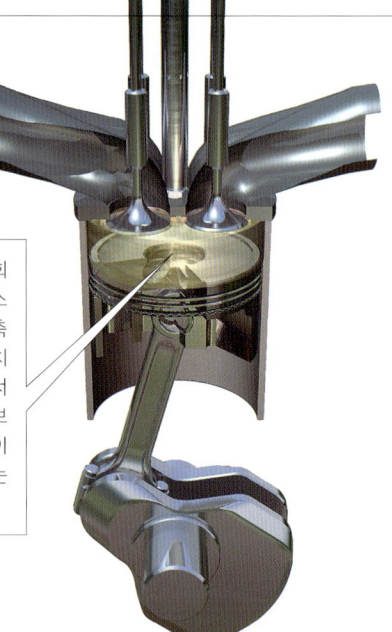

강한 와류(swirl : 수직축을 중심으로 회전하는 흐름)를 형성하는 공기는 피스톤이 상승함에 따라 상하 방향으로 압축되고 최종적으로는 피스톤 헤드에 설치된 공동(cavity)에 갇힌다. 이 공동에서 연소를 완결시키기 때문에 흡배기 밸브를 수직으로 배치시켜 불필요한 공간이 없도록 하는 설계가 디젤 엔진에서는 일반적이다.

압축 행정 중

피스톤이 상사점으로 상승하는 도중에 고압 인젝터에서 연료를 분사한다. 연료를 높은 압력으로 작은 분사공으로 부터 분사하면 무화(atomization : 안개와 같은 작은 입자)가 되어 잘 확산되기 때문에 공기와 쉽게 혼합된다. 인젝터의 설치 위치는 상단(top)과 측면(side)으로 대별할 수 있다.

압축 착화가 디젤 엔진의 특징
점화 플러그를 사용하지 않고 연소를 시작하는 엔진

공기를 실린더 내에서 계속해 압축하면 매우 높은 고온이 발생한다.
그 온도보다 착화점이 낮은 연료를 분사하면 연소가 즉시 시작된다. 이것이 디젤 엔진의 연소 원리이다.

글 : 세라 코타(Kota Sera) 그림 : 쿠마가이 토시나오(Toshinao Kumagai)

가솔린 엔진이나 디젤 엔진은 모두 흡기~압축~팽창(연소)~배기의 4행정을 반복하여 연료를 연소시키는 것은 다름이 없지만 결정적으로 다른 것이 있다. 가솔린을 사용하는 4행정(Otto cycle) 엔진이 공기에 연료를 혼합한 후 점화 플러그로 착화하여 연소시키는 것에 반해, 경유를 연료로 사용하는 디젤 엔진은 실린더에 공기만을 흡입한 후 압축에 의해 고온이 된 공기 속으로 연료를 분사하여 자기착화를 시킨다. 「불꽃점화」와 「자기착화」가 가솔린 엔진과 디젤 엔진의 가장 큰 차이점이다.

발생되는 토크의 제어는 가솔린 엔진처럼 스로틀 밸브의 개폐에 의한 공기량의 가감으로 수행하지 않고 직접분사 인젝터가 분사하는 연료의 양으로 제어하는 것이 기본이다. 그래서 디젤 엔진은 일반적으로 스로틀 밸브를 설치하지 않는다. 그러므로 가솔린 엔진과 비교해 보면 펌프 손실(pump loss)의 면에서 유리하다.

그리고 디젤 엔진은 압축되어 고온으로 된 공기 속에 연료를 분사하는 방식으로 동시 다점적으로 연료가 점화되고 그것이 확산되는 힘에 의해 실린더 내의 압력이 상승한다. 국소적으로 이론 공연비 상태라 하여도 연소실 전체로는 희박연소(lean burn) 상태이다. 압축하여 공기의 온도를 높일 필요성이 있다는 점에서 압축비를 높게 할 필요가 있지만 그렇게 하면 필연적으로 팽창비도 높아진다.

스로틀 밸브가 없다는 점, 희박한 연소인 점, 팽창비가 크다는 점이 가솔린 엔진과 비교해서 디젤 엔진이 열효율이 높아지는 3대 이유이다. 지금의 시대에 있어서 디젤 엔진을 표현할 때 터보차저에 의한 과급을 하는 것이 암묵적인 양해 사항으로 되어 있다. 일부러 「터보 장착」이라고 광고할 필요가 없을 정도로 일반적이다.

가솔린 엔진 보다 한발 앞서서 과급 다운사이징을 실현하고 있는 것으로 과급에 의해 흡입 공기량을 유연하게 제어할 수 있게 되었다. 엔진 부하가 높은 영역을 적극적으로 사용함(down speeding)으로써 열효율을 높이고 있다.

팽창비가 높다는 것은 효율을 높이는 요소의 하나이지만 팽창비가 커질수록 냉각손실이 증가되기 때문에 그만큼 몫을 빼앗겨 버린다. 열효율 면에서는 압축비 14 부근이 최적이다. 그러므로 자동차 메이커는 모두 디젤 엔진의 압축비를 낮추려 하고 있다.

디젤 엔진에서 저압축비화의 경향에는 이유가 하나 더 있다. NOx나 PM을 경유가 연소할 때 발생하는 대표적인 유해물질인 NOx나 PM을 경감시킬 수 있는 가능성이 높아진다(상세히는 P12참조). 저압축비로 설정하고 싶지만 할 수 없는 것은 저온 시동성을 확보할 수 없기 때문에 디젤 엔진의 압축비는 현재 전적으로 저온 시동성에 얽매여져 있다고 해도 과언이 아니다.

유해 배출가스 성능을 향상시킬 수 있는 것이 저압축비화의 최대 장점이다. 움직이는 부품(moving parts)을 가볍고 가늘게 만들거나 블록을 주철에서 알루미늄으로 만들어 기계저항을 저감시키거나 경량화시키는 것은 주요소가 아닌 부차적인 효과가 되었다.

압축 행정(상사점)

포트 분사인 가솔린 엔진의 경우 연소실은 피스톤 헤드 면과 실린더 헤드 사이에 형성되는 원추 형상의 공간이지만 디젤의 경우는 피스톤 헤드 면에 설치된 공동(우묵한 곳)뿐이다. 자기착화이기 때문에 점화 플러그는 설치하지 않는다.

인젝터에 가공된 여러 개의 구멍에서 분사되는 연료는 급격히 확산되면서 고온고압의 공기와 만나 가열되어 증발된다. 연소되기 쉬운 상태로 된 부분으로부터 자기착화가 일어난다. 착화에 의하여 실린더 내의 온도와 압력이 급격하게 상승하면 그로인해 나머지 연료의 증발과 혼합이 빠르게 이루어져 연소가 촉진된다.

팽창 행정

디젤은 고압축 상태에서 연소가 시작되기 때문에 연소가 급속하게 일어나고 실린더 내의 압력이 매우 높아진다. 높은 압력에 견디기 위하여 엔진을 구성하는 부품류는 높은 강도와 강성을 필요로 한다. 압축비를 낮게 한다면 강도·강성의 요구 수준을 낮출 수 있다.

연소에 의하여 실린더 내의 압력이 상승되기 시작하여도 인젝터는 연료 분사를 계속한다. 이 상태에서는 국소적으로 농후한 혼합기 상태가 되기 때문에 산소가 부족해지며 액적(液滴)이 미연소 되면 매연이 발생하기 쉽다. 혼합이 잘 되어야 매연이 발생되지 않는다. 한편, 연소 온도가 높을수록 NOx가 발생하기 쉬워진다. 일반적으로 매연과 NOx의 발생은 상충관계(trade-off)에 있다.

▶ 불꽃 점화 엔진(Spark ignition engine)

포트 분사이건 직접분사(이하 직분)이건, 가솔린 엔진은 점화 플러그가 발생시키는 스파크에 의하여 연료를 착화시키는 것이 디젤 엔진과 다른 점이다. 가솔린의 착화점은 경유의 착화점보다 높아 자기착화하기 어려운 성질을 갖고 있다. 반면에 연소온도가 높고 착화되지 말아야 할 상황에서 자기착화[노킹(knocking)이나 이상연소] 되면 엔진을 손상시킬 위험이 높다. 가솔린 엔진은 온도 상승에 의한 자기착화를 피하기 위하여 압축비를 낮게 하는 것이(과거의 일이었지만) 상식이다.

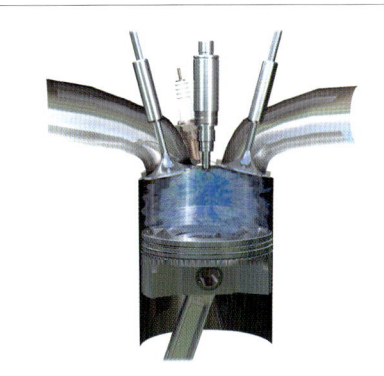

연소 기구
점화로부터 연소 종료까지의 디젤 엔진을 생각해보자.

고온에서 경유를 분사하면 자기착화 한다. 그러면 그 자기착화는 실린더 안에서 어떻게 일어나고 있을까. 연료 분사로부터 연소가 끝날 때까지 어떻게 디젤이 연소되는지 미시적인 관점으로 생각해보자.

글 : 세라 코타(Kota Sera) 그림 : BMW

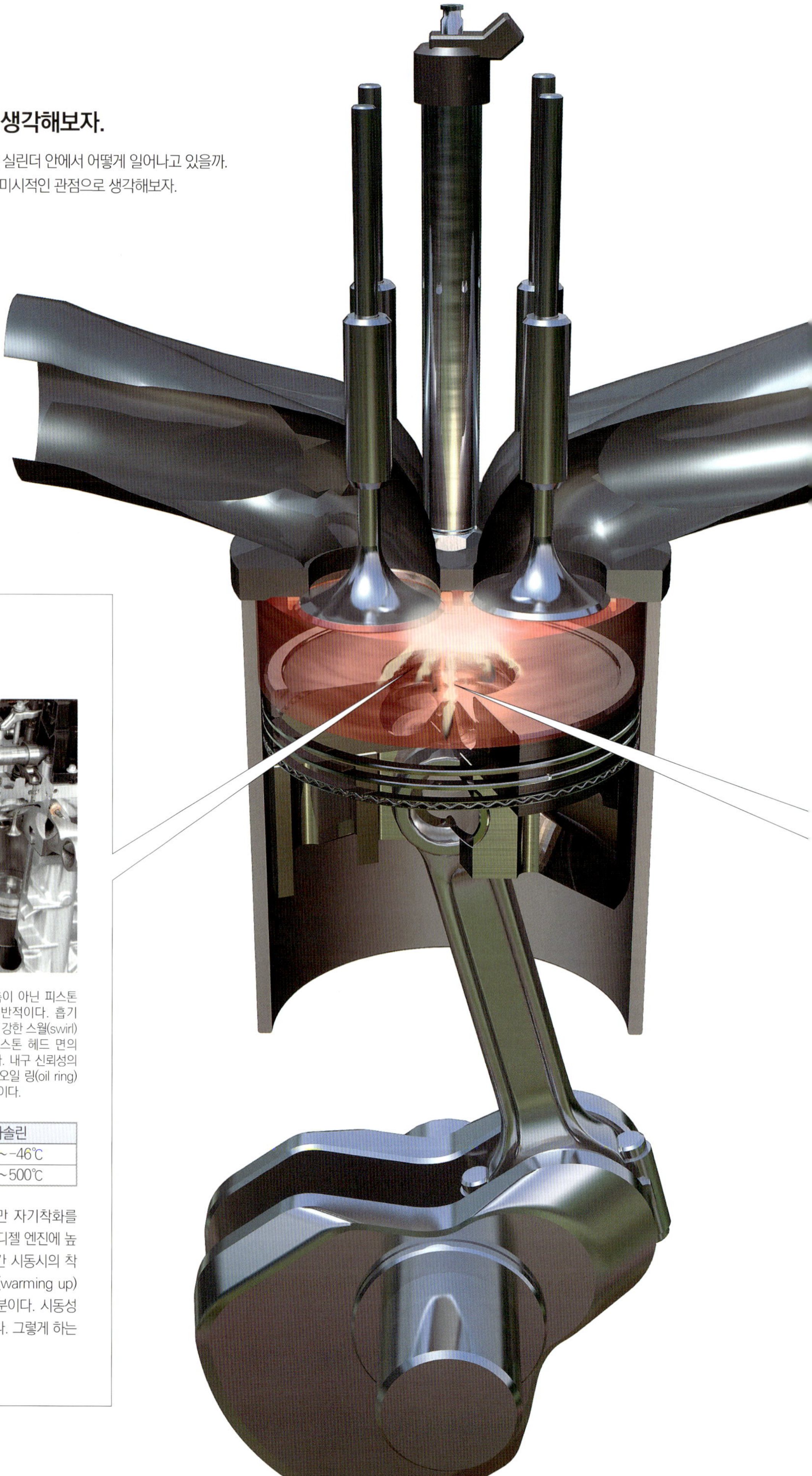

높은 압축비가 필요

헤드 측에는 연소실 체적이 거의 없다. 높은 실린더 내의 압력을 받아내기 위하여 피스톤이나 커넥팅 로드, 크랭크샤프트, 실린더 블록은 투박하게 되지 않을 수 없다. 이것이 중량, 진동 및 비용의 증가 요인이 된다. 그리고 기계손실면에서도 불리하다.

연소실은 실린더 헤드측이 아닌 피스톤 측에 설치되는 것이 일반적이다. 흡기 포트에 관한 연구를 통해 강한 스월(swirl)을 발생시켜 그것을 피스톤 헤드 면의 좁은 공간에 불어 넣는다. 내구 신뢰성의 관점에서 2피스 구조의 오일 링(oil ring)을 사용하는 것이 일반적이다.

	경유	가솔린
인화점	45~80℃	-35~-46℃
착화점	300~400℃	400~500℃

가솔린에 비해 착화점이 낮은 경유를 사용한다고는 하지만 자기착화를 위해서는 300℃ 이상으로 온도를 높일 필요가 있다. 그것이 디젤 엔진에 높은 압축비(연소실/연소실+행정체적)가 필요한 이유이다. 냉간 시동시의 착화성을 기준으로 압축비 = 압축비로 결정하기 때문에 워밍업(warming up) 후의 조건을 기준으로 고려하면 압축비 과잉인 경우가 대부분이다. 시동성 문제만 해결될 수 있다면 압축비를 14정도 까지도 낮추고 싶다. 그렇게 하는 편이 효율이나 유해 배출가스 측면에서나 좋기 때문이다.

고압 인젝터의 가장 짧은 분사 간격은 피에조(piezo)형의 경우 0.0001초 정도이고 솔레노이드(solenoid)형은 0.0004초 정도이다. 이처럼 빠른 반응속도를 살려서 아주 짧은 순간에 수차례 연료를 분사한다. 다시 말해 다단 분사를 실행하는 것이다.

고온고압의 공기 중에 갑자기 대량의 연료를 분사하면 잘 혼합되지 않고 불완전 연소가 발생하기 때문에 착화성을 높이기 위하여 주분사 전에 소량의 연료를 분사하는 것이 일반적이다. 이것을 파일럿(pilot) 분사라고 한다. 파일럿 분사를 하여 미리 혼합기를 형성해 두면 주분사를 했을 때 착화성을 높일 수 있다.

디젤의 경우 착화 직후에 연소가 급격히 일어나기 때문에 이 급격한 연소로 인하여 귀에 거슬리는 소음이 발생한다. 파일럿 분사는 이것을 완화시키는 의미도 있다. 압축 행정의 후반에 연료를 분사하고 연소가 시작되기까지의 기간을 「착화지연」 기간이라고 한다.

주분사가 시작되면 분사된 연료가 고온고압의 공기에 접촉하면서 증발되며, 혼합비와 온도가 최적으로 되는 부분으로부터 착화가 일어난다.

그러면 실린더 내의 온도와 압력은 높아지고 남은 연료의 증발~혼합이 촉진되어 동시 다점적인 연소가 시작되고 실린더 내의 압력과 온도는 급격하게 높아진다. 여기까지를 「예혼합 연소」라고 한다.

이 사이에도 고압 인젝터로부터는 연료가 계속 분사되고 있다. 실린더 안은 온도가 높은 상태로 되어있기 때문에 분사된 연료는 확산되면서 곧바로 증발하여 공기와 혼합되고 연소가 확산되어 간다. 이것이 「확산 연소」이다.

연료의 분사가 끝나더라도 실린더 안에는 충분히 기화되지 못하고 남은 연료의 입자가 밀집되어 있었기 때문에 공기와 충분히 혼합되지 못한 연료의 입자가 남아있어, 이것들이 유동하면서 공기와 혼합되어 계속해서 연소 된다. 이것이 「후연소」다. '급격하게'나 '계속'이란 표현을 썼지만, 이 4개의 연소 국면은 어느 것이든 1/1000초 단위로 진행되고 있다.

소음을 감소시키기 위해서는 급격하게 연소되는 예혼합 연소를 줄이는 것이 효과적인 방법이지만 예혼합 연소를 줄이고 확산 연소를 증가시키면 매연이 발생하는 요인이 되기도 한다. 후연소 기간을 길게 하면 배기가스 온도가 상승하지만 이것은 후처리 장치의 효과를 높이는 의미에서는 유효하다. 단, 열효율은 악화된다.

연료가 공기와 충분히 혼합되지 않으면 연료 입자는 고온고압에서 증발하면서 연소되어 매연을 발생시킨다. 그리고 연소 온도가 1800K(Kelvin)를 넘어서면 곧바로 NOx가 생성되고 온도의 상승에 따라 발생량은 급격하게 증가한다.

디젤 엔진에서의 연소 순간을 슬로 모션으로 관찰해 보면 연료와 공기가 잘 혼합되어 불완전연소가 발생되지 않도록 하고 열효율을 높여가면서 소음도 줄이는 한편 매연이나 NOx의 발생량을 억제하도록 치밀하게 제어되고 있는 것을 알 수 있다. 그 수단으로는 연소실의 설계, 스월의 컨트롤, 밸브의 개폐시기, 연료의 분사 방향이나 분사시기 그리고 분무의 소립자화 등이다.

과급기나 EGR(exhaust gas recirculation)과의 협조도 불가결하다. 연료가 고온고압의 공기와 접촉하여 자기착화 되면서 치우침이 없는 고도의 정밀 제어가 실행되고 있다.

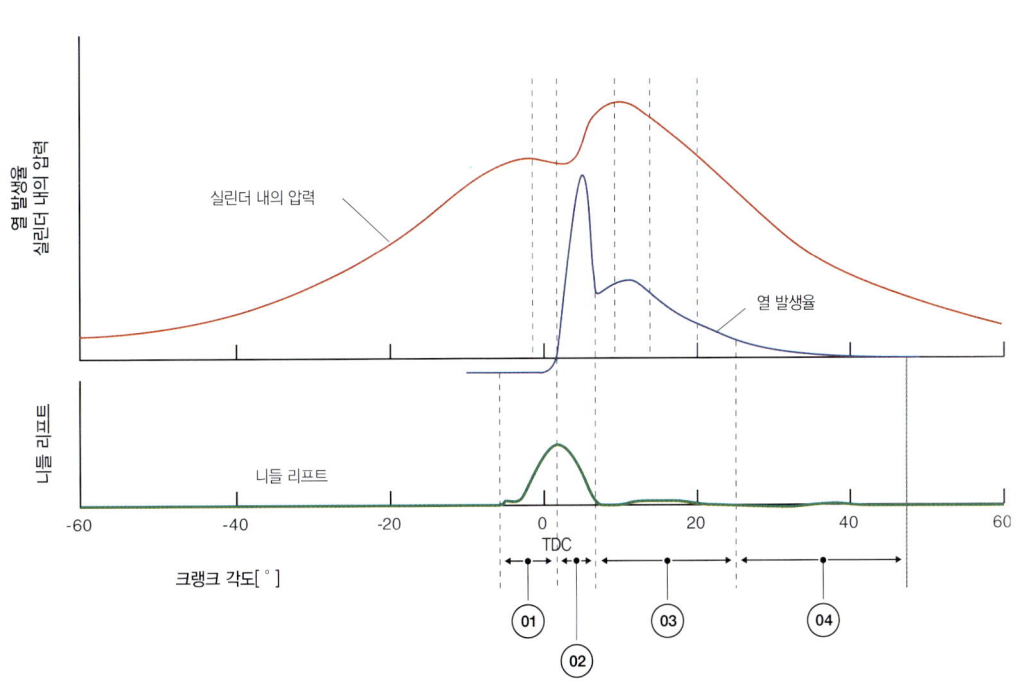

어떻게 연소시킬까?

오른쪽 그래프는 가로축에 압축행정 말기부터 폭발행정 초기까지의 크랭크 각도를 세로축에 실린더 내의 압력 변화를 표시한 것이다. 피스톤이 상사점에 근접함에 따라 압력이 높아지는 것은 밀폐된 공기가 압축되기 때문이다. 실제로 상사점 바로 전에서 자기착화가 되지만 압력이 급격하게 높아진 것은 폭발 행정으로 들어갔기 때문이다. 고온고압의 공기와 안개화된 경유의 미립자가 혼합되어 동시 다점적으로 자기착화가 되고 순식간에 많은 열을 발생시킨다.

01 : 착화지연
압축행정의 종료직전에 연료를 분사하기 시작한다. 1600bar이상의 높은 압력으로 여러 개의 구멍으로부터 분사되는 연료는 피스톤 헤드면에 설치된 연소실(cavity) 속에서 강한 스월을 타고 고온의 공기와 혼합되면서 온도가 상승한다.

02 : 예혼합 연소
착화온도까지 온도가 높아진 연료 입자와 공기는 연소실(Cavity) 안에서 동시 다점적으로 자기착화한다. 그래서 착화지연 동안에 형성된 혼합기가 폭발적으로 연소하면서 실린더 내의 압력과 온도는 급격하게 높아진다.

03 : 확산 연소
예혼합된 혼합기체가 자기착화한 후에도 연료 분사는 계속된다. 분사된 연료의 액체 입자는 표면이 증발하면서 공기와 혼합되고 조건에 도달한 순간 착화한다. 비교적 긴 시간에 걸쳐서 계속하여 열을 발생시킨다.

04 : 후 연소
연료의 분사가 끝나도 실린더 내에는 착화의 조건에 이르지 못하고 남아있는 연료가 있다. 그것들이 서서히 연소하기 때문에 열 발생율이 급속히 뚝 떨어지지는 않는다. 단 이 단계에서 발생된 열은 기계적일로 변환되지 않으므로 효율적이지 못하다.

참고문헌 : 스즈끼 타카유키(鈴木孝幸) : 디젤 엔진의 철저 연구, P24 그랑프리 출판, 2012

디젤 엔진과 배출가스
NOx와 PM의 생성을 억제하기 위한 수단은

세계에서 제일 엄격하다고 알려진 일본의 포스트신장기규제. 오래된 디젤 자동차의 정기검사를 사실상 중단시킨 자동차 NOx · PM법규.
디젤 엔진에서 배출되는 가스에는 어떤 성분이 있고, 그들은 왜 생성되는가? 생성되지 않게 하려면 어떻게 해야 하는가?

글 : 세라 코타(Kota Sera) 그림 : RENAULT/MAZDA/BERU

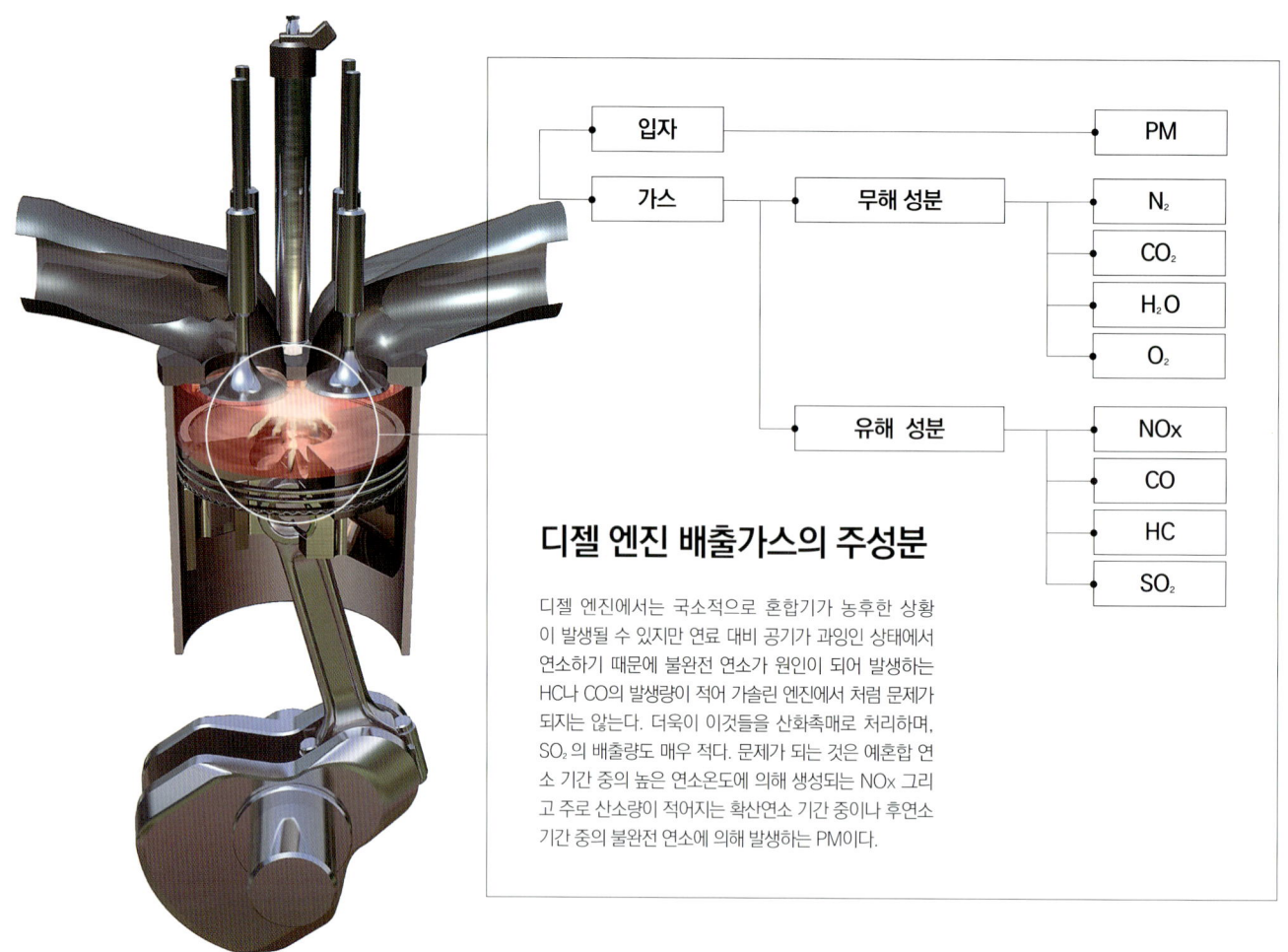

디젤 엔진 배출가스의 주성분

디젤 엔진에서는 국소적으로 혼합기가 농후한 상황이 발생될 수 있지만 연료 대비 공기가 과잉인 상태에서 연소하기 때문에 불완전 연소가 원인이 되어 발생하는 HC나 CO의 발생량이 적어 가솔린 엔진에서 처럼 문제가 되지는 않는다. 더욱이 이것들을 산화촉매로 처리하며, SO_2의 배출량도 매우 적다. 문제가 되는 것은 예혼합 연소 기간 중의 높은 연소온도에 의해 생성되는 NOx 그리고 주로 산소량이 적어지는 확산연소 기간 중이나 후연소 기간 중의 불완전 연소에 의해 발생하는 PM이다.

디젤 엔진에서 경유를 연소시킴으로써 생성되는 물질은 기체와 액체 그리고 고체로 크게 분류할 수 있다. 대표적인 고체 물질은 PM(Particulate Matter : 미립자상 물질)이다. 매연이라고 바꿔 말해도 된다. 기체 즉 가스를 구성하는 성분은 여러 종류가 있다. 경유가 완전 연소되었을 때에 생성되는 것이 질소(N_2), 이산화탄소(탄산가스 : CO_2), 수증기(H_2O), 산소(O_2), 등이다. 이것들은 인체에 무해하므로 문제가 되지 않는다. 그러나 이산화질소(NO_2), 일산화탄소(CO), 탄화수소(HC), 아황산가스(이산화유황 : SO_2)등은 인체에 유해하므로 문제가 된다. 이 중에서 각 지역의 규제에 대한 대응 문제로 개발의 열쇠를 쥐고 있는 것이 PM과 NOx이다.

공기 중의 질소와 산소가 연소실 내에서 화합하여 생성되는 NO와 NO_2는 질소산화물(NOx)로서 총칭되지만 이것들은 연소온도가 1800K를 초과하면 기하급수적으로 생성량이 증가한다. 실린더 내에서는 연료의 입자와 공기의 혼합 상태에 따라 빨리 연소하는 곳과 늦게 연소하는 곳이 나타난다. 이 중에 빨리 연소하는 곳의 연소가스가 고온의 상태로 유지되면 연소온도가 높아져 NOx가 발생되기 쉽다.

PM은 예혼합 연소 기간 중에도 연료와 산소가 잘 혼합되지 않고 국소적으로 농후한 상황이 되면 불완전 연소(연소되다가 남은 것)가 되어 생성되지만 예혼합 연소를 거친 후 산소량이 적어진, 확산 연소 중이나 후연소 기간 중에 대부분이 발생한다. 엔진부하가 증가할수록 연료 분사량이 많아지므로 PM은 쉽게 증가한다. 가솔린 엔진에서 PM이 문제가 되지 않는 것은 예혼합에 의하여 균일한 혼합기가 형성된다는 점과 이론 공연비의 1.5배를 넘어서는 듯한 농후한 상황으로는 되지 않기 때문이다. 자기착화 연소를 하는 디젤 엔진에서는 연소실 안에서 폭넓은 공연비가 형성되고 곳에 따라서는 이론 공연비의 2배를 넘어서는 농후한 상황으로도 된다. 그러므로 PM이 발생하기 쉽다.

디젤 엔진의 경우 연료와 공기의 혼합이 불충분하여 국소적으로 이론 공연비의 2배를 초과하는 농후한 상황이 되면 산소가 부족하여 PM이 발생하고 충분히 혼합하여 이론 공연비에 가까워지거나 그보다 희박하게 되면 연소온도가 높아져서 NOx가 발생한다고 하는 이율배반적인 관계(trade-off)가 된다.

이것이 종래의 상식이었다. 새로운 상식은 저압축비로 하여 예혼합을 충분히 하고 연료와 공기를 잘 혼합한 후에 저온 연소를 시키면 PM이나 NOx가 배출되지 않는다는 것이다. 다시 말해 PCCI(Premixed Charge Compression Ignition = 예혼합 압축착화 연소)의 실현이다.

▶ NOx와 PM은 왜 생성되는가.

NOx나 PM의 발생에 있어 압축비가 높은 것도 하나의 요인이 된다. 압축 행정 후반에 피스톤이 상사점에 근접하면 실린더 내의 공기 온도와 압력이 매우 높아진다. 이 상황에서 연료를 분사하면 연료와 공기가 잘 혼합되기 전에 착화되어 산소가 부족한 상태에서 연소되어 PM의 발생을 초래하거나 국소적으로 고온이 되어 NOx를 생성하기도 한다. 이것을 피하기 위해서는 효율이 악화되는 것을 감수하고 피스톤이 상사점을 지나서 온도와 압력이 내려간 후에 연소시킬 필요가 있다.

NOx

질소(N_2)가 고온에서 연소하면 일산화질소(NO) 및 이산화질소(NO_2)인 2종류의 질소산화물(NOx)이 생성된다. 인체에는 호흡기 계통으로의 영향이 지적되고 있고 그리고 광화학 스모그나 산성비로도 연결되기 때문에 세계 각국을 불문하고 배출가스 규제의 주요 대상이라고 할 수 있다. 고온에서의 연소를 피하거나 산소 농도를 감소시키는 것 등이 발생을 막기 위한 수단이다.

PM(Particulate Matters)

액체인 경유는 고온의 환경에서 압축 공기와 접촉하여 증발하고 연소하는 것이 이상적이지만 연소하지 않고 화합물이 되는 것이 PM이다. 즉 고온으로 하거나, 산소농도를 높이면(혹은 연료 분사량을 억제하면) PM의 발생을 억제시킬 수 있다. 그러나 쉽게 상상할 수 있는 것처럼 이런 요건들은 NOx의 발생 요건과 상반된다. 현재는 여과하여 대기중으로의 배출을 억제하고 있다.

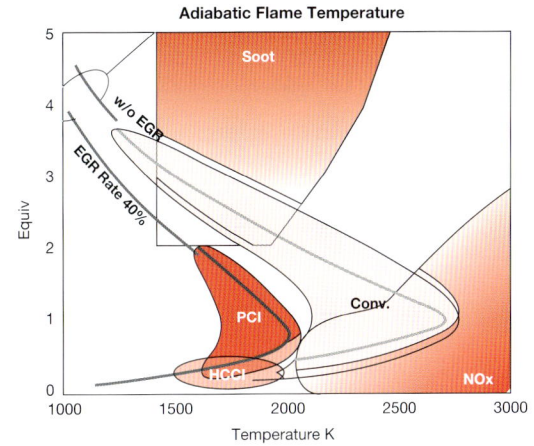

공기와 연료를 잘 혼합한다면

압축비를 낮추면 압축 행정 후반에 피스톤이 상사점에 가까워져도 공기의 온도와 압력은 과도하게 높아지지 않는다. 그러므로 상사점 부근에서 연료를 분사하여도 원하지 않는 타이밍에서 착화되지 않고 공기와 연료가 잘 혼합된 상태로 착화한다. 그러기 때문에 국소적인 고온에 의한 NOx의 생성이나 산소 부족에 의한 PM의 발생을 회피할 수 있다. 그리고 실질적인 팽창비가 크게 얻어지므로 열효율 면에서도 상태가 좋다.

NOx와 PM은 상충의 관계

세로축은 공기 과잉율, 가로축은 온도이다. NOx와 PM의 생성은 상충 관계인 것을 파악할 수 있다. 종래의 구조(Convention)에서는 양쪽 영역을 사용하지 않을 수 없지만 EGR로 산소 농도를 저하시키고 예혼합 연소(PCI)를 사용한다면 상당한 영역을 회피할 수 있다. 공기와 연료가 잘 혼합 → 산소 농도의 불균일 회피가 가능하므로 PM이 발생되기 어렵다.

▶ 디젤의 백연과 글로 플러그(glow-plug)

극저온 시동시에는 공기를 압축하여도 충분하게 온도가 상승되지 않기 때문에 연료가 모두 연소되지 않고 HC가 발생하게 된다. 이것이 시동 직후에 나오는 백연의 정체이다. 글로 플러그로 예열한다면 해결되지만 장시간 사용할 수는 없다. 근본적으로는 압축비를 높게 설정하는 수 밖에 없다.

Column 1

국제 경쟁에서 살아남은 토요타(Toyota) 자동 직기(織機) 기술

---- 자유자재로 변환 시킨 고도의 주조 기술

최소한으로 작게, 조금이라도 가볍게……엔진의 기술자는 이것을 열망한다.
그러나 뛰어난 설계를 살리고 죽이는 것도 모두 제조 공정의 「현장 능력」에 좌우된다는 것은 예전이나 지금이나 변함이 없다.
「주물」은 낮은 수준의 기술(low-tech)이 아니라 오랜 기간의 소재의 연구와 제조 기술을 연마한 결과의 산물이다.

글 & 사진 : 마키노 시게오(Shigeo Makino)

01 : 연료 인젝터와 고압 연료 배관은 항상 진동 한다. 그러나 장착하는 정밀도에 의해서 좌우된다. 실린더 헤드의 주물이 고정밀도로 생산되면 조립 현장에서의 인젝터 설치는 편하게 된다. 그러므로 주물의 정밀도는 필수이다.

02 : 실린더 헤드에는 2개의 캠 샤프트를 설치하기 위한 음푹 파인 곳과 냉각수의 통로, 흡배기 포트가 깔끔하게 성형되어 있다. 아마도 여기서 보이는 부분은 가공 면은 거의 없을 것이다. 정밀한 주조 기술의 본보기이다.

03 : 이것이 FCV형의 실린더 블록이다. 라이너는 없으며, 실린더 내벽은 보링 가공이다. 다른 부품을 조합시키면 오른쪽 페이지의 사진과는 상당히 이미지가 달라져 있지만 실린더 블록이야 말로 엔진의 버팀목인 것이다.

04 : 1VD 엔진은 배기량 4461cc, 실린더 내경 86×피스톤 행정 96mm, 압축비 16.8, 뱅크마다 터보차저가 설치되어 있다. 토요타의 Land Cruiser에 탑재된 고출력 사양은 최대 토크가 650Nm/3600rpm이다.

05 : 실린더 블록 위의 실린더 헤드이다. 그 위에 좌우 흡기 포트와 연결되는 콜렉터, 그리고 최상층에 인터쿨러를 배치한 구조가 이 단면 임을 잘 알 수 있다. 어쨌든 엔진에는 주물 부품이 많다.

06 : 디젤 엔진의 흡기 밸브는 피스톤 헤드면에 대하여 거의 직각으로 배치되는 경우가 대부분이다. 실린더 헤드 내의 냉각수 통로로도 보인다. 밸브 구동은 롤러 로커 암과 래시 어저스터(lash adjuster)에 의한다. 배기 포트의 앞에 VGT(variable geometry turbocharger)가 있다.

디젤 엔진은 정밀한 주조 제품

토요타 자동 직기 헤키난(碧南) 공장을 방문하여 디젤 엔진의 개발과 실린더 블록 등 주물 부품의 설계·제조에 대하여 이야기를 들어 보았다. 그 공장은 V8의 1VD-FTV형이나 직렬 6기통의 HZ/HD, 직렬 4기통의 1AD/1AD인 디젤 엔진 이외에 가솔린 엔진도 생산하고 있다. 「주물」이라고 하면 많은 사람이 로 테크(Low tech)라는 인식을 갖고 있을지 모르지만 실제로는 정반대이다.

주조는 하이테크(high tech) 것이다.
소재를 녹여서 용융금속(溶湯)의 상태로 하고 그것을 거푸집에 흘려내어 형체를 만든다. 그러나 용융금속은 여러 가지 첨가물이 포함되어 있는 합금이고 첨가물을 어떤 타이밍에 어떤 순서로 첨가할지에 대한 부분만을 다루어 해도 소재의 성질에 까지 거슬러 올라간 연구가 필요하게 된다. 더욱이 실린더 블록인 경우라면 형상은 복잡하고 중심의 형상이나 주형, 용

융금속을 흘려내는 방법 등 최첨단의 야금학(metallurgy)적 검증이 필요하다. 설계된 엔진을 설계한 도면대로 만들기 위해서는 제조부문의 지견·경험이 필수 불가결하다.
토요타 브랜드의 양산 제1호인 「토요타 A형」은 당시의 토요타 자동직기 자동차부의 작품이다. 엔진의 주물은 현재의 토요타 자동직기 본사가 있는 카리야(刈谷)에서 생산된다. 이후에 반세기 이상의 기간을 걸쳐서 이 회사는 계속해서

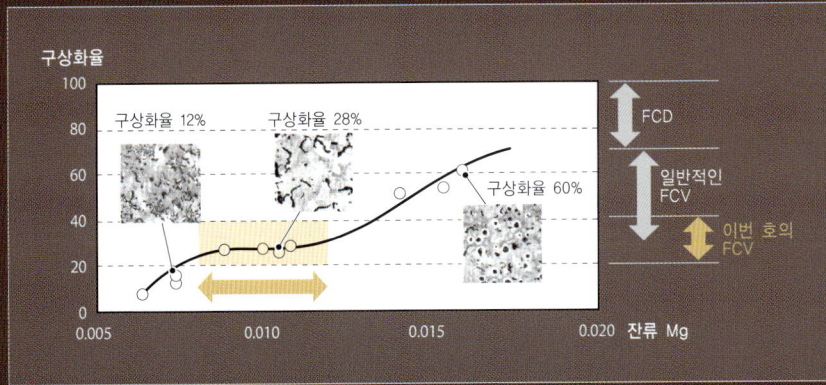

▶ 잔류 마그네슘을 핀 포인트(pinpoint) 관리

잔류 Mg량과 흑연 구상화율의 관계를 표시한 그래프이다. JIS 규정의 FCV 구상화율은 30~70%로 넓지만 가공성과 필요한 강도에 의해 구상화율을 20~40%의 범위에 멈추게 하는 방법을 토요타 자동직기는 생각해냈다. 핵심은 잔류 Mg량이다. 우선 용융금속 내에서 유황 함유량을 측정한 다음 그것에 맞도록 Mg량을 정확하게 계측하여 첨가한다. 증발하는 Mg성분을 세륨의 첨가로 억제하여 구상화율의 제어에 성공하였다. 그리고 흑연 구상화율과 음파 전파 속도와의 사이에 상관관계가 있는 것에 착안하여 초음파를 사용한 품질 보증시험을 실시하고 있다.

▶ FCV형 실린더 블록

01 : 실린더 블록의 헤드 면은 구상화율 25%

압축행정의 종반에 연료를 분사하기 시작한다. 1600bar이상의 높은 압력으로 여러 개의 구멍으로부터 분사되는 연료는 피스톤 헤드 면에 설치된 캐비티(cavity) 속에서 강한 스월을 타고 고온의 공기와 혼합하면서 착화온도로 높아져 간다.

02 : 철저하게 두께를 얇게 한 것과 리브(rib) 구조

피스톤이 왕복 운동하는 부분에만 냉각수 통로가 가공되어 있다. 리브를 세우고 양산할 수 있는 한계까지 두께를 얇게 하였다. 그리고 이러한 부분은 중력주조에서는 마지막에 굳어지기 때문에「중공(中孔)」이 생기기 쉬워 이 예측에 따른 대책도 실시되고 있다.

03 : 실린더 내벽 일체형

실린더는 라이너 없이 보링으로 가공하여 완성한다. 이 면도 헤드 면과 마찬가지로 흑연 구상화율 25%, 강도 230HV이다. 다시 말해서 실린더 블록의 질량은 앞 세대보다 30kg 가볍고 알루미늄에 필적하는 경량화를 달성하였다.

04 : 측면 리브 구조의 연구

90도 뱅크의 외측 벽면은 냉각수 통로 외벽을 리브 구조로 합체시킨 디자인이다. 단단히 죄어진 근육질의 골격을 연상케 하고 보기에도 튼튼하고 아름답다. 기능이 형체로 나타난 예로 엔진이 아니고는 볼 수 없는 조형(造形)이다.

05 : 아래쪽 면 체결방식으로 가공 길이를 단축

크랭크축 주면의 구조는 큰 폭으로 설계를 개량하였다. 당초에는 옆에서 볼트를 집어넣는 사이드 볼트식 이었지만 가공 길이를 단축하고 강도도 확보할 목적으로 아래쪽 면 체결 방식으로 변경되었다. 이것만으로도 가공의 길이가 300mm나 절약되었다.

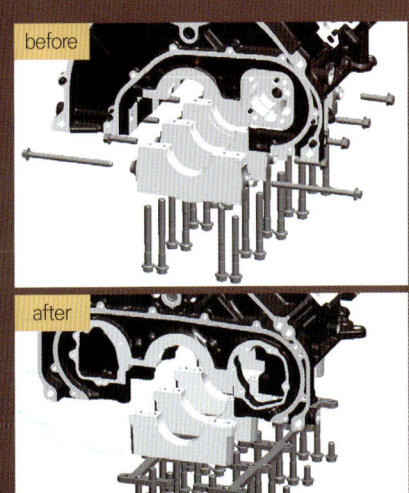

엔진을 만들어 왔다. 엔진의 설계부문과 생산 기술부문 그리고 제조현장이 일체가 되어「좋은 엔진」을 만든다. 일본의 모노즈쿠리(장인 정신으로 이루어진 일본의 제조업과 그 역사를 나타내는 말)에서는 당연한 일이지만 이 회사의 주물에는「장래성」이 있다. 불필요한 두께는 아무리 작아도 넣지 않는다. 뺄 수 있는 곳에서는 치수도 두께도 철저하게 뺀다. 비용의 증가를 억제하기 위해서는 대단히 힘든 분할・체결에 도전했다. 이와 같이 미래 지향적인「주물」을 생산한다.

예를 들면 이 페이지에서 소개하는 VD형 엔진은 실린더 블록으로 FCV(vermicular 흑연주철)를 사용하고 있다. FCD(구상흑연주철)와 FC(회주철)의 중간적인 위치이며, 나비 유충 모양의 흑연 형상을 하고 있으며, 인장강도는 350~500MPa이다. 주조가 어렵고 가공성도 나쁘지만 이 디젤 엔진은 실린더 내의 연소 압력에 적합한 강도를 갖고 있으며, FCD 만큼 품질의 과잉이 아닌 이유로 채택이 되었다. 주조 공정에서는 흑연의 구상화율을 20~40%의 좁은 범위에 두기 위하여 첨가되는 Mg(마그네슘)의 잔류량을 엄격하게 제어하고 용융금속 중에서의 Mg증발을 억제시키기 위하여 세륨을 첨가하는 방법을 고안하였다. 나쁜 가공성은 주조 치수의 정밀도를 연구하여 극복하고 절삭 속도를 억제하여 커터의 수명을 연장하는데 성공하였다. 이러한 노력이 디젤 엔진을 뒷받침하고 있는 것이다.

Illustration Feature
Diesel Engine THE NEXT!

CHAPTER 2

[Fuel Injection]

연료 분사

연료를 고압으로 치밀하게 분사한다. 분무를 자유자재로 제어한다.

신세대 디젤의「가장 중요한 점」은 바로 이 연료 분사에 있다.
고압 연료펌프(supply pump)는 경유를 2000bar(약 200MPa)정도까지 가압하고
튼튼한 연료 통로(rail)를 통하여 ECU의 제어에 의해 고압으로 연료를 분사한다.
현재는 솔레노이드나 피에조를 이용하는 분사방식이며, 연료를 여러 차례로 나누어 분사하는 방법으로 연소를 지원하고 있다.

글 : 사토 미키오(Mikio Sato) 그림 : 세야 마사히로(Masahiro Seya)/BOSCH/DENSO/DAIMLER/CONTINENTAL/DELPHI

고압으로 다단 분사하여 최대의 효율을 추구한다.

가압된 연료는 멀티 홀(다공)에서 다단으로 분사된다. 보다 연료를 미세하게 보다 연소하기 쉽게 하기 위한 방법이고 기술적으로는 매 분사 당 2000bar로 8회의 분사도 가능하다. 앞으로는 더욱 가압된 분사가 추구될 것이다.

솔레노이드가 디젤 엔진의 미래를 열다.

종래의 열형 분사펌프(in line type injection pump), 분배형 분사펌프, 그리고 독립형으로 진화를 거듭해 왔지만 새로운 디젤 엔진의 미래를 열게 한 것은 솔레노이드식 분사밸브이다. 효율이 좋은 연료 분사를 실현시킴으로써 부실식을 과거로 만들고 디젤의 미래를 열었다.

왜 연료를 고압으로 분사할까?

정밀한 전자제어도 연료 분사를 도와준다.

직접분사 가솔린 엔진에서도 200bar정도인데 경유의 경우는 2,000bar까지 압축하여도 문제가 없다. 그 정밀분사를 가능하게 한 것이 커먼 레일 방식이다. 20세기 초에 보쉬가 그 개념을 창출하였다고 여겨지지만 20세기 말이 되어 급속하게 주목을 받아 각 메이커에서 개발이 가속화되었다. 가압과 분공의 형상 및 분사횟수에 주목이 집중되긴 하지만 그 제어와 정확성이 중요한 것은 두말할 필요도 없다.

분공의 수도 주목하자. 미립자가 바람직하다!

고압의 연료를 미립자로 분사하는 것이 분공이다. 멀티 홀이라고 불리지만 현재는 6개 정도의 분공이 주류이다. 실린더 내경이나 피스톤의 행정, 피스톤 헤드의 형상과 촘촘하게 연결되어 있으며, 각 메이커가 격전을 벌이고 있다. 연소실의 형상에 따라 연소방법이 달라지기 때문에 실린더 내경×피스톤 행정을 배기량이 다른 곳에도 똑같게 하고 싶은 것은 개발 비용을 절약하기 위해서이다.

⊙ 모든 것은 환경 성능을 충족시키기 위한 고압

디젤 엔진은 그 자체의 특성으로 볼 때 고속회전의 고출력인 가솔린 엔진과는 반대인 저속회전의 큰 토크에 적합한 유닛이며, 빈번한 가·감속에는 어울리지 않는 유닛이다. 그러나 연료가 싸며 큰 회전력이 매력적이기 때문에 트럭이나 선박에서 주로 많이 사용되고 있다. 또한 원유에서 가솔린을 정제할 때에 경유도 일정량이 반드시 나오기 때문에 이 경유를 효율적으로 이용하는 것 또한 경제적이고 환경에도 좋다. 현재의 신 디젤 엔진은 시대가 만들어낸 기술이라고 할 수 있다.

가솔린 엔진과 달리 점화 플러그가 설치되지 않는 디젤 엔진은 공기를 압축하여 고압 고온으로 만든 후, 연료를 분사하여 연소시킨다. 그러나 착화지연이 있기 때문에 가솔린 엔진과 같이 단숨에 연소되지 않고 기화한 연료가 압축된 공기와 접촉하여 증발해가면서 확산 연소가 된다. 이 착화지연에서 단숨에 연소한다면 급격하게 고온 고압으로 되기 때문에 진동이나 소음이 기지게 된다. 소위 「기리 키라」하는 소음이 발생되는 디젤 노크(diesel knock)인 것이다.

이것을 방지하려면 연료를 가능한 한 미세하게 분사하여야 한다. 연료의 입자가 작을수록 증발하는 속도가 촉진되고 쉽게 연소하기 때문이다. 여기에서 주목되는 것이 연료 분사이다. 보다 높은 고압에서 미세한 안개 상태로 하여 보다 깔끔하게 연소되도록 하고자 현재는 커먼 레일 시스템을 사용하고 있다.

2013년 현재 자동차용 디젤 엔진에서는 거의 전부를 차지한다고 할 정도로 보급된 커먼 레일시스템은 고압 분사, 축압, 다단 분사를 가능하게 하는 시스템으로 고압의 연료를 레일에 모으고(축압) 엔진이 상황에 따라 다단 분사를 하다 고압으로 분사하기 때문에 연료가 미립화 되어 불완전 연소를 줄임으로써 PM의 발생을 억제할 수 있다. 그리고 분사시기 및 분사량을 적절하게 제어함으로써 연소를 치밀하게 제어하고 급속연소나 온도상승을 방지하여 NOx의 발생을 저감시킨다. 한편 한 십년 전쯤의 디젤 엔진은 부정한 가짜 경유나 등유를 사용하여도 주행할 수 있었지만 최신 디젤 엔진은 촉매나 DPF를 장착하고 있기 때문에 불량 연료를 사용할 수 없다. 좋은 품질의 경유도 진화를 뒷받침하고 있다.

분사 압력은 얼마 전까지는 1,600bar 정도였지만 1,800bar로 높아지고 현재는 2,000bar가 당연시되고 있다. 차세대 형으로서 각 메이커는 더욱 더 고압으로 개발하고 있다고 한다. 그리고 근년에 급속히 장착이 증가되고 있는 아이들 스톱(idle stop)에 대해서도 엔진의 정지 중에 어떻게 2,000bar급의 고압을 계속 유지하며, 신속한 재시동이 이루어지도록 하는 과제도 연구가 계속되고 있다.

커먼 레일(Common rail) 연료분사 시스템

압력 센서
연료의 압력을 검지한다. 압력은 고압 연료펌프(공급 펌프)에 의해 회전속도나 부하에 알맞은 압력으로 조정된다.

커먼 레일
고압의 연료를 모아 두는 1개의 (커먼)레일. 축압실로 되어 있고 엔진의 회전속도에 관계없이 분사 압력을 제어할 수 있다.

연료 필터
연료에 혼입된 매우 작은 먼지나 이물질을 포집하기 위한 필터이다. 필터가 막히면 압력이 낮아지기 때문에 정기적인 관리가 필요하다.

연료 펌프
연료 압력을 솔레노이드 밸브나 기어에 의해 제어한다. 모든 영역에서 고압을 유지하기 때문에 NOx나 PM을 저감시킬 수 있다.

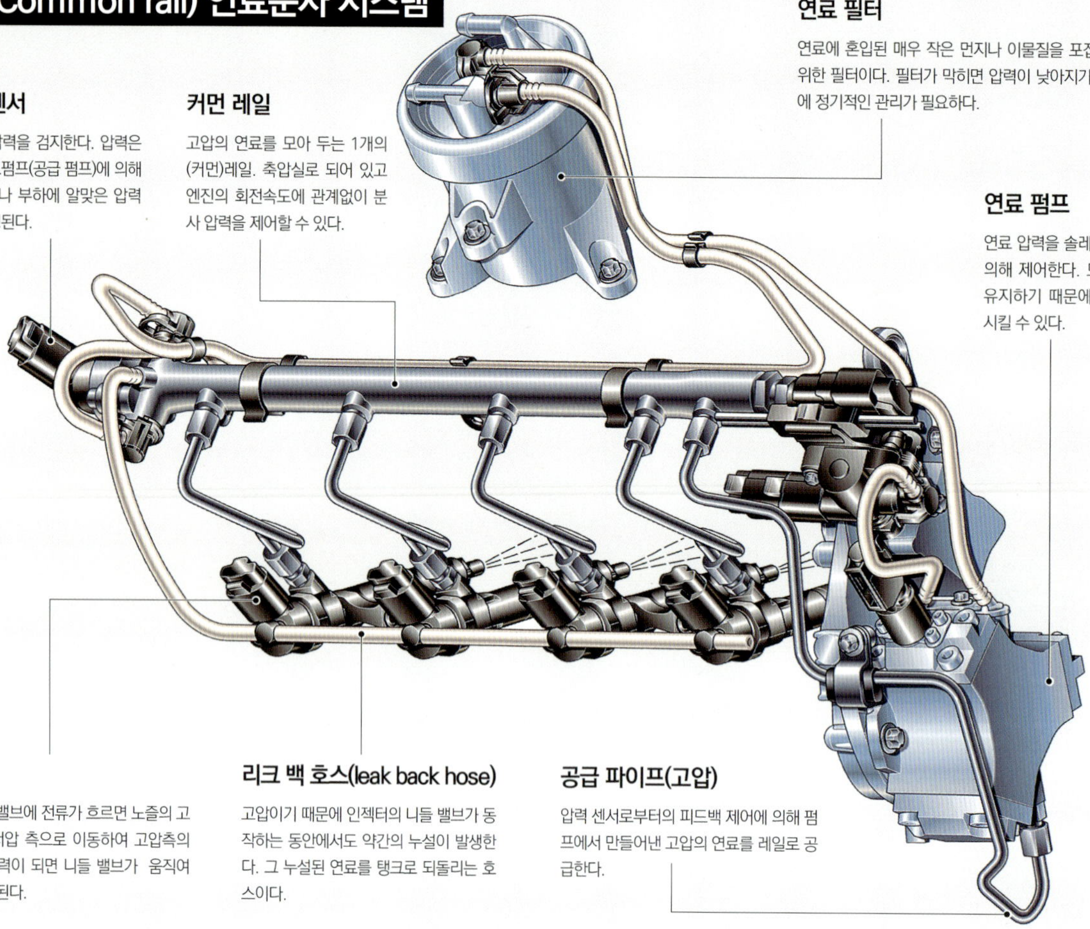

인젝터
솔레노이드 밸브에 전류가 흐르면 노즐의 고압 연료가 저압 측으로 이동하여 고압측의 니들 개변압력이 되면 니들 밸브가 움직여 연료가 분사된다.

리크 백 호스(leak back hose)
고압이기 때문에 인젝터의 니들 밸브가 동작하는 동안에서도 약간의 누설이 발생한다. 그 누설된 연료를 탱크로 되돌리는 호스이다.

공급 파이프(고압)
압력 센서로부터의 피드백 제어에 의해 펌프에서 만들어낸 고압의 연료를 레일로 공급한다.

연료 펌프

일본에서는 커먼 레일을 축압실이라고도 하며, 분사는 전자식 인젝터가 담당하고 연료의 가압은 펌프가 담당한다. 고압에 견디는 레일(파이프)에 고압의 연료를 모아서 분사하기 때문에 종래와 같은 분사 제어는 하지 않는다. 현재의 전자제어분사는 엔진의 구동 손실을 억제할 수 있는 것은 물론 인젝터의 개별 성능 오차에도 대응할 수 있다.

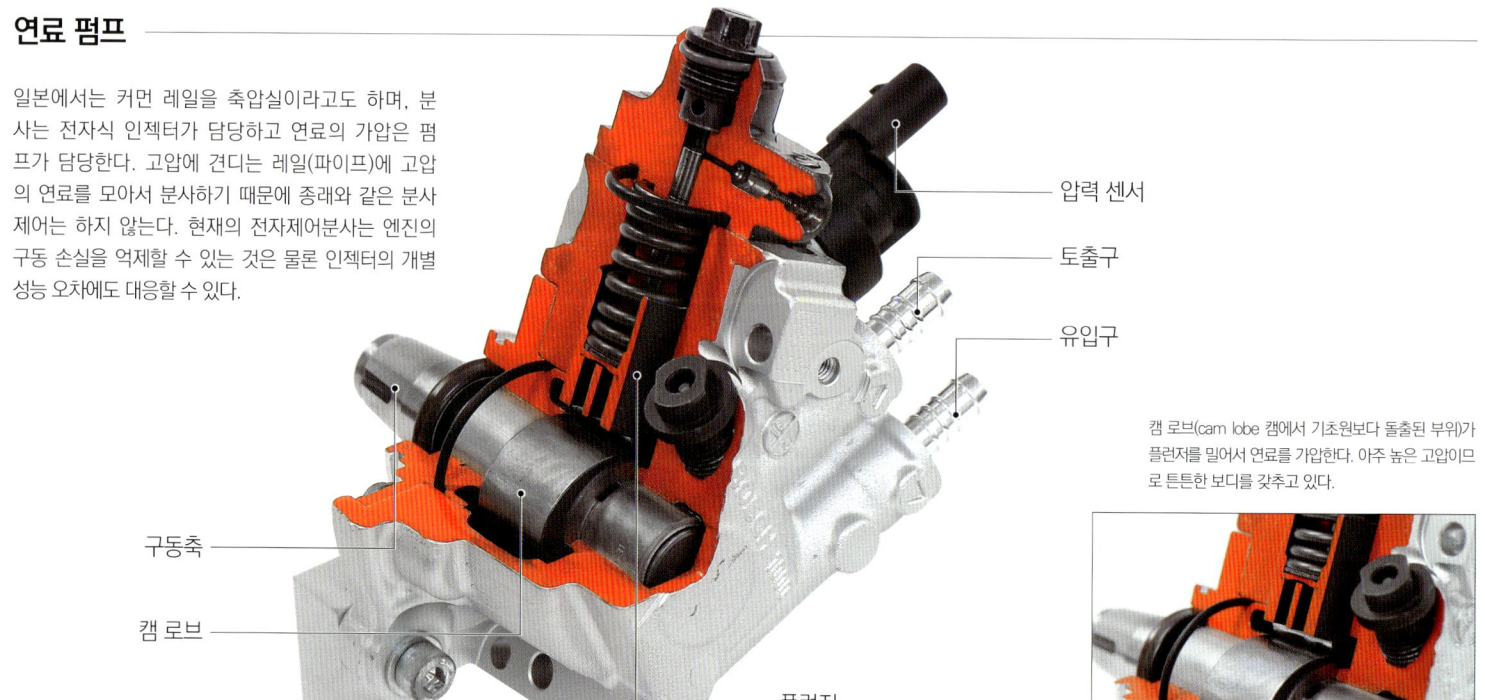

- 압력 센서
- 토출구
- 유입구
- 구동축
- 캠 로브
- 플런저

캠 로브(cam lobe 캠에서 기초원보다 돌출된 부위)가 플런저를 밀어서 연료를 가압한다. 아주 높은 고압이므로 튼튼한 보디를 갖추고 있다.

커먼 레일

2,000bar에 견디는 금속제 파이프. 이것의 역할은 송유와 축압이고 압축된 공기가 가득 찬 실린더 안에 고압으로 분사할 수 있도록 각 인젝터에 연료를 공급한다. 커먼 레일의 발상 자체는 예전부터 있어 20세기 초에 고안되었지만 20세기 말에 와서 실용화되었다. 수년 전까지만 해도 1,600bar 정도였으나 현재는 가일층의 고압화를 이룩하여 앞으로는 3,000bar급의 고압화를 목표로 하고 있다.

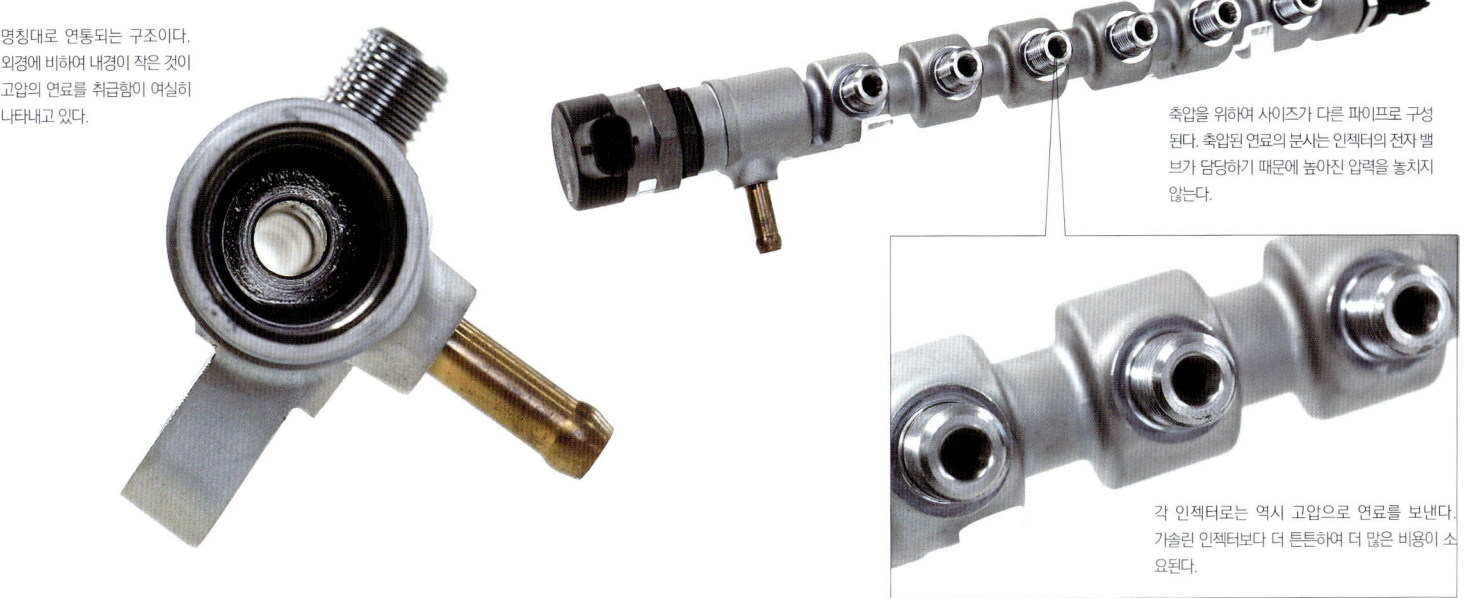

명칭대로 연통되는 구조이다. 외경에 비하여 내경이 작은 것이 고압의 연료를 취급함이 여실히 나타내고 있다.

축압을 위하여 사이즈가 다른 파이프로 구성된다. 축압된 연료의 분사는 인젝터의 전자 밸브가 담당하기 때문에 높아진 압력을 놓치지 않는다.

각 인젝터로는 역시 고압으로 연료를 보낸다. 가솔린 인젝터보다 더 튼튼하여 더 많은 비용이 소요된다.

인젝터

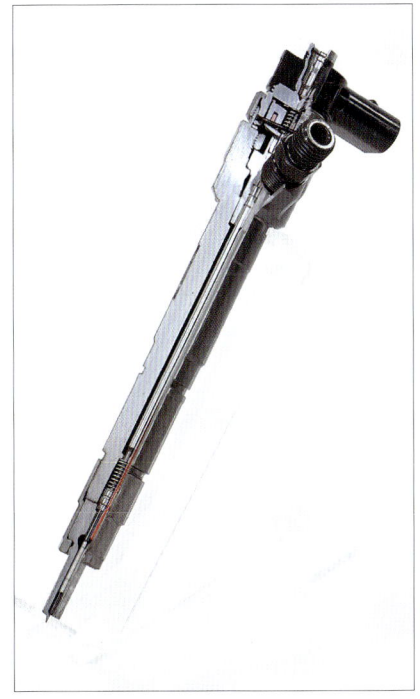

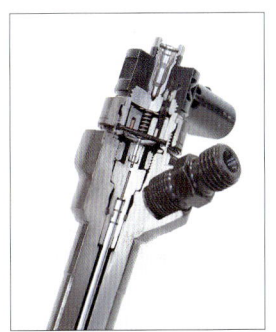

전류가 흐르면 아마추어의 변위가 일어나며, 제어실의 연료의 압력은 저하된다(니들 밸브 주변의 압력은 변하지 않는다).

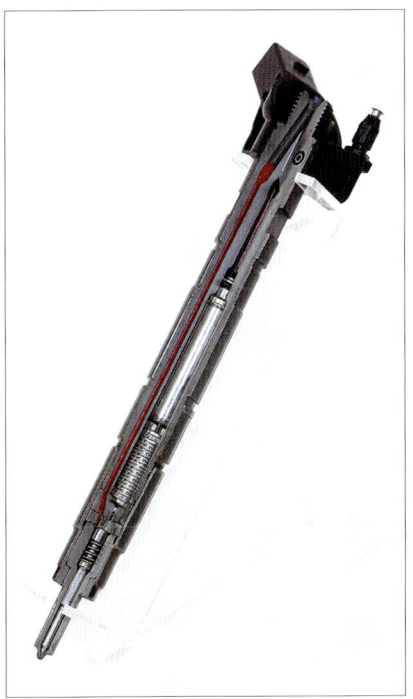

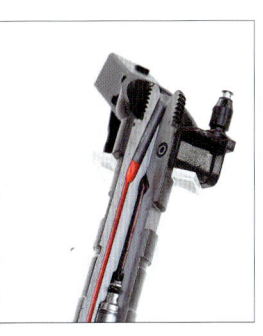

간단히 말하면 연료 통로를 니들(needle)로 막고 그 니들을 상하로 움직여서 연료를 분사한다. 분사 횟수는 회전속도나 부하에 의해 변화된다.

솔레노이드 방식

솔레노이드(전자석)식이란 솔레노이드로 제어실의 압력을 해방, 니들 밸브를 상승시켜서 연료를 분사하는 방식이나. 무분사시에는 니들밸브 상단의 연료 압력을 받는 면적과 니들 밸브 하단의 연료 압력을 받는 면적이 다르기 때문에 니들 밸브는 움직이지 않는다.

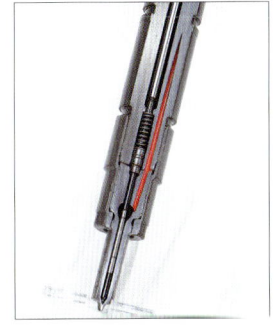

연료로부터 압력을 받아 내려 미는 측에서는 압력이 낮아지고 밀어 올리는 측에서는 압력이 변함이 없기 때문에 니들 밸브가 상승하여 연료를 분사한다.

피에조 방식

피에조란 압전소자를 말하는 것으로 솔레노이드 방식보다 더 높은 압력에 견딜 수 있다. 피에조는 전자 라이터의 점화(탁탁 하는 소리가 반응 음이다)나 잉크젯 프린터에서 잉크 헤드의 압출에도 사용되고 있다.

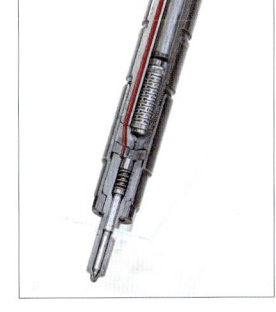

파일럿 분사, 프리 분사, 초기 분사, 고압 분사, 후 분사, 포스트 분사 등 상황에 알맞게 분사한다. 분공도 많으며 전용의 피스톤 헤드를 사용한다.

인젝터는 어떻게 연료를 분사하는가?

■ … 연료의 움직임과 순서
□ … 전기의 흐름과 순서

1 커먼 레일로부터 연료를 공급받는 연료 유입구. 니들 밸브에는 서로 어긋난 통로가 가공되어 있고 그 아래에는 체크 밸브가 설치되어 있다.

1 제어 커넥터. 신호 선의 연결. 압력이나 분사 상황을 ECU와 교환한다. 개체의 특성도 입력되고 분사를 미세하게 보정하는 제어를 한다.

2 피에조 소자. 전류가 흐르면 피에조 소자가 늘어나 피스톤을 밀어 압력을 낮춘다. 그러면 니들 밸브 상부 주위의 고압 연료가 압력 차이에 의해 그 쪽으로 흘러 니들 밸브가 움직이는 구조이다.

2 연료 통로. 고압의 연료는 이곳을 통하여 선단까지 운반된다. 피에조 소자를 피하기 위하여 보디 내의 내경 방향으로 우회하고 있다.

3 니들 밸브. 분공의 덮개 역할을 하고 있다. 닫힐 때는 니들 밸브 헤드부의 압력이 분공 측의 압력보다 높은 상태. 열릴 때는 헤드부의 압력을 낮추어 움직이도록 한다.

3 니들 밸브의 작동을 위한 유압 체임버. 통로 ②를 지나간 후 연료는 니들 밸브의 주변에 머물러 분사를 기다린다.

4 분공. 니들 밸브가 피에조 소자 측(그림에서는 우측 방향)으로 움직여서 선단의 출구가 열리면 연료가 분공으로 분출된다.

2 솔레노이드. 소위 전자석. 전류가 흐르면 솔레노이드가 밑 부분의 밸브를 흡인하여 저압 측의 압력을 낮춘다.

3 솔레노이드 측이 움직이면 커먼 레일 측의 고압 연료가 열린 밸브를 통하여 저압 측으로 흘러가고 피스톤 유닛이 사진의 우측 방향으로 움직인다.

3 니들 밸브 작동용의 유압 체임버. 여기의 연료 압력과 제어실의 연료 압력이 균형을 이루고 있다면 니들 밸브는 움직이지 않는다.

1 제어용 커넥터. 솔레노이드에 전류가 흐르도록 하여 분사량과 분사시기를 제어한다.

4 니들 밸브. 이것이 사진의 우측방향으로 움직여서 분공을 열고 연료가 분사된다. 수압이 가해진 호스의 노즐을 여는 이미지이다.

2 연료 통로. 미량의 연료 누설을 방지하기 위하여 미니 레일이라고 호칭하며, 중심부의 저압 측과 일체화도 시도하고 있다.

1 고압 연료 입구. 체크 밸브도 겸한다. 레일에서 축압된 연료는 분공 측과 솔레노이드 측의 두 방향으로 들어간다.

4 피스톤이 움직이면 그것에 이끌리어 니들 밸브가 당겨지고 인젝터 선단의 분공이 열린다.

▶ 니들 밸브를 정밀하게 제어하며, 고압의 연료를 분사한다.

연료의 통로를 니들 밸브로 막고 그 니들 밸브가 상하로 움직이는 것에 의해 연료를 분사한다. 구조는 간단하지만 그 제어는 어렵다. 연료의 압력은 2,000bar라는 고압이고 또 순간적으로 5회 또는 6회를 분사하여야 한다. 이미 이론적으로는 8회의 분사도 가능하지만 고압 측에서 저압 측으로 연료가 새기도 하여 앞으로는 가일 층의 고압과 정밀 제어가 요구되고 있다.
인젝터 자체는 압력 프로파일(profile)을 측정, 제어되는 유한 수명의 부품이다.

매우 가늘고 정밀한 기계이다.
선단의 돌기 주변에 아주 작은 여러 개의 구멍을 갖추고 있으며, 연료를 안개 상태로 분사한다. 강도나 내구성도 높은 수준이다.

잘 확산시켜 적절한 연소를 자원한다.
분공은 다공으로 되어 있으며, 연료를 실린더 내로 잘 분사한다. 피스톤 헤드의 형상과 크게 관련이 있다.

1사이클 다단 분사의 메커니즘(mechanism)

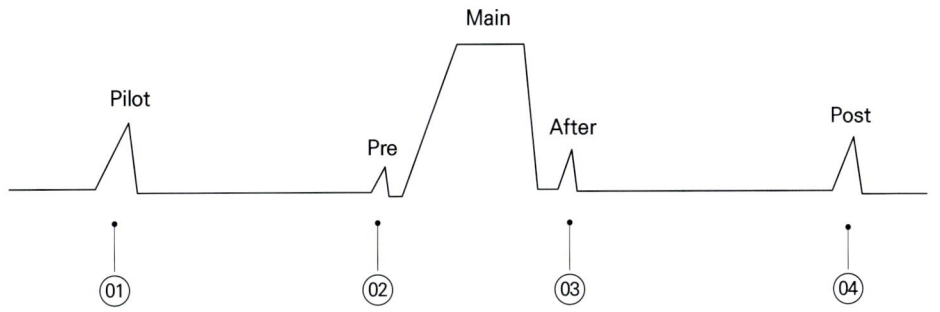

01 : 파일럿 분사로 연소하기 쉽게

파일럿 분사. 처음에 소량을 분사함으로써 착화 지연이 짧아지고 압력 상승이 매끄럽게 된다. 예혼합 연소가 억제되고 연소소음이나 진동이 저감된다. 더욱이 시동성이나 연비의 향상에도 기여한다. 분사가 2회라고 하면 이 주분사와 주분사가 된다.

02 : 프리 분사는 소음과 NOx를 저감시키기 위함

주분사 전에 극히 소량을 분사하는 것이 프리 분사인데 이것의 역할도 소음이나 진동의 저감이다. 주분사 전에 파일럿 분사의 상태를 지속시키기 위한 것으로 주분사에서의 연소, 압력 상승을 매끄럽게 하기 위한 분사이다.

03 : 애프터 분사는 PM의 저감을 위한 분사

주분사의 뒤에 완전연소를 목표로 한 분사이다. 주분사의 분무량을 작게 하는 목적도 있고(한 번에 대량으로 분사하면 부분적인 산소부족으로 불완전 연소가 일어나 PM이 생성된다) 그 때문에 분사 횟수를 늘리고 있다.

04 : 포스트 분사는 촉매의 작용을 도와준다.

포스트 분사는 피스톤이 하양행정을 시작하고 나서 배기온도를 유지하기 위하여 분사한다. 엔진의 출력에는 관련되지 않지만 NOx의 환원 촉매 DPF(Diesel Particulate Filter)라는 후처리 장치의 작동을 보조하기 위하여 분사된다. 상황에 알맞도록 다양한 분사 패턴으로 된다.

▶ 다단 분사는 진동 소음, 환경성능을 향상시키기 위함.

다단 분사는 진동 소음에 효과가 있는 것 외에 배기가스를 깨끗이 하기 위하여 실시되고 있다. 디젤은 효율적으로 연소시키면 연비가 좋아진다. 그러면 CO_2 배출량은 적지만 연소 온도가 높아지며, 연소 온도가 상승하면 질소산화물, NOx가 생성된다. 그래서 다단으로 나누어 분사하고 있다. 연소라는 압력 정점(peak)을 넓히는 것으로 효율과 배기, 양면에서 유리하게 된다. 한 번의 개폐 시간은 1/1000초 정도로 상당한 고속으로 분무하고 있다.

드웰(dwell)을 짧게 한다면 ········ 보다 복잡한 분사가 가능하게 된다.

드웰이 짧아진다면 아주 일순간만 전류가 흐르게 되어 짧은 시간에 개폐를 할 수 있게 된다. 현재는 니들 밸브의 상하(개폐)로 분사할 것인지 안할 것인지 두 가지의 선택이 있지만 이것을 자유자재로 조절할 수 있게 된다면 예를 들어 프리 분사로부터 한 번도 닫지 않고 분무량을 증가시키는 주분사로 연결되도록 하는 등 제어의 영역이 확대된다.

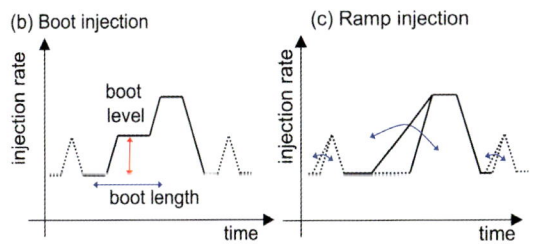

좌 : 자유로이 개폐량을 컨트롤

니들 밸브를 닫히지 않고 개폐량이나 개폐 시간을 늘릴 수 있다면 보다 매끄러운 제어가 가능하게 된다. 더 한층 효율 향상을 기대할 수 있다.

우 : 개폐 시간을 컨트롤

개폐를 매끄럽게 한다면 고압에서도 맥동을 억제할 수 있다. 개폐의 횟수는 한계에 도달하고 있어 앞으로는 분사 횟수보다는 효과적인 분사가 요구된다.

Column 2

커먼 레일 연료 시스템의 조립
---- 때로는 부드럽게, 한 몸처럼 견고하게 연결

클린 디젤 엔진에 없어서는 안 되는 장비가 커먼 레일 연료 시스템이다.
연료는 1000기압 이상인 초고압에서 1개의 레일 내에 공급되고 여기에서 실린더마다의 분사장치로 이송된다.
정밀한 초고압 장치를 엔진에 합체시키는 공정은 지혜와 연구의 결정체이다.
글 : 마키노 시게오(Shigeo Makino) 사진 : 세야 마사히로(Masahiro Seya)

인체를 관통할 만큼의 위력을 갖는 미립자화 된 연료를 자유자재로 사용하기 위하여

세계 최초로 아니 어쩌면 앞으로도 세계 유일할 것 같은 스바루의 복서 디젤 엔진이 후지중공업의 군마제작소 오오즈미 공장에서 생산되고 있다. 겉모습은 가솔린 사양과 큰 차이가 없지만 전용부품이 많다.
실린더 블록은 가솔린과 마찬가지로 알루미늄 합금제이지만 크랭크샤프트를 지지하는 메인 저널에는 강철이 주입되어 있다. 가솔린 엔진과 비교하여 압축비가 높고 그만큼 크랭크샤프트에 가해지는 압력이 크기 때문으로 인한 설계이다. 크랭크샤프트는 베어링 등의 습동부에 고주파 경화처리가 되어있다.

그리고 가솔린 엔진의 연료펌프와 비교해보면 훨씬 높은 180MPa(약 1800기압)이나 되는 고압을 발생하는 연료펌프와 그 고압의 연료를 그대로 유지하는 커먼 레일 그리고 각 실린더의 인젝터로 이송하는 고압 연료 배관이라는 디젤 엔진 특유의 부품이 장착되어 있다.
180MPa은 연료를 초미립자화하기 위하여 필요한 압력이고 혹시 인체로 향한다면 미세한 연료 입자는 인체를 관통할 만큼의 위력을 갖고 있다.

01 : 커먼 레일 본체 연료계통 심장부의 설치장소

펌프에서 증압된 연료를 저장하는 커먼 레일은 좌우 뱅크의 중간에 위치한다. 주요부분의 길이가 200mm 정도인 부품으로 그 구조는 튼튼하다. 여기에서 좌우 뱅크의 각 실린더로 고압의 연료 배관이 배치되어 있다. 우선 임시로 가설한 후 연료 배관을 장착하고 모든 연료계 부품의 설치가 끝난 뒤에 마지막으로 본 체결이 이루어지면서 실린더 블록에 견고하게 결합시킨다. 체결시의 토크는 엄밀하게 관리된다. 3장의 사진에서 엔진 본체와의 위치관계를 파악하여 보자.

02 : 고압 연료 배관 철저한 진동의 대책을

아래 왼쪽의 사진은 밸브계의 롤러 로커 암의 간극 조정을 하고 있는 장면이다. 현재의 수평 대향형 가솔린 엔진의 대부분은 심(seam)식이지만 이 디젤 엔진과 EJ계의 SOHC만은 조절 나사(adjust screw)식이다. 조절이 끝나면 인젝터가 끼워 넣어지고 와셔를 설치하여 실린더 헤드에 체결시킨다. 인젝터와 커먼 레일을 연결하는 배관은 아래 중앙의 사진에서는 임시로 설치된 상태이다. 마지막으로 인젝터 측에서 순차적으로 본 체결이 이루어진다. 오른쪽 끝의 사진에서는 진동 흡수용 고무 부시(bush)가 보인다.

03 : 연료 인젝터 연료분사의 반동을 받아들인다.

인젝터는 실린더 헤드에 끼워 넣으면 된다. 그 위로부터 와셔를 끼워 넣고 볼트로 고정한다. 간단한 작업으로 보이지만 현장에서의 작업성을 간단히 하기 위해서는 실린더 헤드 측의 가공 정밀도의 확보나 엔진의 설계 시점으로부터의 연구가 필요하다. 본 체결시의 토크는 엄밀하게 관리되고 있으며, 실린더 헤드 커버를 장착하기 전에 연료의 누설시험(leak test)을 실시한다. 덧붙여서 말하면 인젝터 등의 연료계는 DENSO제품이다.

연료 누설이 없는지 확인

연료계통의 부품을 모두 장착한 후에 연료펌프를 외부 동력으로 돌리고 실제의 작동 압력을 발생시켜서 연료의 누설시험을 실시한다. 이 삭업 뒤에 실린더 헤드 커버가 닫혀 지고 다음의 공정으로 보내진다. 그리고 다른 복서 엔진과 마찬가지로 전수(全數) 점화시험이 이루어진다.

Illustration Feature
Diesel Engine THE NEXT!

CHAPTER 3

[Supercharging and Exhaust Gas Recirculation]

과급과 EGR
과급으로 디젤 엔진은 진화한다. 저압 EGR이 현대의 기술 추세

이미 승용자동차용 디젤 엔진에서는 과급하지 않는 엔진은 없어졌다.
디젤 엔진의 특성을 고려하면 과급을 하지 않을 이유가 없을 정도로 콤비네이션이 잘 이루어지기 때문이다.
근년에는 가일층의 고효율을 추구하고 배출가스를 흡기로 재 흡입하는 EGR(Exhaust Gas Recirculation)도 주류이다.
본 장에서는 오늘날 디젤 엔진의 뛰어난 진화를 뒷받침하는 기술들을 소개한다.

실린더의 흡입량은 유한하다.

과급기가 없는 엔진에서는 1회의 사이클로 받아들일 수 있는 공기의 양이 실린더 체적으로 결정된다. 이것은 가솔린 엔진에서도 공통되는 요소인데 기본적으로 공기 과잉의 희박(lean, 산소 과잉)상태로 운전하는 디젤 엔진은 가솔린 엔진과 비교해서 (사이클 당) 공급이 가능한 연료의 양이 적다. 그러므로 출력 면에서는 불리하게 된다.

▶ 디젤 엔진과 과급의 조화 (harmony)

혼합기체를 압축하는 가솔린 엔진에서는 과급과의 조합에 있어서 압축에 동반하여 발생하는 열에 의한 연료의 자기착화, 즉 이상 연소가 문제 되는 데 반해, 연료를 혼합하지 않고 공기만을 압축할 때 발생되는 압축열을 착화에 이용하는 디젤 엔진은 과급과의 조화가 매우 좋다. 그 커다란 장점으로 인하여 최신 기술이 적극적으로 투입되고 있고 근년에는 다단 압축형 터보도 등장하였다. 가솔린 엔진에 비해 낮은 디젤 엔진의 배기 온도도 도움이 되어 VG 터보는 조기에 보급되고 있다.

연료분사는 가변이다 (variable)

근년에 승용자동차용 디젤 엔진의 표준 기술로 되고 있는 커먼 레일 시스템에 있어서 핵심 테크놀로지(technology)가 최대 수백 MPa에 달하는 초고압의 연료를 1/10ms 단위로 제어하는 인젝터이다. 그 타이밍이나 니들 밸브의 열림 시간은 전자 제어에 의하여 임의로 설정이 가능하고 운전 중 피스톤이 상사점에 근접하는 아주 짧은 시간 내에 다단 분사를 실행한다.

그러므로 과급기에 의해 공기량을 증가시킨다.

견고한 구조가 필요하기 때문에 중량이 증가되는 디젤 엔진의 단점을 극복하기 위해서는 대형화하지 않고 고출력화가 가능한 과급이 유효한 방법이 된다. 가솔린 엔진에서는 압축비나 과급 압력에 제한이 항상 뒤따르는 데 반해, 디젤 엔진은 압축비를 낮추지 않고 고과급화가 가능하여 과급의 장점을 발휘하기 쉽다. 과급에 의하여 실린더 체적보다 더 많은 공기를 공급함으로써 보다 많은 연료를 연소시킬 수 있게 되었다.

과 급
Supercharging

디젤은 왜 과급하는 것일까……?

혼합기체를 압축하는 가솔린 엔진이 과급에서 여러 가지의 제약을 받는 것에 반해,
공기만을 압축하는 디젤 엔진은 과급과의 조화가 매우 좋다. 여기에서는 그 디젤 엔진을 따라가 본다.

글 : 타카하시 잇페이(Ippei Takahashi)   그림 : Daimiler/Volvo/Mfi

디젤 엔진의 터보차저 과급 시스템

▶ 터보차저를 사용하는 과급 구조

에어 클리너에서 받아들인 외부 공기는 배기 매니폴드에 설치된 터보차저의 컴프레서(원심식 압축기)로 향한다. 그리고 컴프레서를 경유한 공기는 압축에 의해서 상승된 온도를 낮추기 위해 인터쿨러를 경유하여 흡기 매니폴드로 유도된다. 디젤 엔진은 본래 스로틀 밸브를 필요로 하지 않지만 EGR 시스템의 도입이나 연소실의 공기량을 정밀하게 제어하기 위해 우측의 그림과 같이 흡기 경로에 스로틀 밸브를 설치하는 예가 증가하고 있다.

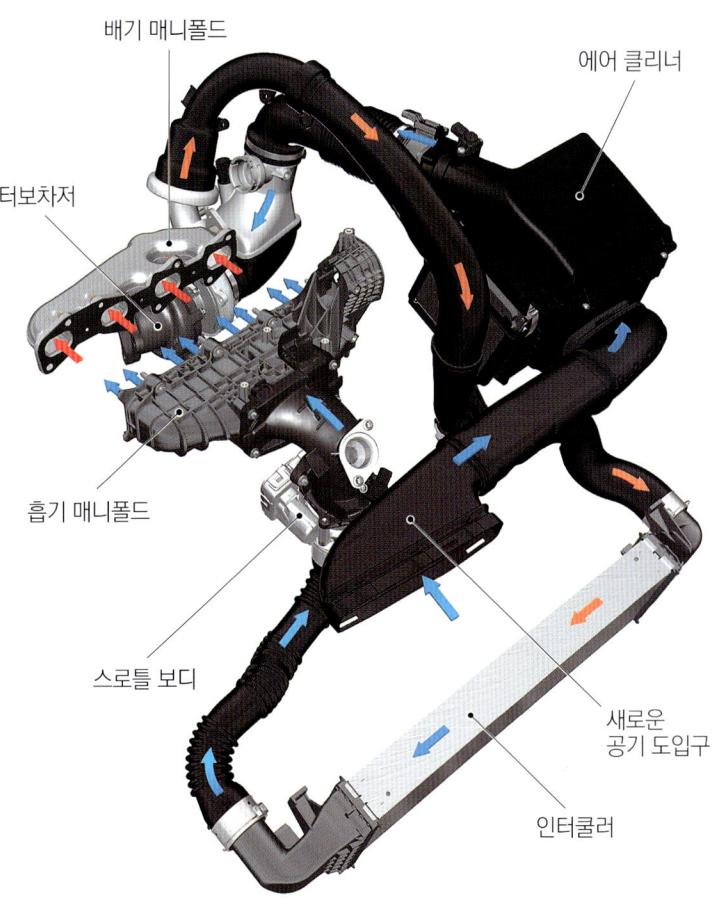

01 : 내경이 작은 고압측 터보
작은 내경이므로 작은 관성 중량을 활용하여 저속회전 영역을 담당함과 동시에 가속시 등 높은 과급 압력을 필요로 할 때에는 내경이 큰 저압측 터보에서 압축된 공기를 받아 더욱 압축하는 역할을 달성한다.

02 : 웨이스트 게이트(waste gate)
내경이 작은 터보측의 웨이스트 게이트. 터보의 과도한 회전을 억제하는 용도 이외에 두개의 터보 운전비율의 제어에도 사용된다. 그림의 예에서는 솔레노이드 제어에 의한 공압식 액추에이터 구동이지만 전동식이 사용되는 경우도 많다.

03 : 내경이 큰 저압측 터보
기본적으로 터빈의 회전속도가 높아지는 중속회전 영역에서부터 사용한다. 높은 과급이 필요한 상황에서는 내경이 작은 터빈을 향하여 1단의 압축을 실시하는 역할을 담당한다. 고속으로 정속 운전할 때는 내경이 작은 터빈의 웨이스트 게이트를 열어 공회전 상태로 해놓고 단독 가동한다.

04 : VG 터보
터빈 휠 주위에 배치된 가변 노즐로 배기 경로의 면적을 조절하여 배출 가스의 유속과 압력을 항상 최적의 상태로 제어할 수 있다. EGR 시스템의 도입 영역을 효과적으로 확대할 목적으로도 사용되고 있다.

▶ 터보차저를 사용한 과급 구조

최신 세대에 해당하는 근년의 디젤 엔진 터보에서 이용되는 대표적인 방법이 터빈에 가변 노즐을 장착한 VG 터보와 컴프레서를 직렬로 배관한 여러 개의 터보가 조합된 다단 압축형의 다단(multi-stage) 터보이다.
기술적인 접근은 각각 다르지만 폭넓은 운전상황에 대응한다는 목적은 둘 모두 거의 마찬가지이다. 그림으로 표시한 두 개의 예는 모두 Volvo의 직렬 5기통 엔진으로 우측이 VG 터보, 좌측이 2기의 터보에 의한 다단 압축을 사용하는 2단형이다.

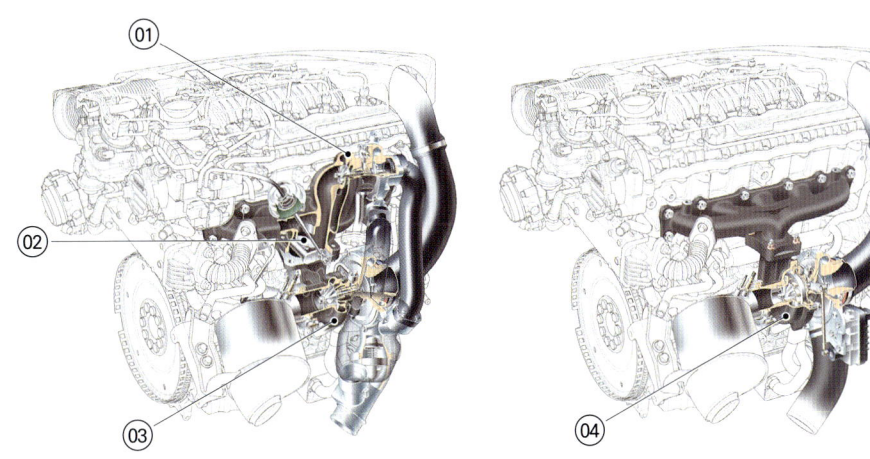

공기의 압축열을 이용하는 디젤 엔진은 높은 압축비가 필요하기 때문에 높은 강도가 요구된다. 그러므로 가솔린 엔진과 비교해 보면 중량이 상당히 무거워진다. 이것은 디젤 엔진이 갖는 숙명적인 요소의 하나이다. 그리고 중량적인 약점을 확대하는 또 하나의 요소가 공연비이다. 디젤은 기본적으로 공기 과잉의 희박상태에서 운전된다고 하는 것이다.

연료를 연소시켜 그 열을 에너지원으로서 이용하는 내연기관에서는 연소실에 투입한 연료의 양이 출력을 결정한다고 하여도 과언이 아니다. 가솔린 엔진은 항상 이론 공연비 부근을 유지해야 한다.

이론공연비는 디젤 엔진의 연료인 경유도 그다지 차이가 없으므로, 흡입 공기량이 같다고 하는 조건에서 비교해 보면, 디젤 엔진은 가솔린 엔진보다 출력이 낮게 될 수밖에 없다. 경유가 가솔린보다는 체적당 열량은 높지만 그것을 감안하더라도 턱없이 공연비의 차이가 큰 것이다.

마치 좋은 점이 없는 것 같지만 이것은 같은 배기량에서 흡입량과 배기량이 같다는 조건에서의 이야기이다. 과급이라는 조건이 추가되면 사정은 달라진다.

공기만을 압축하는 디젤 엔진은 압축비를 낮추지 않고 과급이 가능하기 때문에 강도와 과급기의 성능이 허용하는 한 얼마든지 과급 압력을 높일 수가 있다. 이에 대해 가솔린 엔진은 노킹 발생 등의 문제 때문에 기본적으로 압축비를 낮추지 않으면 과급할 수가 없는데다가 과급 압력을 높이려고 해도 한계가 있다.

디젤 엔진의 중량적인 약점도 과급하여 파워를 이끌어 낼 수 있다면 커버가 가능하다. 관점을 바꾸면 디젤 엔진은 과급하여 어느 정도 제 몫을 한다. 라고 말할 수 있다. 하여간 디젤 엔진은 과급함으로써 높은 열효율이라는 매력이 한층 두드러지고 과급으로 인한 단점도 눈에 잘 띄지 않는다. 그러므로 과급을 하는 것이다.

터빈 휠 & 하우징

단면 부분에 보이는 원반 모양의 부품이 가변 노즐을 내장한 유닛이다. 터빈 휠의 중앙부분에는 공구를 이용하여 조립할 수 있도록 채용한 12각의 볼트 헤드가 보이는데 회전 시의 밸런스를 유지하기 위해서 일부가 깎여져 있다.

가변 노즐 구동용 전동 서보식 액추에이터

공압식 액추에이터와 같이 부압에 의존하지 않고 전동 모터에 의한 구동을 이용하는 것으로 자유도가 높은 제어를 실현하였다. 유닛 내에는 DC 모터에 감속 기어, 각도 센서가 내장되어 있다.

컴프레서 휠 & 하우징

컴프레서 휠은 알루미늄 합금을 절삭 가공하여 완성한 것이다. 하우징의 흡입부(induce)에는 공기의 유속이 느려질 때에도 효율을 유지하기 위한 연구가 되어있다. 단면 부분에 배기측의 가변 노즐 구동용 링키지가 엿보인다.

가변용량 터보차저

Mitsubishi 중공업이 생산하고 있는 승용자동차 디젤 엔진용의 VG 터보의 일례이다. 가변 용량을 실현하는 배기 하우징의 가변 노즐이 최대의 특징으로 배기가스의 유로 면적이라고 하는 기하학적 요소를 가변시키므로 VG(Variable Geometry)라는 이름으로 불린다.
폭넓은 상황하에서 최적의 과급을 실행하는 것이 가능하고 과급을 신속하게 시작함으로써 과급 지연으로 발생하는 디젤의 흑연도 효과적으로 억제할 수 있다. 다시 말해, 컴프레서의 흡입구에 보이는 단이 설치되어 있는 형상은 저유량 시에 흡입부의 유속을 빠르게 하기 위한 것이다.

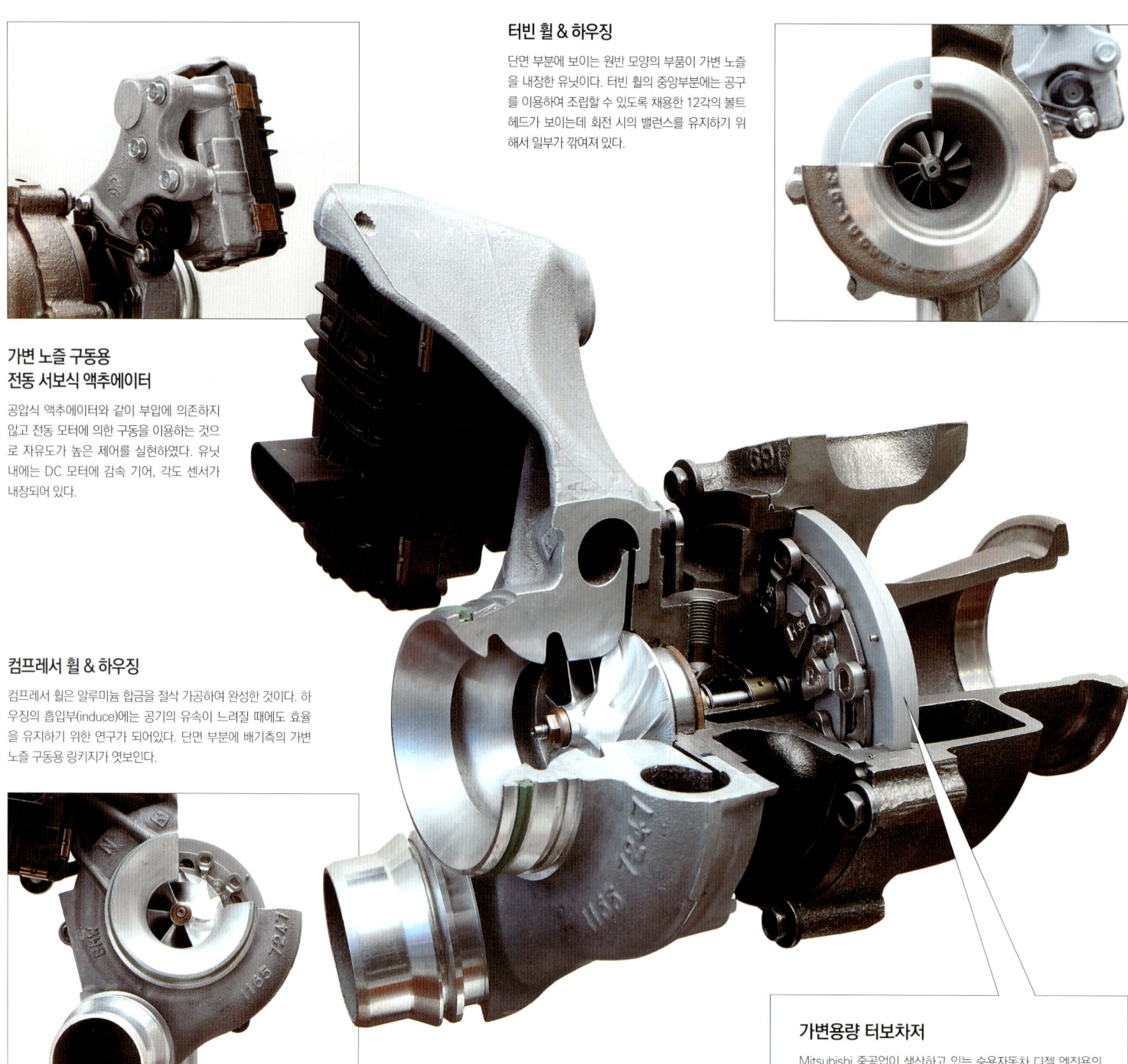

A 과급 — Supercharging

배출가스의 유속을 제어하고
최대 효율의 과급을 얻는다.

미쓰비시중공업의 Variable Geometry turbo

터보가 과급방법의 주류가 되고 있는 현재의 디젤 엔진에 있어서 핵심 테크놀로지라고도 말할 수 있는 존재가 가변 노즐이 배치되어 있는 VG 터보이다. 세계 유수의 터보 메이커 중 하나인 미쓰비시중공업의 기술에 다가가 보았다.

글 : 타카하시 잇페이(Ippei Takahashi) 사진 : 코바야시 야스오(Yasuo Kobayashi) 그림 : MHI

VG 터보의 효능

여기에 있는 그래프는 좌측이 터보의 단열 성능 곡선, 우측이 토크 특성과 연비 특성이다. 어느 쪽이든 일반적인 웨이스트 게이트 형식의 터보와 비교하여 VG 터보의 우위성을 나타내고 있다. 특히 흥미로운 것은 연비 특성이다. 고속 회전 영역에서 VG 터보의 연료소비율이 낮다는 것이다. 이것은 과급 압력이 상한에 가까워지면 웨이스트 게이트 형식이 배기 에너지를 방출하는 데 대해 VG 터보에서는 가변 노즐로 유속을 조정하고 에너지를 방출하지 않고 계속해서 이용하기 때문이다.

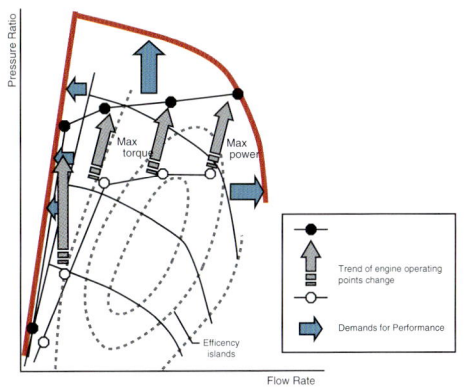

VG 터보의 성능

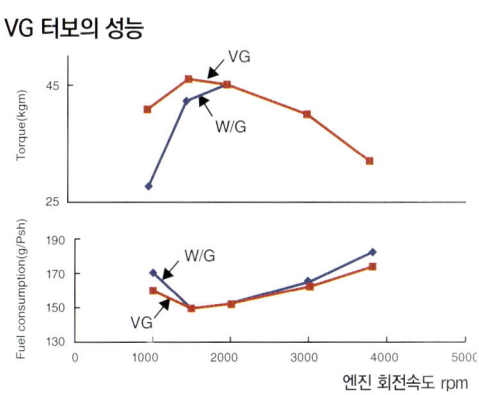

뛰어난 응답성, 과급지연에 의해 발생되는 흑연의 제어 등 가변 노즐이 배치된 VG 터보는 디젤 엔진의 경우에 수많은 장점을 가지고 있다. 원래 터보 과급과의 조화가 매우 좋다고 여겨지는 디젤 엔진의 장점을 효과적으로 이끌어내는 것이 가능하여 지금은 디젤 엔진의 표준 기술의 하나로 드날리는 존재가 되었다.

다시 말해 VG 터보는 디젤 엔진에 한정되지 않고 가솔린 엔진과의 조합에서도 효과를 발휘한다. 그러나 디젤 엔진보다도 배기온도가 높은 가솔린 엔진과의 조합을 위해서는 가변 노즐의 재질에 넘어야 할 장애물이 존재한다. 가솔린 엔진의 배기온도에 장시간 견딜 수가 있는 재질이 없다는 것이다. 정확히 말하면 내열재료가 상당한 고가이기 때문에 현재 가솔린 엔진에서 VG 터보를 채용하고 있는 것은 Porsche의 911 터보뿐이다.

VG 터보의 뛰어난 효과를 만들어내는 요인은 말할 것도 없이 터빈 휠의 주위에 배치된 가변 노즐이다. 배출가스 통로의 면적을 가변으로 함으로써 폭넓은 운전상황에 대응한다는 것도 널리 알려져 있지만 중요한 장점이 하나 더 존재한다. 그것은 웨이스트 게이트를 사용하지 않고 제어한다는 점이다.

왜냐하면, 터보에 있어서 가장 기본적이고 일반적인 제어 기구인 웨이스트 게이트는 과급 압력을 조정할 때에 본래의 터빈으로 향하는 배출가스를 터빈의 아래로 흐름을 우회시킨다는 것인데 이것은 배출가스의 에너지를 방출하는 것으로 연결된다.

배출가스의 에너지를 회수한다는 터보 본래의 목적을 뒤엎는 것이다. 이에 대하여 VG 터보는 과급 압력의 제어에 가변 노즐을 이용하여 배기에너지를 방출하지 않고 계속해서 유효하게 사용한다. 가변 노즐의 존재 자체가 고효율인 것이다.

▶ 가변 베인의 동작

가변 노즐(베인)은 배출가스의 유속이 느린 상태에서는 눕혀지고, 유속이 빠른 상태에서는 세워지는 동작이 이루어진다. 좌측 2매의 사진은 가변 노즐이 완전하게 눕혀진 상태와 세워진 상태, 각각의 상태에 있어서 작동용 링의 위치관계를 나타내는 것으로 아래 2매의 사진에서 가변 노즐의 각도와 각각의 노즐 사이에 형성되는 통로 단면적의 변화를 파악할 수 있다.

웨이스트 게이트 사양
터보차저 (turbo-charger)
착실하게 진화를 계속하는 기존(Conventional) 형식

컴프레서에 들어간 공기의 양이 적은 상태에서는 컴프레서 블레이드 뒷면의 경계층에서 박리가 일어나 효율이 저하된다. 이러한 현상은 오른쪽 아래와 같은 흡입부의 통로에서 공기를 피드 백시켜 실질적인 유량을 증가시킴으로써 억제가 가능하다.

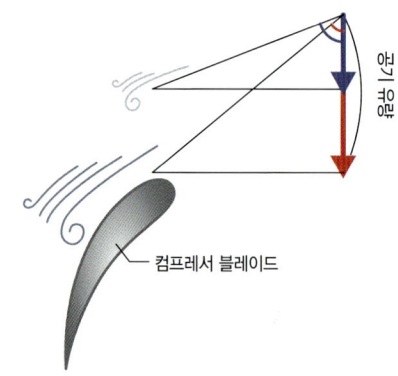

컴프레서 블레이드

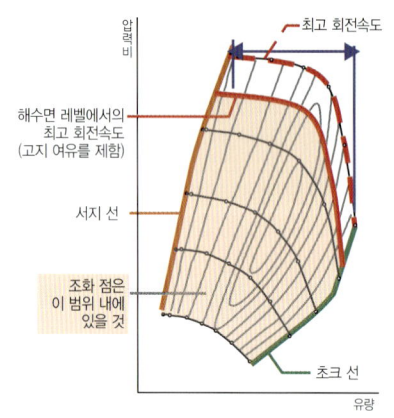

터보의 원심식 컴프레서는 유효하게 기능하는 유량의 범위가 한정되어 있다. 좌측은 엔진과의 조화(matching)에서 이러한 요소의 검토에 이용되는 단열 성능 곡선이라고 불리는 그래프이다. 타원형의 라인은 등고선으로 컴프레서의 효율을 표시하고 있다.

웨이스트 게이트

너무 상승된 과급 압력이나 터빈의 과도회전을 방지하기 위하여 터빈 블레이드로 유도되는 배출가스를 터빈의 아래로 흐름을 우회시키는 것으로, 터빈을 회전시키는 구동력을 줄이기 위한 통로가 웨이스트 게이트이다. 그 개폐는 컴프레서 하우징이나 흡기 매니폴드의 압력(= 과급 압력)에 의하여 작동하는 다이어프램으로 실행하는 것이 일반적이지만 최근에는 과급 압력에 의존하지 않는 동작도 가능하게 한 서보 모터가 사용되는 경우도 증가되고 있다.

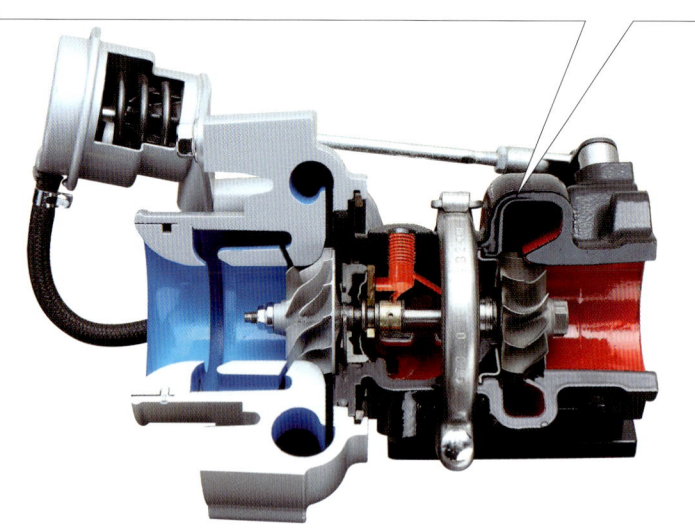

▶ 컴프레서 휠의 효율을 최대한으로 이끌어낸다.

위에 있는 2개의 그래프에서도 설명하고 있지만 터보에 이용되는 원심식 컴프레서는 유효하게 기능하는 유량의 범위가 한정되어 있다. 우측의 사진에 있는 흡입부의 벽 가운데에 설치된 통로는 공기의 유량이 적을 때 통로 속으로 공기를 피드백시켜 실질적인 공기 유량을 증가시키는 것으로 컴프레서가 유효하게 작동하는 최저 유량의 한계를 넓히려고 하는 것이다. 번갈아 각도와 높이가 다른 컴프레서 블레이드의 구성도 유량의 범위를 넓게 확보하기 위해 고안된 것이다.

자동차용 터보가 양산 모델로 장착되기 시작한 1970년대로부터 현재에 이르기 까지 터보의 모습에는 별다른 큰 변화가 없다. 가장 큰 변화라고 해야 VG 터보나 트윈 스크롤 터보(twin scroll turbo) 정도일 것이다. 아직도 예전 그대로의 웨이스트 게이트형도 널리 사용되고 있으며, 이러한 의미에서 터보는 그다지 크게 변하지 않은 듯 보인다.

그러나 공기라는 눈에 보이지 않는 점성유체를 상대로 하고 있는 터보는 미미하지만 계속해서 착실히 진화하고 있다. 터빈 휠이나 컴프레서 휠의 블레이드 부분의 미세한 형상 등 보아서는 알 수 없는 부분이 많지만 비교적 눈에 띄는 것으로는 위에 나온 흡입부의 개량에 있다. 앞 페이지의 VG 터보 흡입부도 그렇다.

흡입부에 시행한 개량은 주로 공기의 유량이 적은 상태에서의 컴프레서의 효율 향상을 목적으로 한 것이 대부분이다. 위에서처럼 피드백 통로를 설치하는 방법은 하나의 대용적인 것이지만 통로의 설치 방법에도 여러 가지가 있다. 공기의 흐름이라는 눈에 보이지 않는 것과 관련이 있어 그 만큼 파악하기 어렵지만 위의 설명을 힌트로 비교해 보는 것도 재미있을지 모르겠다.

에비스 모토키

미쓰비시중공업주식회사
범용기 특차사업본부
터보사업부
터보기술부
주석 기사

엔도 히로유키

미쓰비시중공업주식회사
범용기 특차사업본부
엔진사업부
엔진기술부
주석 기사

"토크·출력은 과급의 정도로 결정된다."

시퀀셜 트윈터보 시스템(sequential twin turbo system)

▶ Mazda SKYACTIV-D 2.2

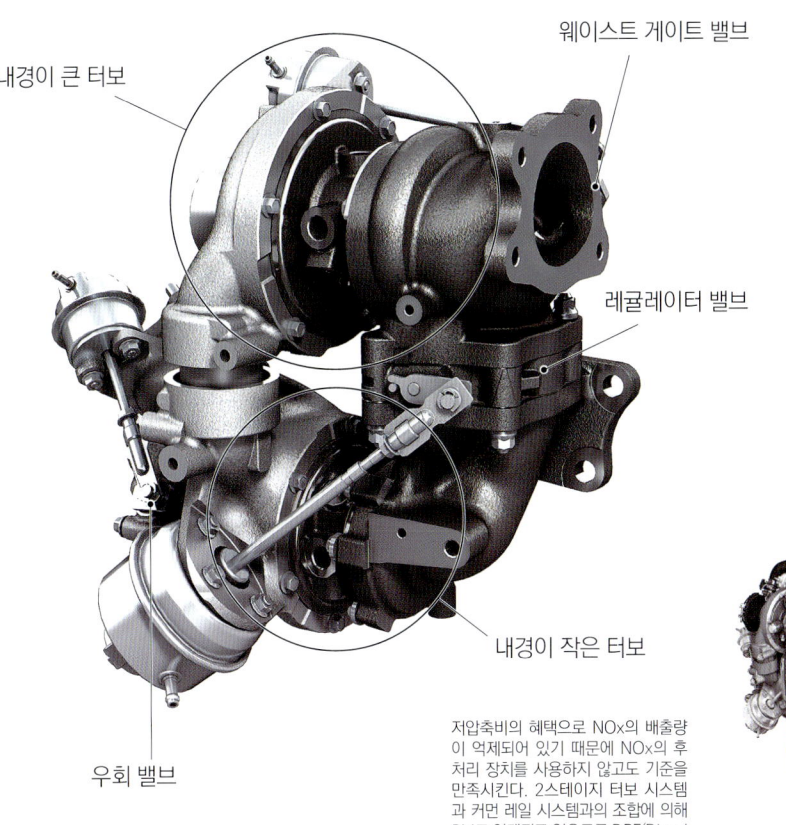

다단 압축에 의해 저속회전 영역에서 높은 과급 압력을 얻는다.

14라는 압축비에 주목이 집중되고 있지만 실은 뛰어난 운전 성능을 뒷받침하는 중요한 포인트가 2스테이지 터보의 채용이다. 주로 고속회전 영역을 담당하는 내경이 큰 저압측 터보와 저속회전 영역을 담당하는 내경이 작은 고압측 터보, 각각의 컴프레서를 직렬로 연결한다. 이것의 조합을 밸브로 전환하고 여러 개의 운전모드를 형성하여 모든 영역을 이상적으로 커버한다. 특히 저속회전 영역에서는 2단 압축을 효과적으로 이용하여 강력한 토크를 이끌어내는데 성공하였다.

2스테이지 터보의 작동 영역

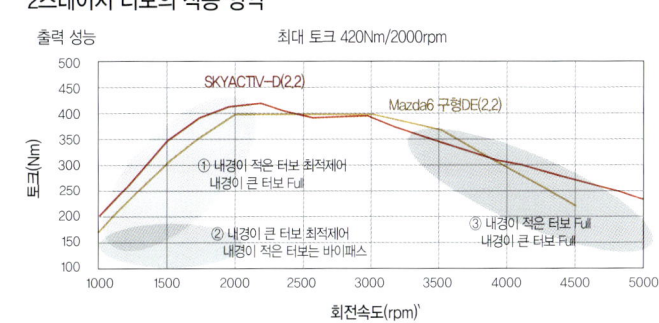

저압축비의 혜택으로 NOx의 배출량이 억제되어 있기 때문에 NOx의 후처리 장치를 사용하지 않고도 기준을 만족시킨다. 2스테이지 터보 시스템과 커먼 레일 시스템과의 조합에 의해 PM도 억제되고 있으므로 DPF(Diesel Particulate Filter)도 소형화되고 있다.

	시퀀셜 트윈 터보
형식	Skyactiv-D 2.2
엔진 형식	수냉 직렬 4기통 DOHC
과급	WG 터보 × 2
인젝터	솔레노이드식 인젝터
연료 분사압력	2000bar
압축비	14
최대 토크	420Nm/2000rpm
최고 출력	129kW/4500rpm
총 행정 체적	2188cc
내경×행정	86.0×94.2mm

▶ Mercedes-Benz OM651

01 : 액추에이터
02 : 과급 압력·컨트롤 플랩 (2스테이지의 변환)
03 : 웨이스트 게이트 플랩 (저압측 터빈 보호)
04 : 내경이 큰 저압 스테이지 (고출력 성능)
05 : 과급 에어 노즐 (인터쿨러로)
06 : 액추에이터
07 : 고압 컴프레서용 우회 밸브
08 : 내경이 작은 고압 스테이지 (발진 가속 성능)

과급에 의한 배기량 당 토크·출력비

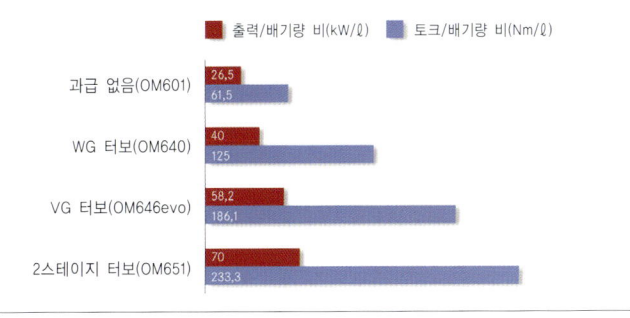

2스테이지 터보의 능력을 최대한으로 이끌어낸다.

소형 모델에서부터 상용자동차 등의 중량급 모델까지 메르세데스의 폭넓은 라인업에 채용되고 있는 다운사이징 엔진. 위의 Skyactiv-D와 동급 2.2ℓ의 4기통에 "R2S"라고 부르는 보그워너 제품의 2스테이지 터보 시스템을 조합시켰다. 압축비는 16.2로 BMEP값은 29.3bar. 요소 SCR(Selective Catalytic Reduction)을 조합시켜서 성능을 최대한으로 이끌어낸 결과 150kW라는 최대출력을 발휘하였다. 최대토크 500Nm은 5ℓ의 가솔린 엔진에 상당한다.

멀티 스테이지 트리플 터보 시스템

▶ BMW N57S

N57형 엔진의 과급에 의한 출력·토크의 차이(3ℓ 직렬6DOHC)

	싱글 터보	시퀀셜 트윈 터보	트리플 터보
형식	N57D30U0	N57D30T0	N57S
엔진 형식	수냉직렬6기통DOHC		
과급	VG 터보×1	VG 터보×1 WG 터보×1	VG 터보×2 WG 터보×1
인젝터	피에조 식 인젝터		
연료 분사압력	2000bar	2000bar	2200bar
압축비	17	17	18
최대 토크	520Nm/2000-2750rpm	580Nm/1750-2250rpm	740Nm/2000-3000rpm
최고 출력	173kW/4000rpm	210kW/4400rpm	280KW/4000-4400rpm
총 행정 체적	2993cc		
내경×행정	84.0×90.0mm		

싱글에서 트리플까지 라인업

직렬 6기통의 3ℓ N57S에는 싱글의 VG 터보에서 시퀀셜 트윈 터보, 그리고 3기 터보를 조합시킨 트리플 터보까지 3종류의 터보 시스템이 라인업 된다. 싱글 터보는 VG 터보 1기, 시퀀셜 트윈 터보는 VG 터보와 웨이스트 게이트형 터보가 1기씩인 것이고, 트리플 터보에서는 2기의 VG 터보와 1기의 웨이스트 게이트 터보의 조합으로 이미 사진이나 작동의 도형을 본 정도로는 전체의 형상을 파악하기 곤란할 정도로 복잡하다.

덧붙여 말하면 궁금한 것은 사양마다 다른 성능으로 싱글 터보 사양이 최대출력 173kW/최대토크 520Nm인 데 비하여 트리플 터보 사양에서는 최대출력 280kW/최대토크 740Nm이다. 트리플 터보 사양의 수치도 놀랍지만 싱글 터보 사양과의 커다란 차이도 흥미롭다. 트리플 터보 사양이 상당히 높은 과급인 것을 알 수 있다. 강도가 허용되는 한 얼마든지 과급을 할 수 있는 디젤이 아니고는 볼 수 없는 사양이다.

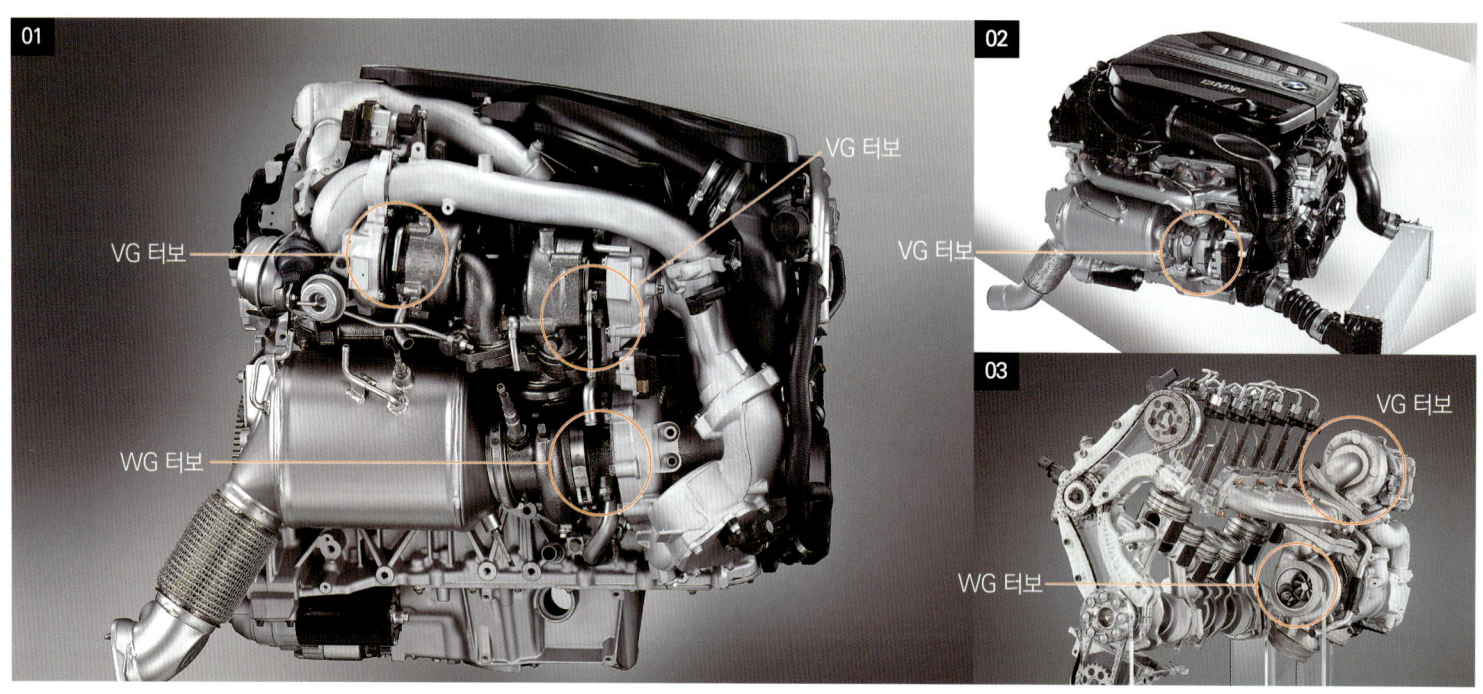

01 : 멀티 스테이지·트리플 터보, 위쪽의 2기는 VG 터보이고 아래쪽의 1기는 내경이 큰 웨이스트 게이트 형식. 2단 압축으로 시퀀셜 전환도 가미하여 그 동작은 몹시 복잡하다. 3기의 터보 사이를 빠져나가 배관이 집중되어 있는 것은 정말로 압권이다. 02 : 싱글 터보, 이들 중에서 가장 간단한 시스템이지만 그래도 터보로는 VG를 선택한다. 이상적인 위치에 배치되는 인터쿨러나 흐트러지지 않게 정리된 배관 등 BMW 다움이 느껴지는 세련된 모양이 인상적이다. 03 : 시퀀셜 트윈 터보, 위쪽에 VG 터보, 아래쪽에 웨이스트 게이트형 터보를 배치한다. 아래쪽 터보의 밑에는 절환용 다이어프램을 엿볼 수 있다. 피스톤 위에 배열된 6개의 인젝터에는 피에조 구동 타입이 채용되어 있다.

저속회전 영역

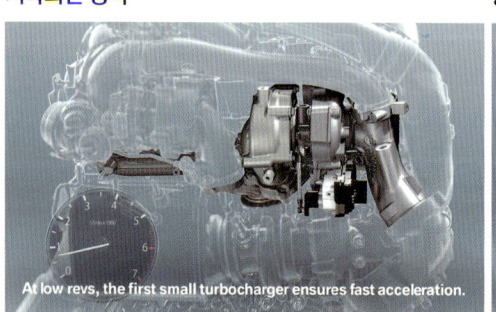

위쪽의 앞부분에 위치하는 소형 VG 터보가 공회전에서 운전을 개시한다. 내경이 작은 것이 아니고는 있을 수 없는 작은 관성 중량과 가변 노즐을 장착하는 VG 터보만의 유연성을 활용하고 아이들 부근에서의 급가속에도 확실하게 대응을 하고 있다.

중속회전 영역

회전속도가 1500rpm에 도달하면 아래쪽에 위치한 웨이스트 게이트 형식의 내경이 큰 터보가 추가되어 회전속도의 상승에 따라 증가하는 흡입량에 대응하고 과급 압력을 유지하면서 2000rpm의 토크 피크를 목표로 나아간다.

고속회전 영역

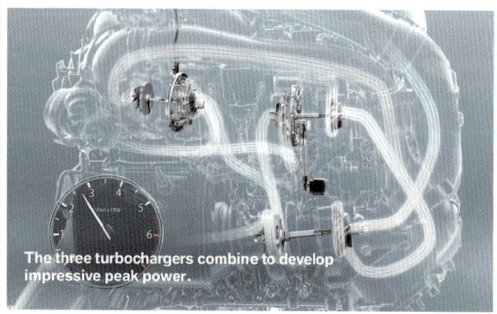

회전속도가 2700rpm을 초과하여 더욱 큰 부하가 걸린 상태가 되면 엔진 후방의 VG 터보가 가동을 시작한다. 280kW라는 피크 파워를 발휘하는 4000rpm을 목표로 하고 3기의 터보 모두가 최대 효율이 되는 풀 파워 운전으로 된다.

일렉트릭 트윈 터보 시스템

▶ AUDI V6 TDI

재빠르게 시작하는 전동 슈퍼 차저(super charger)

아우디에 의해 개발이 진행되고 있는 Valeo사의 전동 슈퍼 차저. 터보에 사용되고 있는 것과 같은 형태의 원심식 컴프레서를 모터로 구동한다. 통전에서부터 250~350ms 만에 최고 회전속도에 도달하는 전동만의 뛰어난 응답성을 활용하고 터보 시스템과 조립해서 사용하여 터보 랙(Turbo lag)을 효과적으로 억제한다.

아래는 3ℓ V6 디젤 엔진에 조립된 예로 인터쿨러의 하부 라인, 스로틀 밸브의 바로 앞에 전동 슈퍼 차저가 설치되어 있다. 터보의 과급 압력이 시작되지 않는 극저속에서부터 전동 슈퍼 차저에 의하여 과급이 시작되고 토크가 상승됨과 동시에 가속페달의 응답성이 향상된다. 뛰어난 운전 성능이 얻어짐과 동시에 높은 기어비의 설정도 가능하게 됨으로써 연료소비의 저감으로도 연결된다고 한다. 소비전력은 2~3kW로 결코 적지는 않지만 회생 시스템이나 하이브리드 시스템과 조합한다면 가능성을 보기 시작할 수도 있을 것이다.

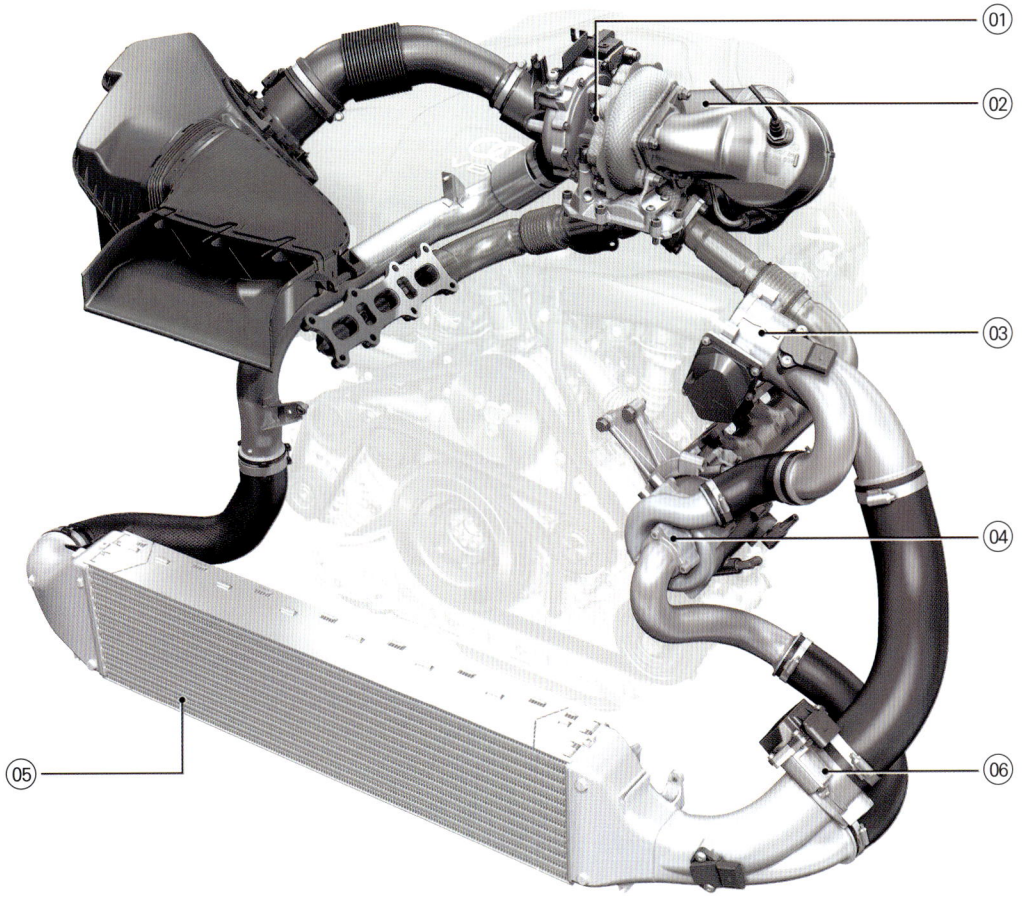

스틸 소재만으로 구성된 로터와 스테이터 코일을 조합시킨 SR(Switched Reluctance) 모터가 이용되는 Valeo사 제품인 전동 슈퍼 차저. SR 모터에는 자석 등 고가의 재료를 사용하지 않는데다가 응답성이 뛰어나고 고속회전에 적합하다는 장점이 있다. 최대 회전속도는 70000rpm에 달한다고 한다.

01 : 터보 차저
02 : DPF
03 : 스로틀 밸브
04 : 전동 컴프레서
05 : 인터쿨러
06 : 우회 밸브

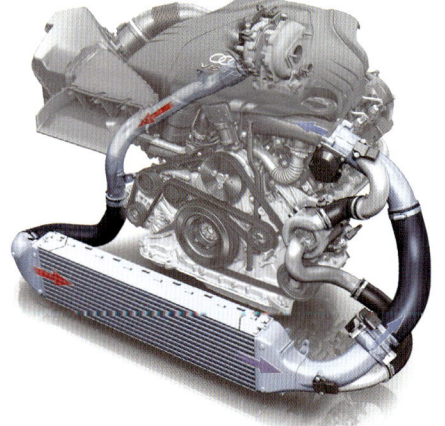
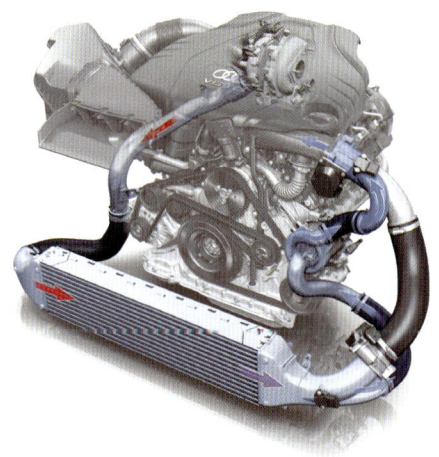

좌 : 전동 컴프레서를 우회

터보 차저로 압축된 공기가 인터쿨러를 경유하여 분기 부분에서 스로틀 밸브의 방향으로 직행. 전동 슈퍼 차저는 정지되어 있는 상태이며, 인터쿨러에서 스로틀 밸브까지의 배관이 병행하는 상태로 배치되어 있기 때문에 터보 차저에 의한 과급에 영향을 주는 경우는 없다.

우 : 전동 컴프레서 사용

전동 슈퍼 차저에 전류가 공급되어 모터의 회전에 따라 전동 슈퍼 차저에 의한 과급이 실행되고 있는 상태. 공기는 에어 클리너에서 터보 차저, 인터쿨러를 경유한 후에 전동 슈퍼 차저로 들어간다. 과급된 공기는 스로틀 밸브, 흡기 매니폴드와 최단거리로 압송되기 때문에 손실노 거의 발생하시 않는다.

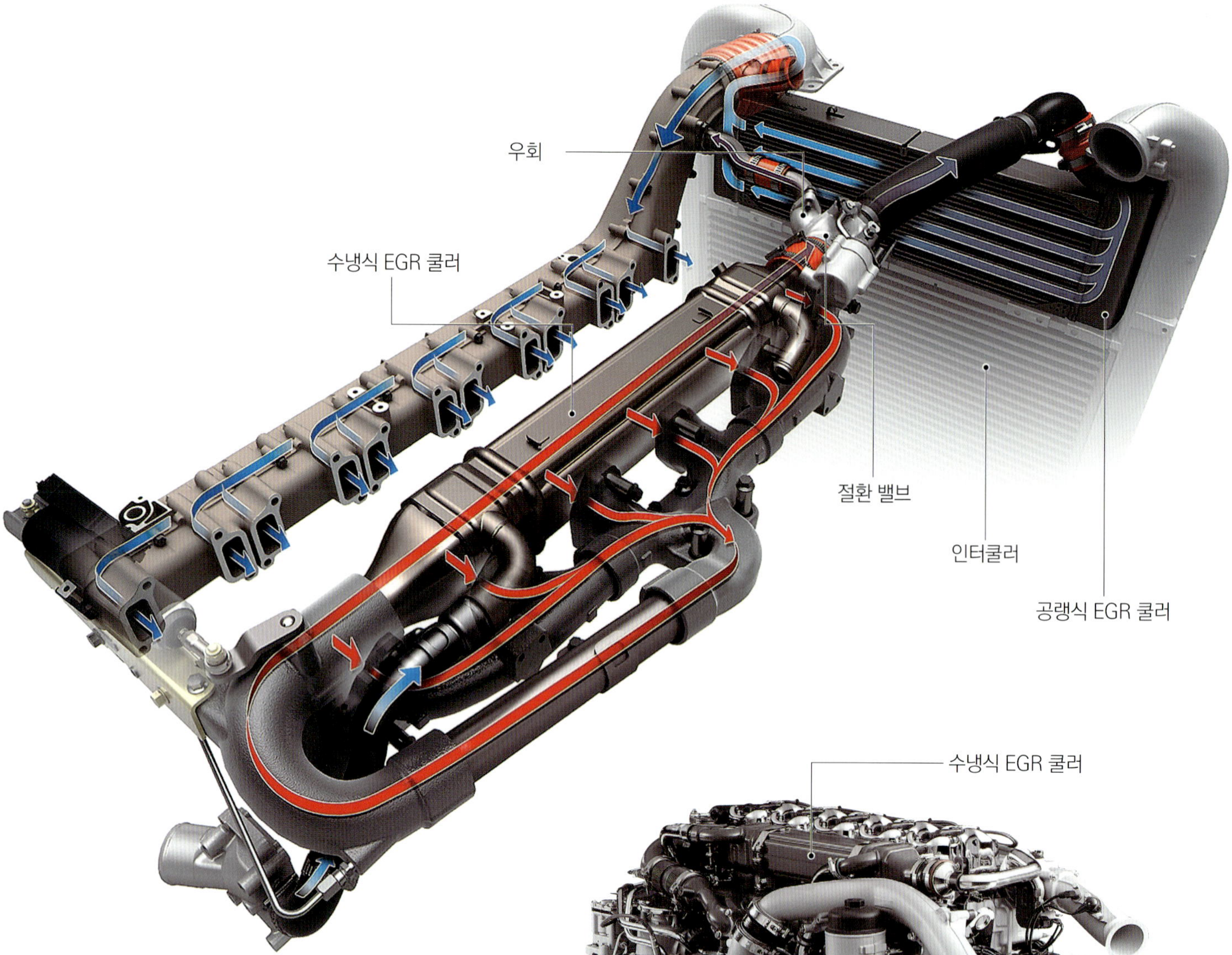

우회

수냉식 EGR 쿨러

절환 밸브

인터쿨러

공랭식 EGR 쿨러

수냉식 EGR 쿨러

배출가스를 피드백(還流)시킨다.

산소의 농도가 현저하게 낮은 배출가스를 새로운 공기와 혼합하여 흡기로 환류시켜 NOx의 생성을 억제한다. 오늘날의 EGR은 그 목적에서 EGR을 냉각시켜 되돌리는 것이 주류이며, 그림은 스카니아의 디젤 엔진용이다. Euro 5에 적합하도록 2단의 냉각 방식을 도입하고 있다. 1단계는 실린더 블록 상부에 배치된 수냉식을, 2단계는 인터쿨러 상부에 배치된 공랭식을 사용하여 적극적으로 냉각시킨다. 오른쪽 사진에서는 수냉식의 EGR만 보인다.

EGR
Exhaust Gas Recirculation

저압과 고압, 배출가스 재순환의 기술과 효과

사용이 종료된 배기가스를 다시 한 번 더 사용한다. 게다가 어쩔 수 없어서가 아니라 필요하기 때문에. 배출가스가 아니라면 할 수 없는 일이며, 근년의 디젤 엔진에 필수불가결하다. 이것이 EGR이다.

글 : Mf 그림 : Scania/Renault/Audi/Daimiler/Volkswagen/Mazda/만자와 코토미(Kotomi Manzawa)/Mfi

왜 EGR을 실시하는가?

실린더가 공기를 흡입하는 양에는 한계가 있는 한편 연료 분사량은 제어에 의해 자유로이 제어 할 수 있다. 그래서 과급으로 무과급에서는 생각할 수 없는 연료량을 분사한다. 그러나 출력을 얻으려고 하면 할수록 연소 온도는 높아지고 NOx가 생성된다. 그래서 불활성가스인 EGR을 혼합하는 것으로 문제를 해결하였다. 디젤 엔진은 NOx와 PM의 상충관계가 문제시 되어왔지만 앞으로는 NOx와 CO_2의 상충관계, EGR의 환원율이 과제가 될 것이다.

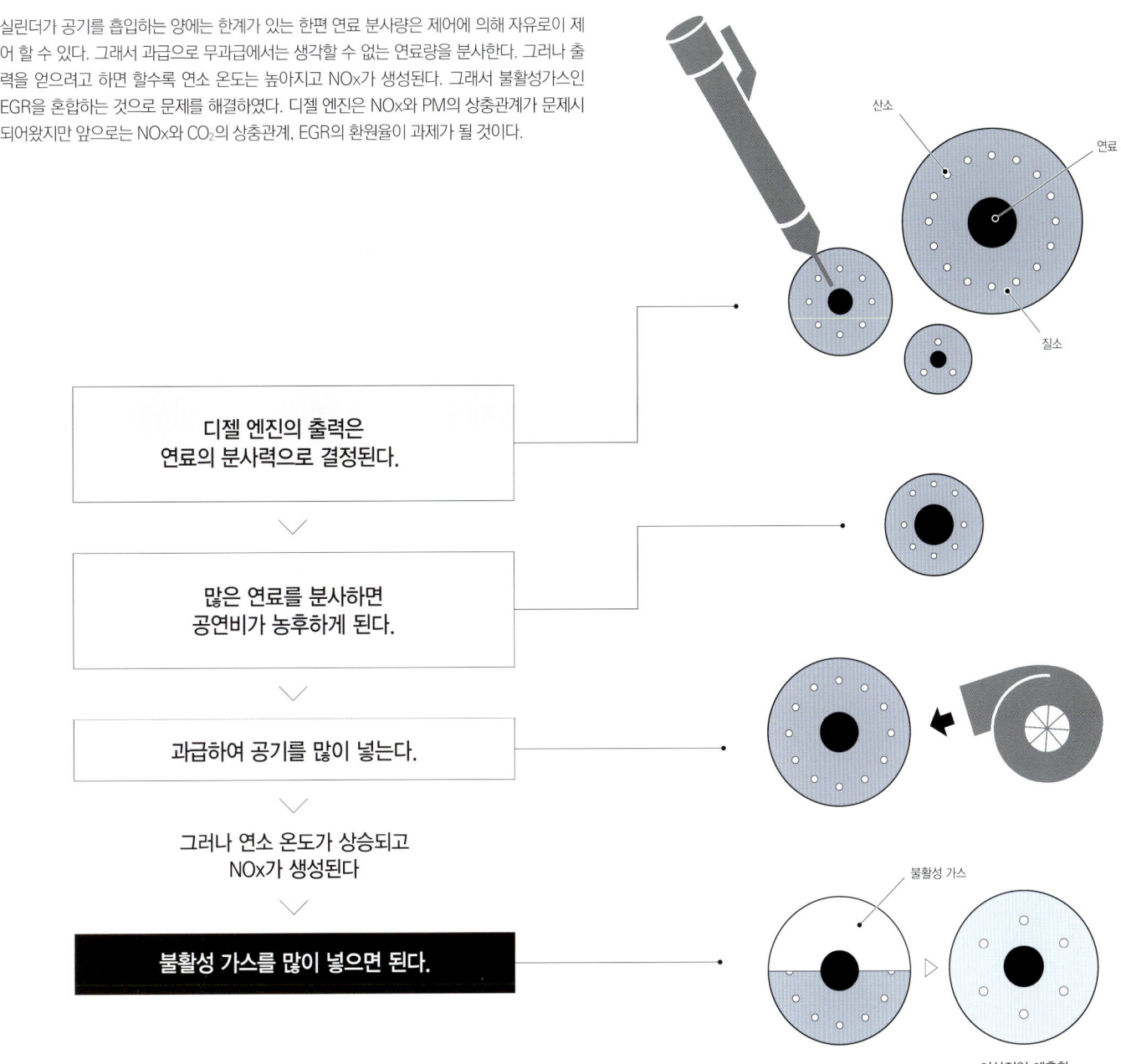

내연기관은 공기와 연료를 일정한 비율로 혼합하고 연소시켜 팽창시켜 동력을 얻는다. 연료의 종류에 따라 여러 가지 연소법이 있는 한편 공기의 조성은 인간의 힘으로 변하게 할 수 없다. 공기 중에서도 연소에 필요한 것은 오로지 산소라는 것은 알려진 대로이지만 산소만을 추출하여 내연기관으로 공급할 수는 없다.

산소 봄베라는 방법이 있지만, 현실적이지 않은 것은 명확하다. 따라서 산소(즉, 공기)가 필요하지 않을 때는 가솔린 엔진의 경우 스로틀 밸브를 닫고, 산소를 더욱 공급하고 싶다면 과급기를 사용하여 강제적으로 공기를 과충전하는 방법이 사용되고 있다.

그런데 출력을 중시했던 시대에서 환경을 중시하는 시대로 이행되고 나서 연비나 배출가스의 성분 등이 문제가 되었다.

바꿔 말하면, NO 및 NO_2(NOx)의 발생을 억제해야 하고 CO_2를 줄여야 한다. NOx는 고온 연소시에 산소와 질소가 화합함으로써 생성되는 것으로 연소 온도를 낮추거나, 산소 농도를 낮추거나, 질소 농도를 낮추는 등의 어느 것이든지 시행하지 않으면 안 된다. 공기의 조성은 바꿀 수 없다. 그래서 연소된 배출가스에서 착안하게 되었다.

배출가스의 성분은 대부분이 질소(N_2), 물(H_2O), 이산화탄소(CO_2), 그리고 미량의 유해성분(탄화수소 : HC, 일산화탄소 : CO, 질소화합물 : NOx)이다. 새로운 공기의 함께 재 급기하면 혼합기 전체의 산소 농도를 저하시킬 수 있다. 게다가 CO_2와 H_2O는 비열비가 크기 때문에(쉽게 뜨거워지고 쉽게 식는다) 새로운 공기만을 사용할 때 보다 배출가스의 온도를 낮추는 것에도 기여를 한다.

즉, EGR을 도입함으로써 NOx의 생성의 조건 중 두 가지를 동시에 해결할 수 있게 되었다.

단, 배출가스는 쉽게 상상할 수 있겠지만 온도가 높다. 이 고온의 나쁜 작용을(가솔린 엔진이라면 노킹을 유발하고, 디젤 엔진에서는 연소 온도를 높인다) 없애기 위해 요즘의 EGR은 배기가스를 열 교환기를 거쳐서 냉각시킨 후 흡기 쪽으로 돌려보내는 방법이 일반화 되었다.

냉각함으로써 충전효율을 높이는 목적도 있다. 반대로 시동직후 등에 실린더 헤드가 안전히 냉각되었을 때에는 뜨거운 상태로 EGR하여 연소를 양호하게 이루어지도록 도와주는 것도 가능하다. 가솔린 엔진에서는, 스로틀 밸브보다 엔진 쪽에 EGR을 피드백시킴으로써, 펌핑 손실을 저감시킨다는 커다란 장점을 얻을 수 있다.

어떻게 EGR을 유도할까?

고압 EGR과 저압 EGR 그리고 내부 EGR. 이것들을 어떻게 조합하여 사용할까?

배출가스를 내보내는 방식은 한가지이지만 그것을 어떻게 흡기 쪽으로 되돌릴 것인가에 대한 다양한 대책들이 고안되어 있다. 각각에 장단점이 있고 발휘하는 능력도 다르다. 물론 잘 조합하여 사용함으로써 시너지 효과도 얻을 수 있다.

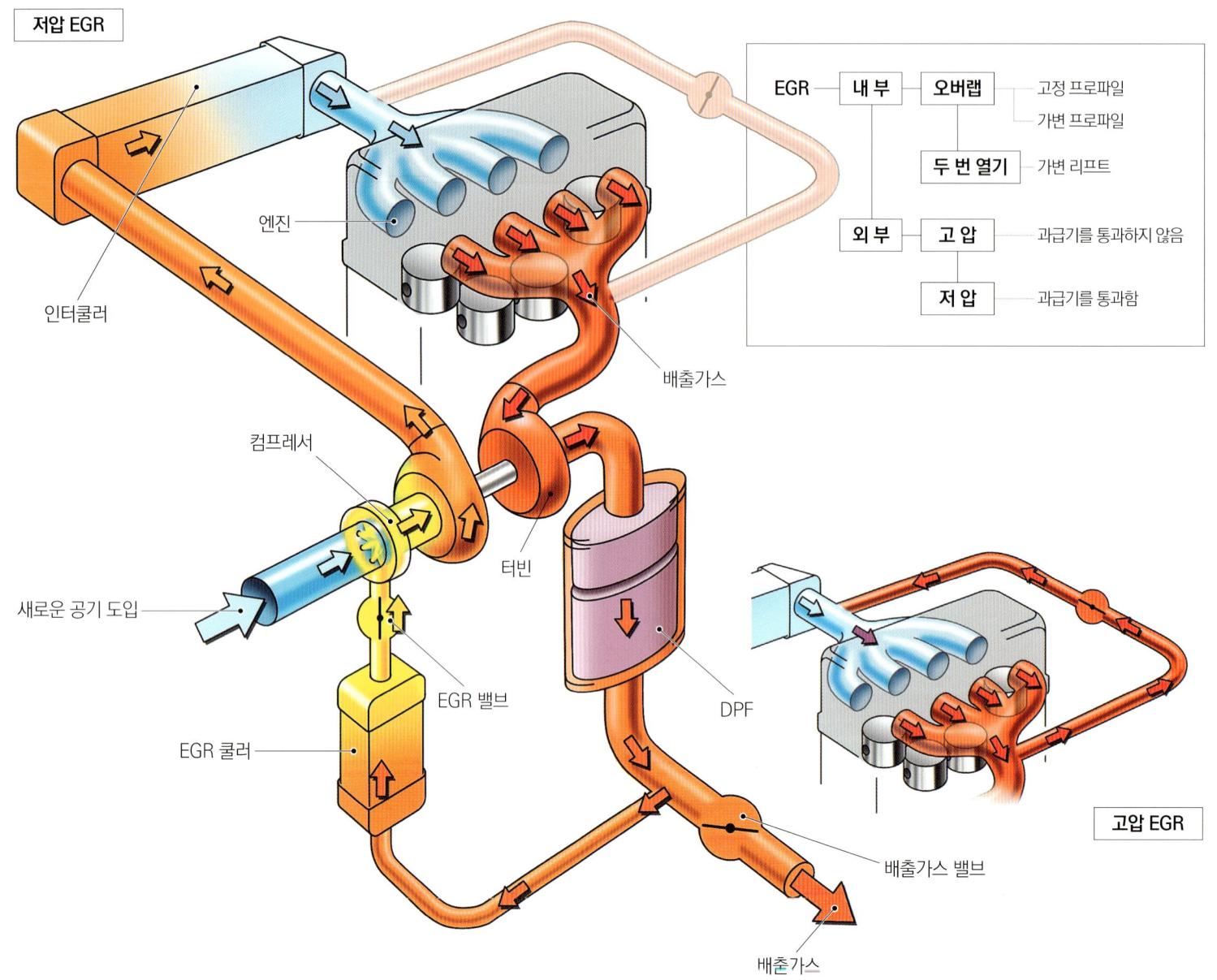

배출가스를 환류시키는 방법에는 크게 나누어서 내부방식과 외부방식이 있으며, 내부방식은 실린더 헤드의 내부에서 완결하는 구조이고 외부방식은 엔진 외부에 전용의 관을 설치하는 방법이다.

내부 EGR 방식에서는 흡배기 밸브를 동시에 열어서 배출가스를 재 흡입하는 현상을 실현하는 것으로, 밸브 오버랩, 가변 밸브 타이밍 기구나 가변 밸브 리프트 기구 등을 이용하고 있다.

외부 EGR 방식으로는 고압식과 저압식이 있다.

고압 EGR 이란 (근년의 디젤 엔진인 경우는) 배기가스가 터빈에 도달하기전에 분류(分流) 시켜 직접 흡기 다기관에 유입시키는 방식이다. 배출가스의 유속과 압력이 높은 상태일 때 재순환 시키므로 고압식이라고 한다. 한편 저압 EGR은 터빈을 통과한 가스를 분류되어 흐르게 하고 컴프레서 앞으로 되돌리는 방식이다. 즉 재순환되는 배기가스가 터보를 통과하지 않는 EGR이 고압식이고 터보를 통과하는 EGR이 저압식이다.

고압식은 터빈 전에서 분류시키기 때문에 터보 차저에 주는 에너지 량은 감소한다. 저부하 영역에서는 대량의 EGR이 필요하게 되지만 터빈 구동과의 관계에서 양립은 어렵다. 그런 점에서 저압식은 배출가스가 터빈에서 일을 끝낸 뒤에 분류시키므로 공기 과잉율 및 EGR양을 고압식보다도 높일 수 있다는 것이 최대의 장점이다. 반면에 컴프레서 휠과 인터쿨러가 배출가스 성분으로 오염되고 효율이 점점 나빠지는 것이 단점이다.

High-Pressure ······ 고압 EGR

배기 매니폴드를 위에서 바라본 것. 사진 아래쪽이 터보 차저. 4기통인데 5개의 관이 있는 것을 알 수 있을 것이다. 동그라미 친 곳이 EGR을 위한 배관이다. 4번 실린더 옆을 빠져나가 엔진의 뒷면으로 향한다.'

위의 사진에서 동그라미 친 부분이 이 사진과 같은 부위. 이번에는 플라이휠 측에서 바라본 것이다. 4N14는 EGR 배관의 일부가 실린더 헤드에 내장되어 있다. 엔진의 냉각수로 열 교환을 하기 위한 의도일 것이다. 그대로 뒷면의 EGR 쿨러에 도달한다.'

실린더 헤드에서 배출된 배기가스는 동그라미 부분의 EGR 쿨러에서 냉각된 후 다시 흡기 다기관에 흡입된다. 영역에 따라서는 흡기 측의 압력에 밀려 재순환되기 어려워지기 때문에 스로틀 밸브로 제어한다.

▶ Mitsubishi Motors : 4N14(Japanese Edition)

유럽용 Outlander에 처음으로 장착을 시작한 미쓰비시 자동차의 디젤 유닛이 4N14이다. 압축비를 14.9까지 낮추어 연소를 고도로 제어하고 NOx 촉매를 사용하지 않고 Euro5에 적합하게 하였다. 유럽 사양은 고속영역(190km/h를 상정)과 저속영역을 양립시키기 때문에 저속 캠과 고속 캠의 두 개의 캡 프로파일을 가지고 저속 캠에서는 큰 스월을 발생시켜 연소의 효율화를 도모하고 있다. 2013년에 등장한 일본 사양에서는 유럽만의 고속주행 기회가 없기 때문에 저속 캠으로 고정하여 사용하고 있다.
실린더 헤드에서 흘러나온 재순환용 배기가스는 동그랗게 에워싼 부분의 EGR 쿨러로 냉각을 시키고 이를 다시 흡기 다기관으로 흡입시킨다. 영역에 따라서는 흡기 쪽의 압력에 밀려 재순환하기 어렵게 되는데 스로틀 밸브로 제어한다.

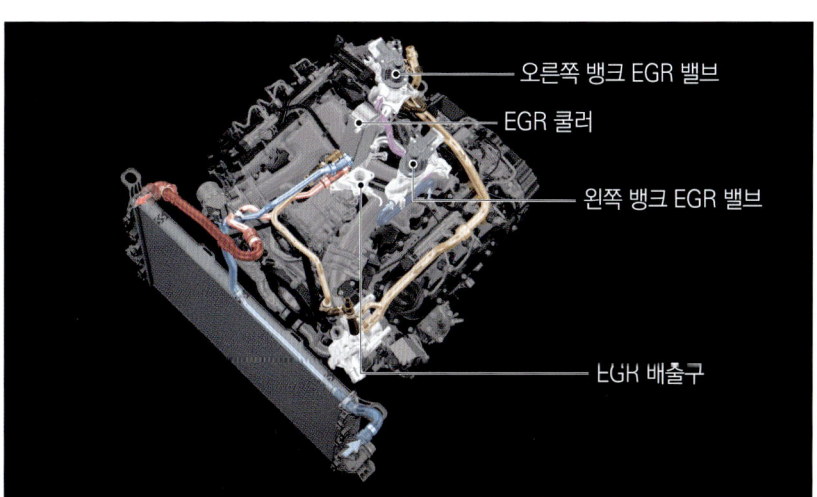

- 오른쪽 뱅크 EGR 밸브
- EGR 쿨러
- 왼쪽 뱅크 EGR 밸브
- EGR 배출구

▶ VW/AUDI : 4.2 TDI(EA896)

V형 엔진의 예이다. V뱅크 바깥쪽에 배기 구조를 갖는 4.2 TDI는 터보 차저 이전의 배기 매니폴드, 7번/8번(즉 엔진 후단 실린더)의 배기포트 부근에 EGR밸브를 설치한다. 역시 실린더 헤드 내에 설치된 배관을 통하여 엔진의 냉각수로 예냉, 그리고 각각의 뱅크 EGR 밸브를 통해 V뱅크 안에 있는 EGR 쿨러로 이끌려 들어간다. 그 후에 흡기와 합류한다. 그림에 표시된 것은 냉각수의 흐름(flow)이다.

Low-Pressure ······ 저압 EGR

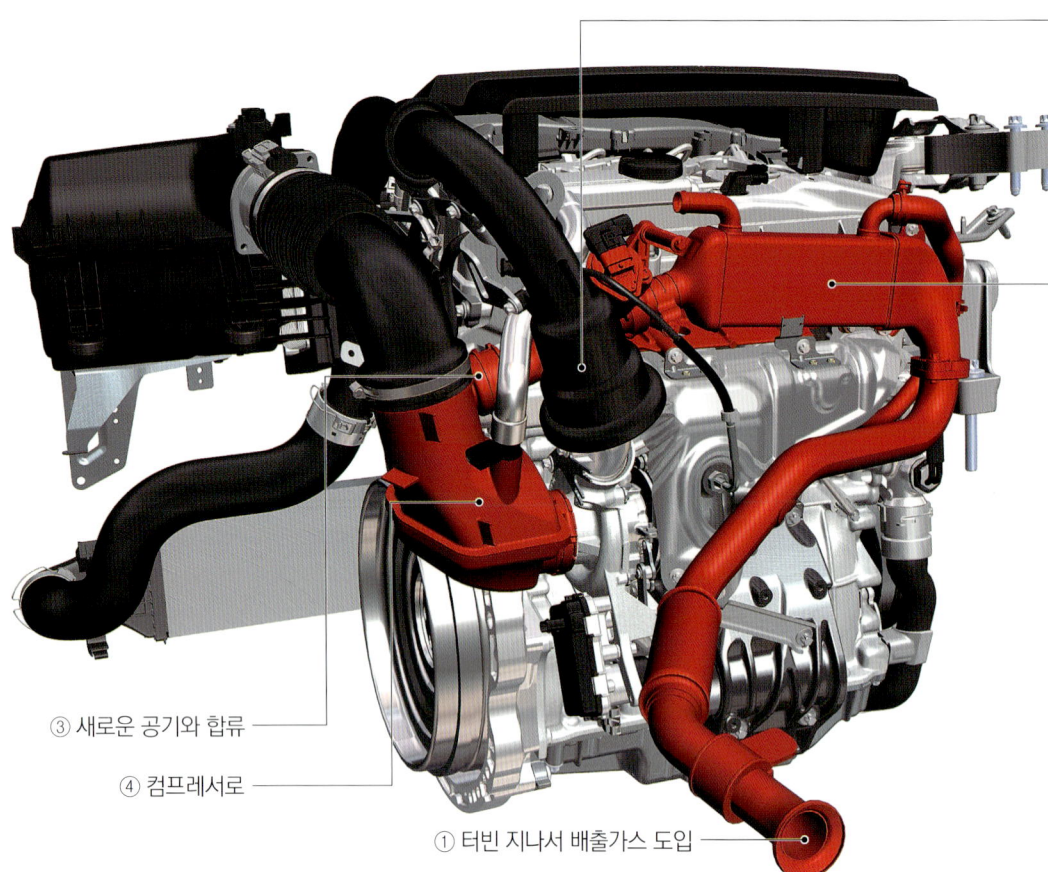

⑤ 컴프레서로부터 토출

② EGR 쿨러로 유입

③ 새로운 공기와 합류

④ 컴프레서로

① 터빈 지나서 배출가스 도입

▶ Daimler : OM651

메르세데스 벤츠의 C클래스 이상에 탑재되고 있던 OM651. 델파이의 직분식 피에조 인젝터를 채택, 2단 과급 시스템으로 BMEP30을 넘어서는 몬스터 유닛으로 유명하다. 그 OM651이 신형 A/B 클래스를 위해 개조한 뒤 등장하였다. 즉 종횡(縱橫) 탑재를 동시에 대응하게 되었다. A/B 클래스 탑재형인 OM651의 특징 중 하나가 저압 EGR의 채용이다. PM에 의한 오손을 최소한으로 하기 위하여 Daimler는 EGR용 배기가스 채취를 DPF 이후에서 하고 있다.

터빈

EGR 쿨러

후처리장치

▶ Renault dCi 130(R9M)

배관만을 생각한다면 디빈 지니시부터 김프레서까지의 사이에서 관을 만들면 되지만 실제로는 배출가스를 냉각할 필요가 있고 게다가 효율적인 배치를 고려한다면 통로는 가능한 한 짧게 하는 것이 좋다. 르노는 터보차저 바로 아래에 DPF를 배치하고 출구 직후에 EGR용 배기가스를 분류한다. 곧바로 수냉식 EGR 쿨러에서 온도를 저하시키고 컴프레서 쪽으로 되돌리고 있다. 그렇지 않아도 터보 차저가 장소를 차지하고 있는 만큼 저압 EGR의 배치에는 어려움이 따른다.

Volkswagen MDB(EA288)

MQB 컨셉트에 의해 디젤 엔진에도 모듈 설계의 사상이 담겨져 있다. 그것이 MDB이다. 엔진 본체+목적에 맞는 후처리장치의 유닛화라는 명료한 사고방식으로 그림에 표시한 것은 EURO 5사양이다. 2종류의 후처리장치를 통과한 배기가스를 곧바로 컴프레서 쪽으로 되돌리는 시스템을 유닛화하고 있지만 역시 체적이 작다고는 할 수 없다. 흡기 다기관 내부에 배치된 수냉식 열 교환기가 독특하다.

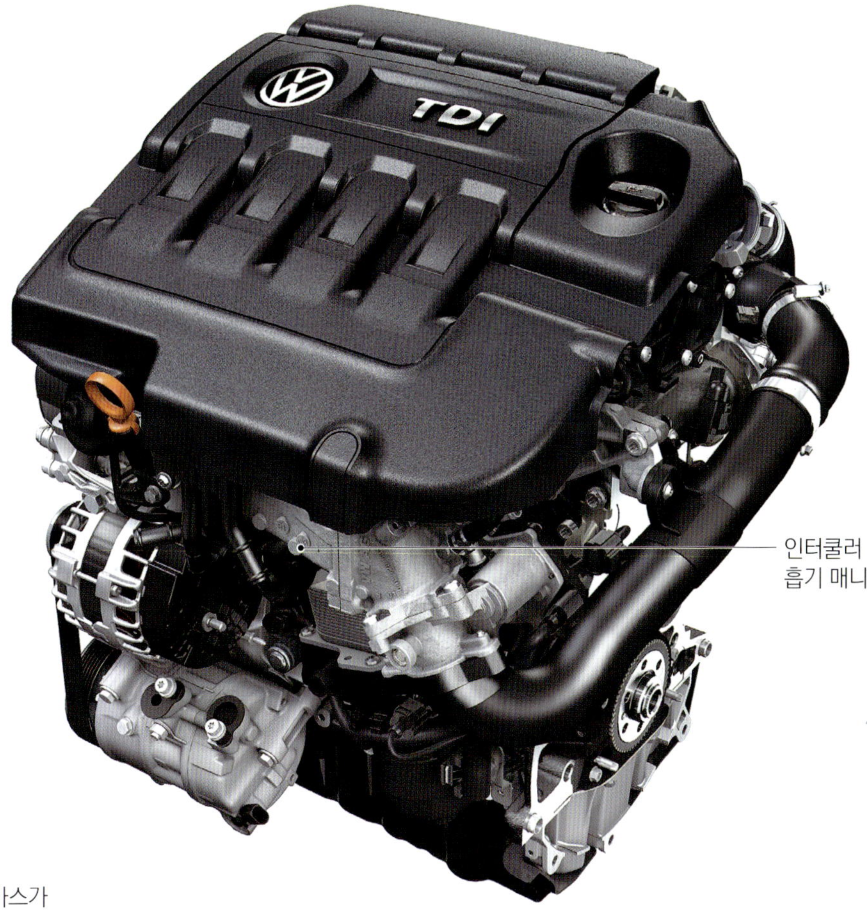

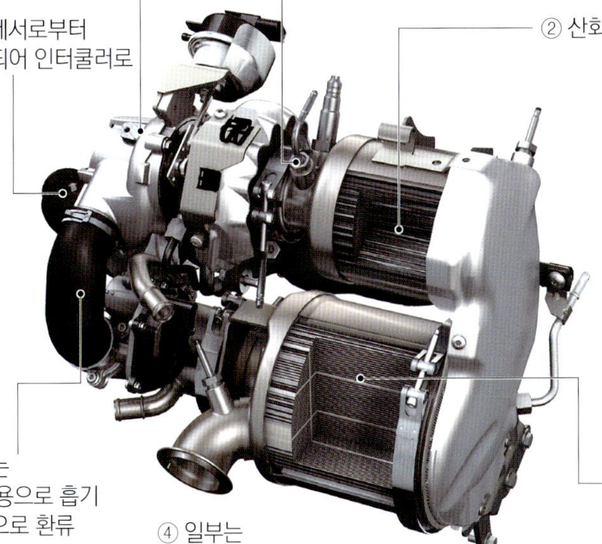

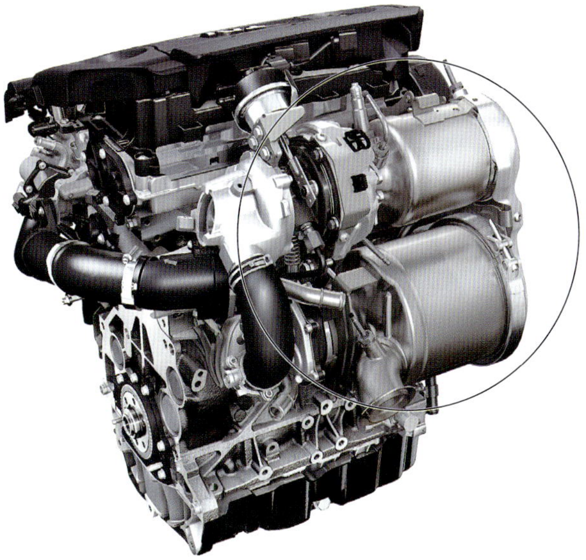

TDI
인터쿨러 내장
흡기 매니폴드

⑥ 컴프레서로 유입
① 배출가스가
터빈에서 토출된다.
⑦ 컴프레서로부터
토출되어 인터쿨러로
② 산화촉매를 통과
⑤ 일부는
EGR용으로 흡기
계통으로 환류
③ DPF를 통과
④ 일부는
배출가스로서 대기로 방출된다.

내부 EGR의 사용법

세계 제일의 저압축비 디젤 엔진인 마즈다의 Skyactiv-D는 저압축비화에 따르는 시동 직후의 연소 제어를 위하여 내부 EGR을 채용하였다. 대책으로서 가변 리프트 기구를 사용하고 있다. 흡기 밸브가 열려있는 중에 배기 캠 측에 실치된 다른 하나의 캠 로브가 배기 밸브를 2번 열고 고온의 배출가스를 흡기 측으로 환류시키는 구조이다.

Valve Lift (mm)
10
8
6
4
2
0
Exhaust
Inlet
480
540
600
660
720
780
840
900
960
Crank Angle (deg)

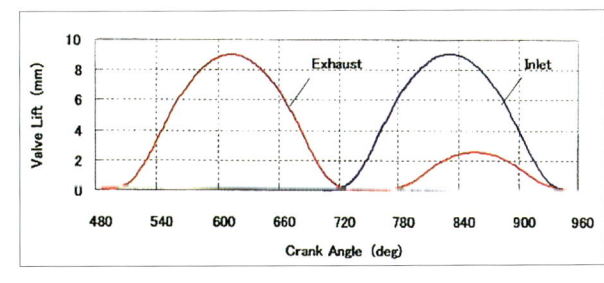

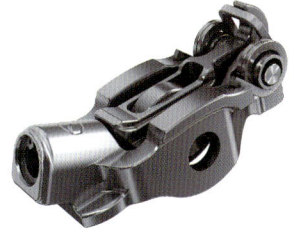

가변 리프트 구조는 Schaeffler의 Switchable Roller finger Follower이다. 이름과 같이 절환식이다. 메인 캠 로브 이외에 2번 열림 전용의 로브를 설치하였다. 리프트가 불필요한 영역에서는 로스트 모션(Lost Motion)으로 동작을 취소한다.

형식 : EE20
형식 : 수평대향 4기통 DOHC
총 행정체적 : 1998cc
내경×행정 : 86.0×86.0mm
압축비 : 16.0
최대 토크 : 350Nm/1600~2400rpm
최고 출력 : 110kW/3600rpm
연료공급 : 덴소제품 커먼 레일
급기 : VG 터보 차저×1

▶ 수평대향 엔진과 디젤의 조합

수평대향 4기통은 2차의 불평형 관성모멘트는 남지만 불평형 관성력이 1차 2차 모두 제로이고, 직렬 4기동과 비교하여 진동면에서 유리하다. 이것은 소음 진동면은 물론 마찰 손실이라는 점에서도 유리하게 된다. 단행정 경향인 수평대향 엔진의 근본적인 성격은 경사 분할식 커넥팅 로드라는 결단으로 종결 하였다. EE20의 내경×행정은 가솔린 FA20형과 마찬가지이지만 그 내경 피치는 종래의 113mm 그대로인 것에 대해 EE20형은 98.4mm로 축소하였다. 2ℓ에 특화된 선택으로도 생각된다.

Column 3

[Subaru EE20]

진화를 계속하는 복서 디젤

이제까지도 본지에서 많이 접할 수 있었던 스바루의 복서 디젤. 이미 유럽에서 많은 차종에 탑재되고 그 지역에서 활약하는 제일선의 유닛이다. 2008년의 등장 이래 스바루 다운 부단한 개량이 이뤄져 제3세대를 맞이하고 있다.

글 : 사와무라 신타로(Sintarrow Sawamura) 사진 : MFi 그림 : FHI

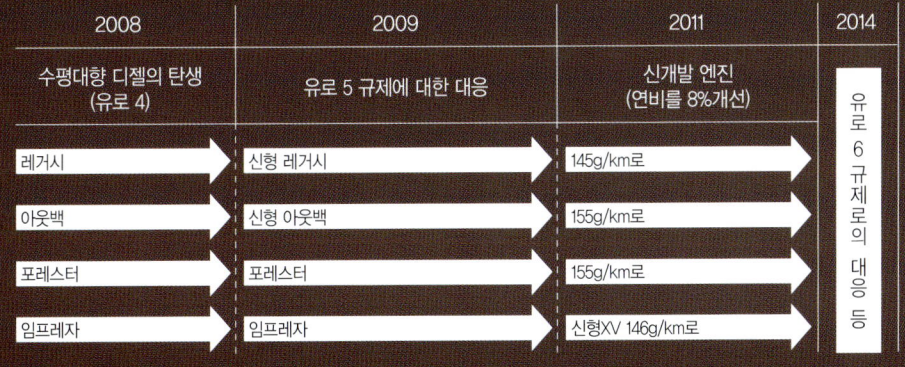

EE20은 어떻게 진화되어 왔는가.

2008년 초기형은 EURO 4의 규제에 준거하여 만들었다. 그러나 동년 11월(2009년 모델)의 포레스터에 탑재한 EE20에서 PM 배출값을 다가올 EURO 5의 기준으로 저감시킨다(단 NOx값은 불변). 09년 7월에는 EURO 5에 적응하기 위하여 피스톤의 캐버티 헤드의 연소실까지 변경하여 압축비를 16.3에서 16.0으로 낮추는 대규모의 변경을 실시하였다. 2011년의 변경에서는 연비율을 8% 향상시킴과 동시에 최대 토크 발생 회전속도를 1800~2400rpm으로 저속회전 쪽으로의 확대에 성공하였다. 2013년의 제네바 쇼에서는 디젤+리니어트로닉(CVT)을 발표하였다.

2011년형의 연비 개선의 아이템

엔진과 보조 기기류의 개량에 의한 기계 손실의 저감이 목적이다. 게다가 VG 터보는 가변 노즐이나 임펠러 형상이 변경되어 저속회전의 반응성을 향상시켰다. 배기 캠 개폐 시기도 크랭크 각도로 21° 넓혀 빨리 열리고 늦게 닫히도록 하여 배출시의 손실을 감소시켰다.

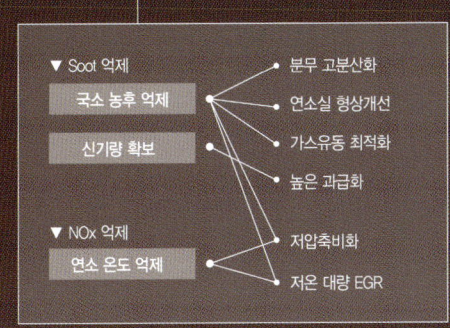

EURO 5의 규제 대응을 위하여

피스톤헤드의 연소실을 넓고 얕게 하여 압축비를 약간 낮추고 연소 온도를 최대 100°C정도 저하시킨다. 인젝터는 180MPa/8개의 분공 그대로. 분공의 직경은 Ø 0.133mm에서 Ø 0.121mm로 작은 직경으로. DPF도 포집율 30%의 개방 식에서 90%이상의 밀폐식으로 전환하였다.

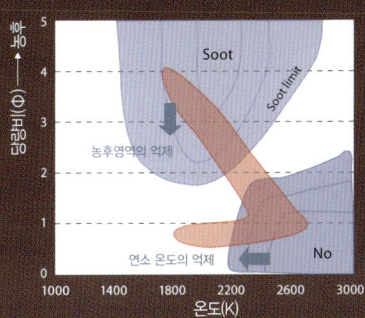

후지중공업은 2006년 10월 파리 살롱에서 세계 최초로 수평대향 디젤 엔진을 개발 중이라고 발표하고 그 그림을 공개하였다. 게다가 2007년 3월의 제네바 쇼에서는 그 실물을 전시하였다. 그리고 1년 후 같은 모터쇼에서 EE20이라고 명명한 수평대향 4기통 디젤 엔진을 탑재한 레거시 및 아웃백의 첫 선을 보였다. 그리고 2013년 3월 같은 모터쇼에서는 리니어트로닉과 조합시켜서 탑재한 아웃백을 발표하였다. 수바루에 있어서 EE20은 승용디젤이 판매의 반을 차지하고 있는 유럽시장에서 비장의 카드인 파워 유닛이었던 것이다.

그러나 EE20의 성립까지는 넘어야 할 높은 장벽이 있었다. 우선은 엔진의 기본 디멘션(dimension)이다. 회전속도를 높이지 않고 기계적인 마찰 손실을 저감시켜 낮은 회전속도 영역에서 토크의 크기로 승부해야 하는 디젤 엔진은 무슨 일이 있어도 장행정으로 하고 싶어 한다. 그러나 수평대향은 가로 폭이 넓어지게 되므로 차량에 탑재할 수 없게 되어 목표로는 성능의 실현을 위하여 행정을 생각대로 증가시키는 것은 곤란하였다.

그 때문에 배기량을 얻기 위한 다른 방법으로서 실린더 내경을 크게 하였다. 예를 들면 스바루의 가솔린 사양 2.0ℓ EJ20형은 내경 피치 113mm, 내경 92mm였다. 이것은 현재의 트렌드에 의한 타사의 직렬 4기통과 비교해 보면 길고 지름이 크다(현재의 주력 엔진인 FA형이나 FB형은 내경 피치는 113mm 그대로이지만 실린더 내경은 84~94mm로 축소한다.).

다른 한편으로 불평형 관성력이 1차나 2차 모두 제로로 신농년에서의 유리함이 있어 직렬 4기통 디젤 엔진처럼 밸런서 샤프트가 소음 진동 대책에 필수가 되지는 않지만 수평대향 때문에 실린더 블록의 표면적이 넓고 평평하여 그로부터 방사되는 연소 음이 귀에 거슬리기 쉬운 고주파대에서 정점(peak)을 만든다는 불리한 점도 소음 진동면에는 은폐되어 있다.

최신의 디젤 엔진에 필수 불가결하다고도 말할 수 있는 터보에서도 그렇게 배기처리가 편하지는 않다. 터보 직후에 오는 정화계통의 장치도 연쇄적으로 작동 효율에 영향을 받는다. 세부적으로 말하면 직접분사 인젝터도 엔진 폭을 억제하기 위해서는 짧게 만들어야 한다. 수평대향이라는 특이한 배기구조 때문에 디젤 엔진을 만들려면 타사의 직렬 4기통에서와 같은 기본적 수법과는 다른 특수한 요소가 수없이 많이 나타난다는 것이다.

그렇지만 스바루는 용단을 내리고 수평대향 6기통의 EZ형과 같은 내경 피치 98.4mm의 디젤 수평대향 4기통 EE20을 새롭게 만들기로 하였다. 디젤 엔진을 무기로 유럽을 공략하려고 그들은 그만큼 분발하고 있었다.

덧붙여서 말하면 EE20을 구성하는 요소는 직접분사 커먼 레일, 가변 지오메트리 터보차저, 냉각(cooled) EGR 등 유럽의 열강과 동등한 것이다. 단 배기가스 정화에 관해서는 PM(입자상물질) 필터의 위쪽에 산화촉매를 설치하는 형태로 했고 NOx는 연소 제어로 억제하는 방법을 취하였다. 이 방법으로도 규제를 완전하게 통과할 수 있었던 요인의 하나로 당시의 유럽 배기가스 규제 수준에 있다.

2008년 시점의 규제는 EURO 4이고 일본이나 북미의 규제에 비교하여 NOx의 규제 값은 아직 후한 상태였다. 그리고 유럽 제품은 같은 기본 디젤 엔진을 고출력 형식과 저출력 형식으로 분리하여 만드는 경우가 많았던 것에 비하여 스바루는 「하나의 사양으로 그 중간의 출력을 노렸다」(카츠미디 과장, 엔진 설계 제1과)는 전도 유리하게 작용하였다. 아는바와 같이 출력을 높이려면 연소 온도가 상승하여 결과적으로 NOx가 생성되기 쉽다.

그렇다고 하여 연소 온도를 낮추면 효율이 나빠진다. 「저속회전 토크를 높이는데 공을 들였다」(카츠마타 과장)라는 EE20은 비용을 포함, 균형을 맞추기 위한 전략에서 태어난 디젤 엔진이라고 할 수 있다.

그런 EE20은 당시 스바루의 지혜로운 결단으로 미디어에서 화제가 되었었지만 일본에서는 탑재되지 않아 일본 미디어에 소개된 경우는 드물었다. 그러나 유럽과 호주에서는 탑재되었기 때문에 그 후에도 착실하게 진화되고 있다. 2009년 모델에서는 NOx배출량을 EURO 5의 기준에 적합하게 하기 위하여 피스톤의 연소실 형상을 변경하여 압축비를 초기형의 16.3에서 16.0으로 낮추려고 코어 부분에 손을 대는 변경을 실시하였다. 나아가 2011년 모델에서도 엔진 내부로부터 보조 기기류에 이르는 세세한 부분의 디테일을 변경하여 마찰 손실의 삭감 등을 통해 주로 연비 개선을 노렸다. 그 향상은 모드 연비가 아닌 엔진 정격 연비율로 8% 개선에 달한다고 한다.

카츠마타 사토루
후지중공업주식회사
스바루 기술본부
엔진 설계부
엔진 설계 제1과
과장

사에키 하토니
후지중공업주식회사
스바루 기술본부
파워유닛 연구 실험 제1부
엔진 연구 실험 제4과
담당

8% 연비의 향상을 지원하는 테크놀로지
---- MY 2011의 EE20은 무엇이 변하였는가.

스바루는 엔진뿐만 아니라 섀시도 매년 짧은 사이클로 부단한 개량을 실시하고 있는 것으로 알려져 있다. EE20도 2011년 모델에서 세밀한 개량을 하고 그 성과는 연비율 8%의 향상이라는 눈부신 결실을 얻었다.

01 : 인젝터
덴소 제품의 인젝터는 엔진 전체 너비의 치수에 제한이 있는 수평대향 엔진에 적합한, 전체 길이가 짧은 특제품이다. 타사와 다른 노선을 걷는 독자적인 면모를 볼 수 있다. 인젝터 사양으로서는 2009년 모델에서 분공 직경을 작게 만들어 분무의 미세화를 노렸다. 독일제에 사용하는 피에조 방식이 아닌 솔레노이드 방식이며, 분사각도는 변경하지 않았다.

03 : 커넥팅 로드
최신, 스바루의 수평대향 엔진은 조립 공정의 효율을 감안하여 경사 분할식 커넥팅 로드로 하였다. 그 커넥팅 로드를 EE20에서는 2011년의 개량으로 4%정도 가볍게 하였다. 피스톤의 경량화에 의한 관성 질량의 저감을 근거로 하여 최적화한 결과라고 한다. 대단부와 소단부의 중심간 거리는 EJ200이나 EZ30보다도 긴 134mm이다. 행정은 86mm이므로 연간비(connecting rod stroke ratio 대·소단부 중심 간의 거리÷행정의 1/2)는 3.12가 된다.

02 : 피스톤 상단
2009년 모델의 변경으로 피스톤 상단 연소실은 개구부가 넓어지고 깊이가 얕아졌다. 압축비의 저하를 동반하는 이것은 연소시의 국소적인 농후를 회피하여 NOx의 생성 위험을 낮출 목적으로 채용되었다. 그리고 2011년 모델에서는 주로 상단 부근의 불필요한 부분을 없애고 경량화를 실현하였다. 고압의 연소압을 받아내는 피스톤 핀은 당연히 직경이 크지만 핀 오프셋(offset)은 0.5mm로 가솔린 엔진의 핀 오프셋과 큰 차이가 없다.

● EGR 쿨러의 핀(fin) 형상을 개량

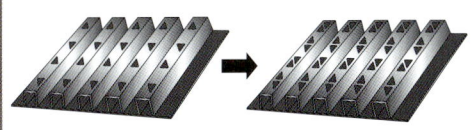

배출가스 통로를 직선으로 한다면 통기 저항은 작아지지만 열교환 때문에 효율은 떨어진다. 반대로 냉각수와의 접촉되는 면적을 증가시킨다면 냉각은 잘되지만 배기 저항이 증대된다. 2011년 모델인 신형 EGR 쿨러는 그 양쪽의 균형을 잡고 핀 형상을 변경함으로서 냉각효율을 개선하였다. 1.4%의 연비 향상에 기여하고 있다.

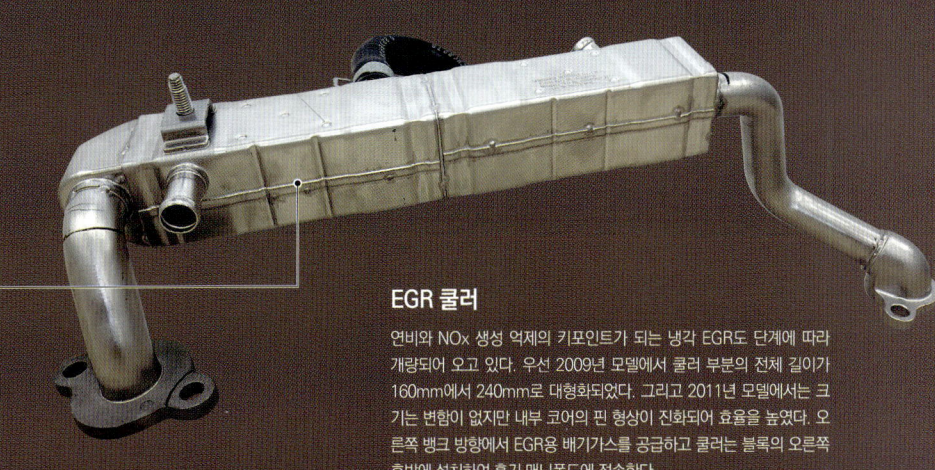

EGR 쿨러

연비와 NOx 생성 억제의 키포인트가 되는 냉각 EGR도 단계에 따라 개량되어 오고 있다. 우선 2009년 모델에서 쿨러 부분의 전체 길이가 160mm에서 240mm로 대형화되었다. 그리고 2011년 모델에서는 크기는 변함이 없지만 내부 코어의 핀 형상이 진화되어 효율을 높였다. 오른쪽 뱅크 방향에서 EGR용 배기가스를 공급하고 쿨러는 블록의 오른쪽 후방에 설치하여 흡기 매니폴드에 접속한다.

실린더 블록과 크랭크샤프트

크랭크샤프트의 길이는 짧아져 강성상 유리하다. 그런데 메인 베어링 폭이 좁기 때문에 윤활이 나쁘고 웹(web)도 얇으므로 강성에 불리하다. 한편 반으로 분할된 실린더 블록이 크랭크샤프트를 좌우에서 강하고 튼튼하게 누르기 때문에 크랭크샤프트의 불리한 점을 감싸준다. 그 장점을 발휘하기 위하여 좌우 실린더 블록의 노크 핀(knock pin)을 4개 추가하였다. 메인 저널의 진원도가 향상되어 마찰의 저감에도 기여했다.

냉각수 유량의 최적화

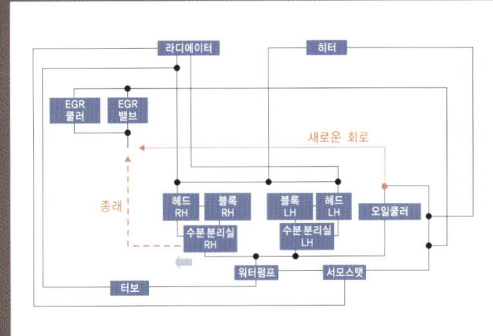

냉각수는 별도의 경로가 아닌 엔진의 냉각수를 사용하는 방식이다. 예전에는 엔진 바로 뒤에 EGR 쿨러를 배치했던 직렬의 배치구조를 병렬로 하여 입구의 냉각수 온도를 낮추었다. 쿨러 자체의 개량에 맞추어 200°C정도의 EGR 냉각이 가능하다고 한다. 세부적인 마무리에 의해 2011년 모델인 레거시 2.0 디젤은 NEDC(New European Driving Cycle) 운전모드에서 배출량을 156g/km에서 145g/km로 낮추었다.

터보 차저

IHI제 가변 지오메트리 터보(VG 터보)는 최대 과급압력 150kPa(절대압력 250kPa)로 사용된다. 2011년 모델에서는 노즐 베인(vane)이 개량되었고 아울러 컴프레서의 임펠러도 개량되었다. 덧붙여서 말하면 이 VG 터보는 2009년도 모델 변경시에 노즐 베인의 움직임을 감시하는 센서가 추가되어 저부하 영역에서의 과급압력 제어성능을 향상시켰다.

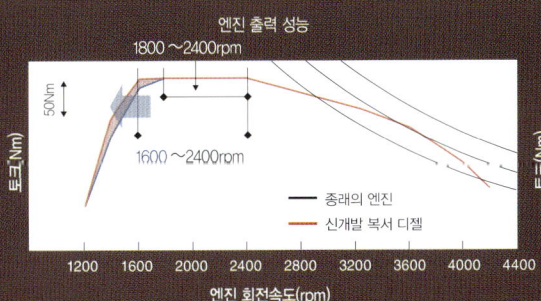

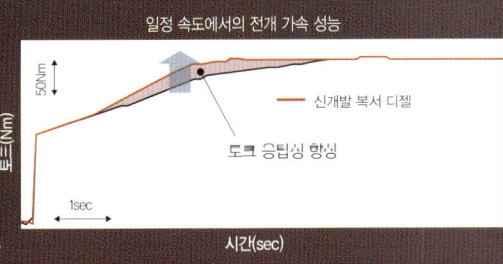

Illustration Feature
Diesel Engine THE NEXT!

CHAPTER 4

[Aftertreatment]

후처리 기술
디젤 엔진은 왜 많은 후처리 장치를 반드시 사용하여야 할까?

디젤 엔진에는 가솔린 엔진보다 많은 배기 처리장치가 장착된다.
도대체 왜 그럴까?
이번 기회에 디젤 엔진의 배기가스 성분과 그 생성 과정을 정리함과 아울러 산화촉매(Oxidation Catalytic Converter),
DPF(Diesel Particulate Filter), LNT(Lean NOx Trap) 및 SCR(Selective Catalytic Reduction) 등 각 장치의 작용을 정리하여 그 궁금증을 풀어보자.
글 : MFi   그림 : Daimler/Ford

PM을 여과시켜 포집한다.

NOx를 환원한다.

01 : 산화촉매(OCC)

산소(O_2)와 화학반응을 일으킴(산화)으로써 배기 중의 탄소(CO)와 탄화수소(HC)를 무해화 하는 장치이다. 이것에 질소산화물(NOx)의 환원 및 무해화 기능을 추가한 것이 가솔린 엔진의 삼원촉매이다. 복잡한 능동적 제어가 불필요하고 장착되면 일단 효과를 얻을 수 있는 처리장치의 기본 중의 기본. 그러나 PM의 그을음(soot)이나 NOx는 거의 저감시킬 수 없고 일산화질소(NO)를 인간의 호흡기계에 유해한 이산화질소(NO_2)로 전환하여 방출하는 문제도 있다.

02 : NOx 흡장(occlusion)/환원촉매(LNT)

배기 중의 질소산화물(NOx)을 일시적으로 흡장하고 나중에 연료의 양이 많은 상태에서의 연소(rich burn)에 의해 산소(O_2)를 빼앗아(환원) 무해화하는 장치. 산소가 존재하는 가운데에서는 매우 높은 NOx의 저감효과를 발휘하지만 적절한 과농 공연비로의 강제 변조(농후화)가 필요하기 때문에 제어가 복잡하고 열이나 유황(SO)의 피독(촉매 독에 의해 촉매 활성이 없어지는 것)에 약하고 NOx 흡장량 예측 제어가 잘못되면 유효한 환원이 될 수 없다는 결점도 있다.

03 : 디젤 미립자 포집 필터(DPF)

배기에 포함되는 마이크로미터(1000분의 1mm)급 크기의 고체나 액체의 미립자로 이루어진 미립자상 물질(PM)을 여과하는 필터. 포집된 PM(대부분은 그을음: soot)의 처리 방법으로 일괄(batch) 처리식, 교대 재생식, 연속 재생식 등 3개로 구별되지만 현재는 주행 중에 적당한 재생을 실시하는 연속 재생식이 주류이다. 재생은 주로 연료를 첨가하여 앞쪽 끝부분의 산화촉매로 온도를 상승시켜 실시하므로 산화촉매와 세트로 생각하는 배치구조가 일반적이다.

04 : 선택 환원촉매(SCR)

환원제를 사용하여 배기가스 중의 특정한 물질을 선택적으로 환원하는 촉매장치. 디젤 엔진의 배기가스에서 특정한 물질은 질소산화물(NOx)을 가리키기 때문에 그것을 정화하는 기술이라고 인식하여도 틀림이 없다. 환원제에는 주로 요소 액에 함유된 암모니아(NH_3)를 사용하고 산소의 공존 하에서 NOx의 환원을 실시한다. 유황이나 열 열화(heat degradation)에 강하고 연비에서의 불이익이 적다는 등의 장점도 있지만 여전히 인프라 면에서는 불안한 점이 있다.

디젤 엔진 배기가스의 성분

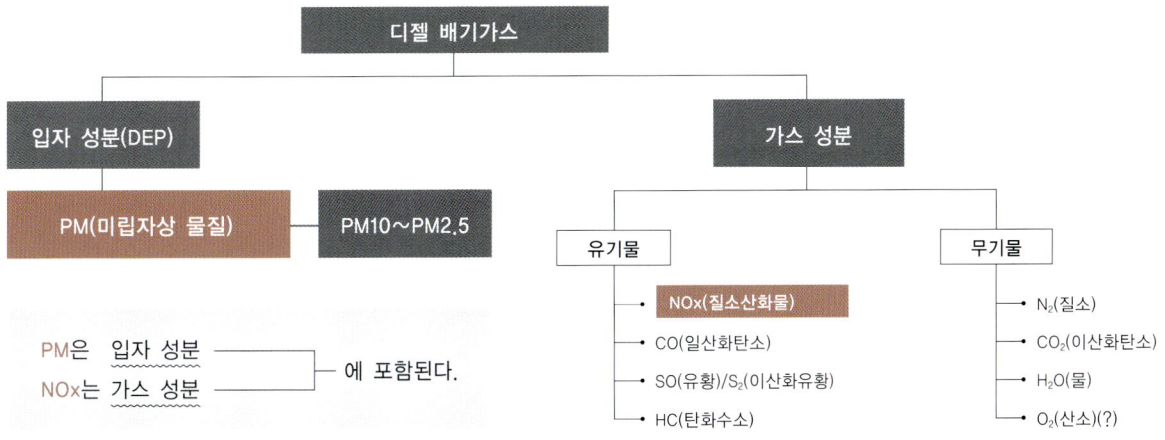

디젤 엔진의 배기가스는 마이크로미터급 크기의 고체나 액체 미립자인 입자성분(DEP)과 기체가스 성분으로 구성되어 있다. 이 중에서 문제가 되는 것은 인체에 유해한 PM과 가스성분 중의 질소산화물(NOx)이다.

디젤 엔진 배기가스 정화를 위한 핵심 기술

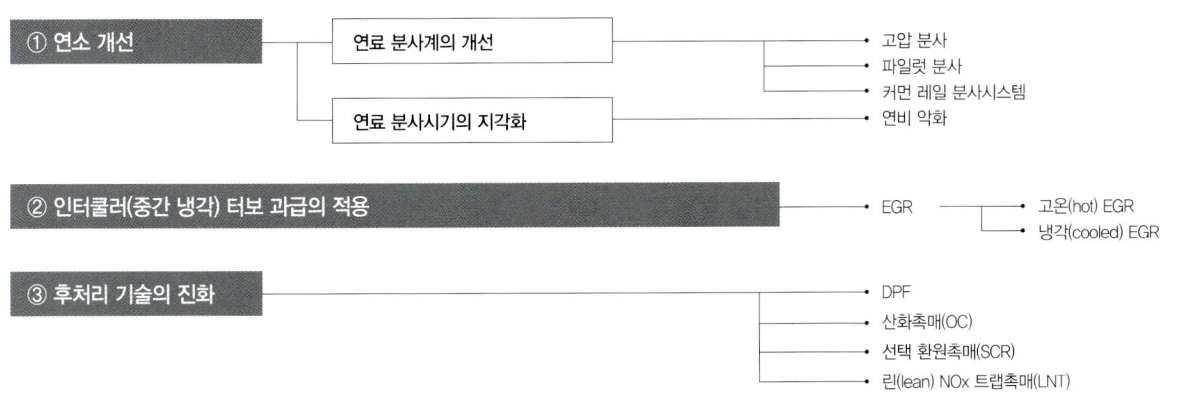

배기가스 정화에 유효한 방법은 왼쪽 표의 ①~③과 같이 3가지로 구별된다. 실제로는 이것들이 밀접하게 관련되어 총체적으로 배기가스 정화를 담당하고 있지만 여기에서는 ③의 후처리 시스템을 채택한다. ①은 P016~ ②는 P024~을 각각 참조하기 바란다.

전기자동차(EV)라는 예외는 있지만 현재는 거의 대부분 자동차는 석유라는 유기화석 연료를 연소시켜 주행한다. 새삼스러운 이야기이지만 석유의 주성분은 탄화수소이다. 즉 탄소와 수소이다.

여기부터는 어디까지나 상징적이고 화학적으로는 우습기 짝이 없지만 생각 없이 말한다면 석탄과 물이다. 석탄을 가열하면 재나 그을음(soot)이 생기고 물을 끓이면 수증기가 된다. 즉 고체와 기체이다.

이 둘이 일정한 체적 중에 혼재된 것을 우리가 매연이라고 부르는 공기의 상태이다. 덧붙여 말하면 산소 부족의 상태에서 불완전 연소시킬 때에는 매연이 많아지므로 검거나 회색의 매연이 되고 연소물에 포함된 수소가 연소 시에 공기 중의 산소와 결합하여 발생하는 물방울이 백색 매연의 정체이다. 기본적으로 백색의 매연은 거의 무해하지만 검거나 회색의 매연은 유해성이다. 이렇게 자동차의 배기가스 중에도 고체 성분 또는 액체성분(입자)과 기체성분(가스)이 있다고 생각하길 바란다.

석유 연료를 연소시킬 때에 불완전연소의 산물로서 발생되는 혹은 연료 속에서 자연히 떠돌고 있는 미세한 고체성분과 액체성분을 미립자상 물질=PM(Particulate Matter)이라고 한다. 최근에 화제인 PM2.5란 2.5마이크로미터(1000분의 1mm)이하의 입자상 물질을 말한다.

PM을 호흡하면 호흡기에 침전 부착되어 천식이나 알레르기성 비염 등 호흡기 질환을 일으키거나 악화시킨다. 불완전 연소 혹은 미연소된 연료에서 나오는 것이므로 이것은 고온 고압에서 연료를 완전 연소시킨다면 억제할 수 있다는 것은 당연하다.

그러나 고온고압에서 완전 연소시킨다고 해도 사실은 곤란한 문제가 발생한다. 연료가 고온고압에서 연소한다면 원래는 반응하기 어려운 질소와 산소가 반응하여 일산화질소(NO)나 이산화질소(NO_2)라고 하는 질소산화물(NOx)이 생성된다. NO_2는 인간의 폐에 흡수되기 쉽고 강한 산화작용으로 세포를 손상시키는 유독물질이다. 현 시점에서 NO의 유해성은 보고되지 않고 있지만 대기에 방출되면 NO_2로 산화되어 유독물의 유력한 예비군인 것이 문제가 된다.

그런데 디젤 엔진은 사전에 공기와 연료를 혼합하여 압축하는 가솔린 엔진과는 달리 고온의 공기 중에 액체연료를 분사하는 확산연소의 원리상 균일 연소가 어렵기 때문에 PM이 발생하기 쉽고 또한 고압이므로 NOx도 많이 발생하기 쉬운 엔진이다(P008~참조). 게다가 PM과 NOx는 상충의 관계이므로 엔진의 연소에서 어느 쪽인가 한쪽의 대책을 강구하여도 두 마리 토끼를 다 잡을 수는 없다. 극단적으로 디젤 엔진을 만드는 방법으로서 그 특성인 「고압」을 활용하여 NOx를 후처리 장치에서 처리할 것인지 아니면 굳이 「고압」을 버리고 PM을 후처리 장치로 처리할 것인지에 대한 양자택일을 하게 된다. 유럽에서는 고압을 활용하는 방법을, 일본과 북미에서는 고압을 버리는 방법이 강하다고 한다.

그리고 삼원촉매가 가솔린 엔진에서는 압도적인 정화성능을 발휘하고 있는 반면 디젤 엔진에서는 부분부하 영역에서 공연비가 희박하기 때문에 배기가스가 산소 과잉이 되므로 삼원촉매를 사용할 수 없다는 문제를 안고 있다.

왜냐하면 삼원촉매는 이론혼합비(Stoichiometry) 연소이외에서는 효과를 발휘할 수가 없기 때문이다. 이것이야말로 디젤 엔진의 후처리 장치가 복잡한 이유이다.

각각의 배기가스 후처리 장치의 역할이나 기구는 왼쪽 페이지에서 표시했지만 크게 분류한다면 화학반응을 이용하는 촉매와 미세한 이물질을 여과하는 필터가 있다. 후처리 장치에서 어느 쪽에 무게를 두는가에 따라 자연스럽게 개발하는 국가의 배출가스 규제 방향성과 그것에 대응한 엔진 설계의 방향성을 엿볼 수 있다.

디젤 엔진 배기가스 성분의 유래

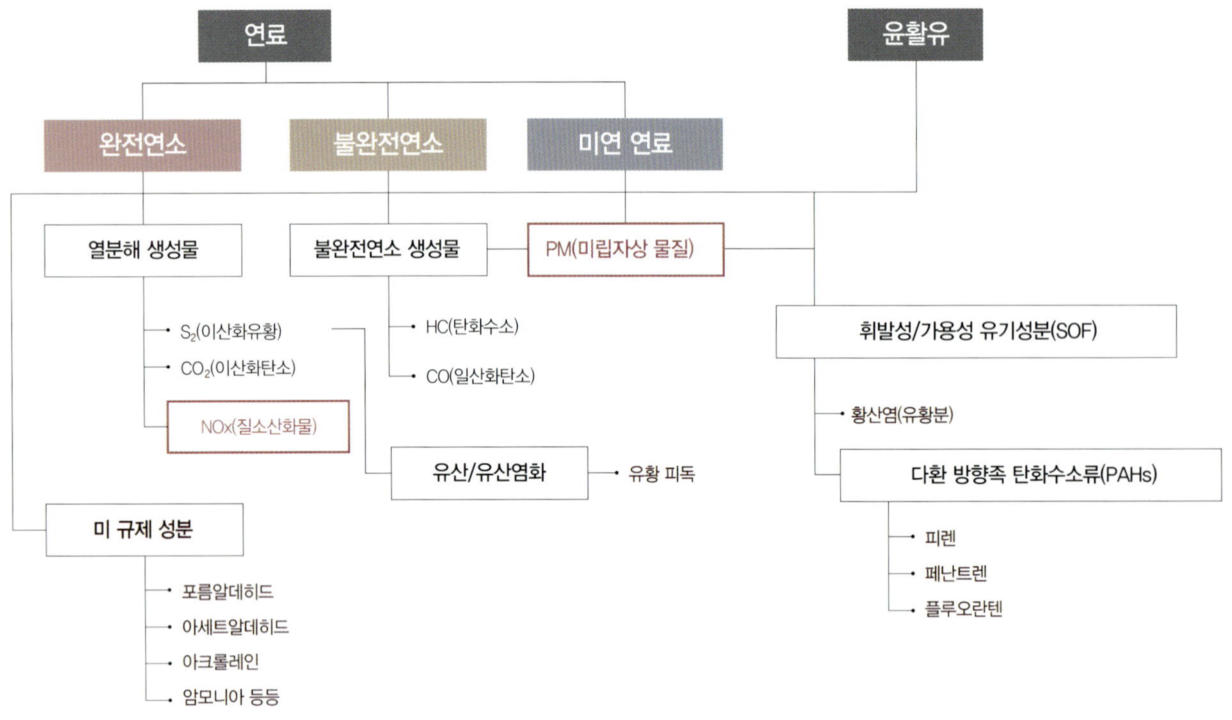

연료
윤활유
완전연소
불완전연소
미연 연료
열분해 생성물
불완전연소 생성물
PM(미립자상 물질)
S_2(이산화유황)
CO_2(이산화탄소)
NOx(질소산화물)
HC(탄화수소)
CO(일산화탄소)
휘발성/가용성 유기성분(SOF)
황산염(유황분)
유산/유산염화
유황 피독
다환 방향족 탄화수소류(PAHs)
피렌
페난트렌
플루오란텐
미 규제 성분
포름알데히드
아세트알데히드
아크롤레인
암모니아 등등

유해성분의 발생 상황이 다른 것이 문제

위의 표를 보아 알 수 있듯이 디젤 엔진의 배기가스 최대의 「악역」인 PM과 NOx는 각각 서로 다른 온도에서 발생한다. 이것이 디젤 엔진의 딜레마 「PM과 NOx의 상충관계」가 발생하는 최대의 요인이 되고 있다. 그리고 단순하게 말하면 PM은 고체나 액체인 데 비해 NOx는 기체이다. 상태가 다르기 때문에 양쪽의 정화 방법이 기본적으로 다르다는 점도 후처리 장치의 증가라는 문제로 연결되고 있다.

디젤 엔진의 딜레마
(PM과 NOx의 상충관계)

고온 연소시키면 NOx가 대량으로 발생
농후상태의 국소연소에서는 PM이 대량으로 발생

후처리 장치의 배치와 구성

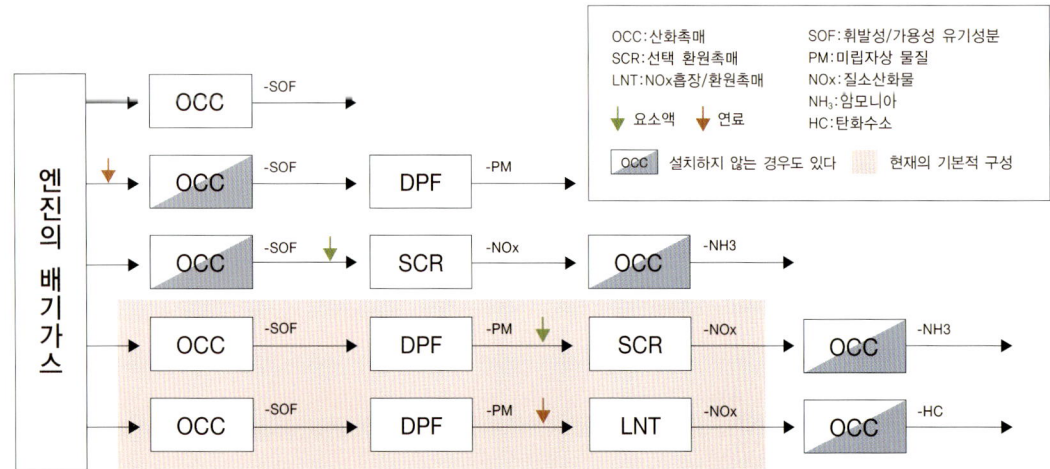

엔진의 배기가스
OCC -SOF
OCC -SOF DPF -PM
OCC -SOF SCR -NOx OCC -NH3
OCC -SOF DPF -PM SCR -NOx OCC -NH3
OCC -SOF DPF -PM LNT -NOx OCC -HC
OCC : 산화촉매
SCR : 선택 환원촉매
LNT : NOx흡장/환원촉매
SOF : 휘발성/가용성 유기성분
PM : 미립자상 물질
NOx : 질소산화물
NH_3 : 암모니아
HC : 탄화수소
요소액
연료
OCC 설치하지 않는 경우도 있다
현재의 기본적 구성

DPF가 표준화된 현재는 「SCR 일까? LNT 일까?」

각국의 배기가스 규제 강화(P046~참조)에 따라 후처리 장치는 그 수가 증가되어 왔다. 현재는 아래의 분홍 바탕으로 표시한 구성이 일반적이다. PM을 포집하는 DPF의 장착이 거의 표준화 되었기 때문에 「DPF 일까 SCR 일까」라는 논의에서 현재는 「SCR 일까 LNT 일까」로 이동하고 있다는 것을 알 수가 있다. 「트럭/버스 등 대형차에서는 SCR, 소형차에서는 LNT」라는 것이 현재의 상황에서 일단의 회답인 것 같지만 「소형차에서도 SCR」을 사용하는 경우도 있다.

PM과 NOx의 내역

- **PM**
  - 단순한 고형의 탄소(CO) 미립자가 방사상으로 배열된 것
  - 휘발성/가용성 유기성분(SOF)인 고분자 탄화수소 다환 방향족 탄화수소류
  - 연료에 함유되어 있는 유황(S)이 산화하여 생성되는 황산염 혼합물
- **NOx**
  - 연료가 고온고압에서 연소함으로서 발생
  - 연료에 함유된 질소화합물(NO)에서 발생

엔진의 개발과 후처리의 방향성

- 엔진의 대응 — CO_2가 적게 배출되게 — **연비 향상**
- 양자택일
  - ① PM이 발생되지 않게 한다. — NOx는 촉매로 환원
    - 높은 연소온도에서 신속하게 연소시킨다.
    - 공기량의 증대(인터쿨러 과급 등)
  - ② NOx가 발생되지 않게 한다. — PM은 필터(DPF)로 제거
    - 연소온도를 낮춘다(천천히 연소시킨다)
    - 흡입 공기 중의 산소 농도를 낮춘다.

문제점 정화 자체에도 상충현상이 발생한다.

좌 : DPF의 재생

DPF는 사용하는 중에 매연에 의한 「막힘」으로 기능이 저하된다. 기능을 재생시키기 위해서는 포집된 매연을 모조리 연소시켜야 되지만 이 과정에서 여분의 연료를 소비하므로 연비가 악화되면 동시에 이산화탄소(CO_2)가 여분으로 발생한다는 문제가 있다.

우 : 요소용액의 탑재성과 인프라

SCR의 환원제로 요소용액을 사용한다는 것은 탱크와 배관, 계량 모듈(요소용액 분사장치)을 차량에 새롭게 창작한다는 것을 의미한다. 탱크가 작은 용량이라도 시스템 전체로 보면 부피가 커지는 것은 틀림이 없다. 그리고 여전히 인프라의 문제도 남아있다.

Illustration Feature
Diesel Engine THE NEXT!

[Emission and Fuel]

CHAPTER 5

디젤 엔진 배기가스 규제의 향방

「국제통일 기준」은 어떻게 되나

과거 미국과 유럽 및 일본의 자동차 배기가스 규제는 각각 독자적인 길을 걸어 왔다.
도로의 환경이나 교통법규의 차이가 주행패턴으로 나타나는 것이 현실이기 때문에 독자적인 규제는 당연하다고 할 수 있다.
그러나 오늘날 세계 공통의 기준을 적용해야 한다는 목소리가 나오기 시작하였다.

글&사진 : 마키노 시게오(Shigeo Makino)   그림 : 만자와 코토미(Kotomi Manzawa)   자료 제공 : 일본자동차공업회(JAMA)

미국과 일본 및 유럽의 현행 승용차 배출가스 규제 Map

미국과 일본 및 유럽에서 배출가스의 규제로 정해진 수치이다. 단 수치의 기준이 되는 측정 모드는 미국과 일본 및 유럽이 다르기 때문에 완전히 횡적으로 비교할 성격의 수치는 아니다. 그리고 유럽에서는 HC+NOx라는 규제이므로 그래프 상에서는 HC+NOx의 규제 값에서 NOx의 EU 규제 값에서 상한 값을 빼고 단순히 계산하여 HC축 위에 기재하고 있다.

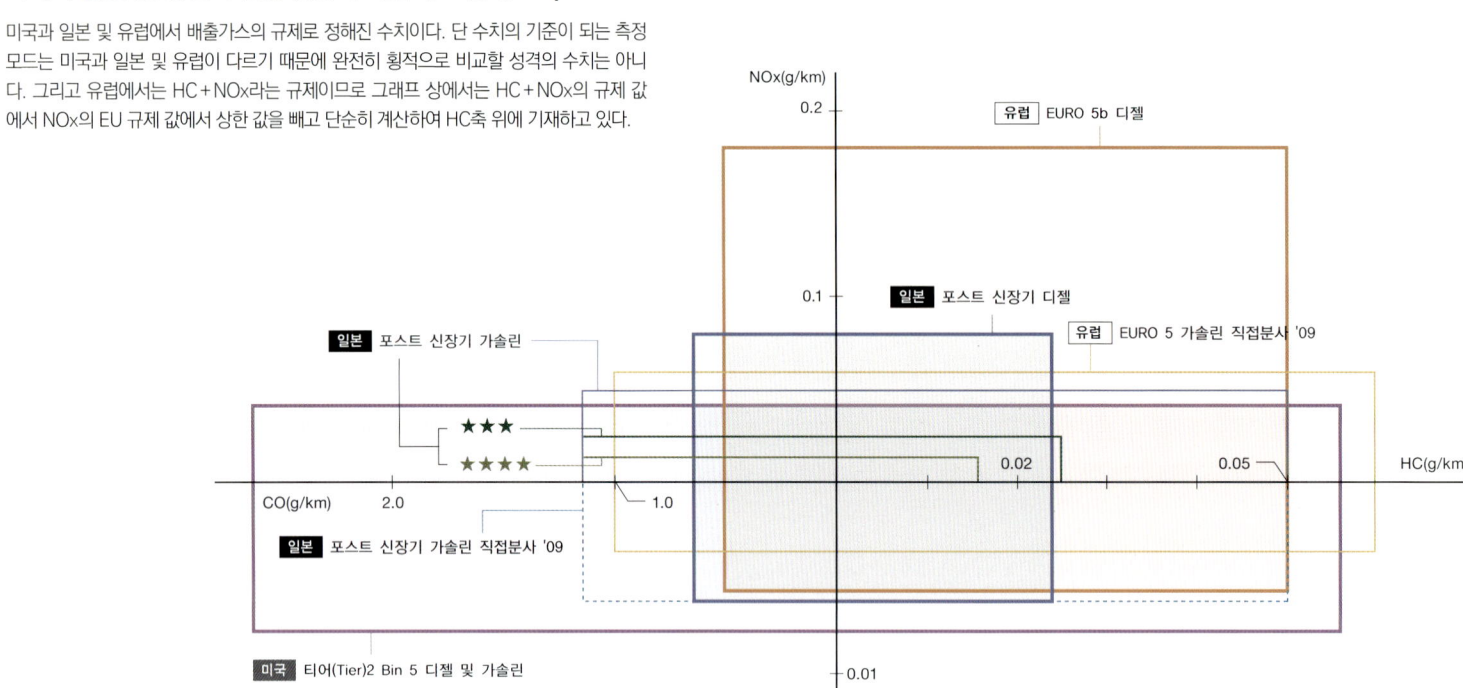

성분			시험모드	HC	CO	NOx	HC+NOx	PM(중량)	PM(입자수)
단위				g/km	g/km	g/km	g/km	g/km	#/km
일본	2005년 규제	신장기규제	10·15&11모드						
			→ JC08모드	0.024	0.63	0.14/0.15		0.013/0.014	
	2009년 규제	포스트신장기규제	JC08모드	0.024	0.63	0.08		0.005	
미국	티어2(Bin5)		LA#4모드	0.056	2.61	0.043		0.0062	
유럽	Euro4	2005년	NEDC		0.5	0.25	0.30	0.025	
	Euro5	2009년	NEDC		0.5	0.18	0.23	0.005	
	Euro5b	현행	NEDC		0.5	0.18	0.23	0.0045	$6×10^{11}$
	Euro6	2014년	NEDC		0.5	0.08	0.17	0.0045	$6×10^{11}$

현재의 PM 규제는 주행거리 1km당 배출가스 상한 중량을 정하고 있지만 유럽에서는 입자 수의 규제를 시작하였다. 중량과 수의 이중 규제로 입지의 빈경이 작은 PM의 배출 수를 억제하기 위한 방법이다. 2012년에 도입되어 차세대 EURO 6 규제에 계승된다.

미국, 일본, 유럽의 디젤 승용자동차 배출가스의 규제 값

이 표는 위의 그래프에 표시된 미국, 일본, 유럽의 승용자동차 배기가스 규제값 중 디젤 승용자동차에 관한 것만 정리한 것이다. 이것도 배기가스 측정 모드의 차이로 미국, 일본, 유럽을 횡적으로 비교는 할 수 없다. NEDC는 New Europian Drive Cycle의 약자로 일본의 JC08모드에 해당한다. LA#4는 캘리포니아 주 로스앤젤리스 시의 대표적인 시가지 주행모드이다. 일본의 디젤 엔진의 배기가스 규제는 엔진만으로 이루어지는 JE05모드이고 가솔린 승용자동차의 JC08(차량시험)과는 다르다.

디젤 승용자동차 배기가스 규제의 추이

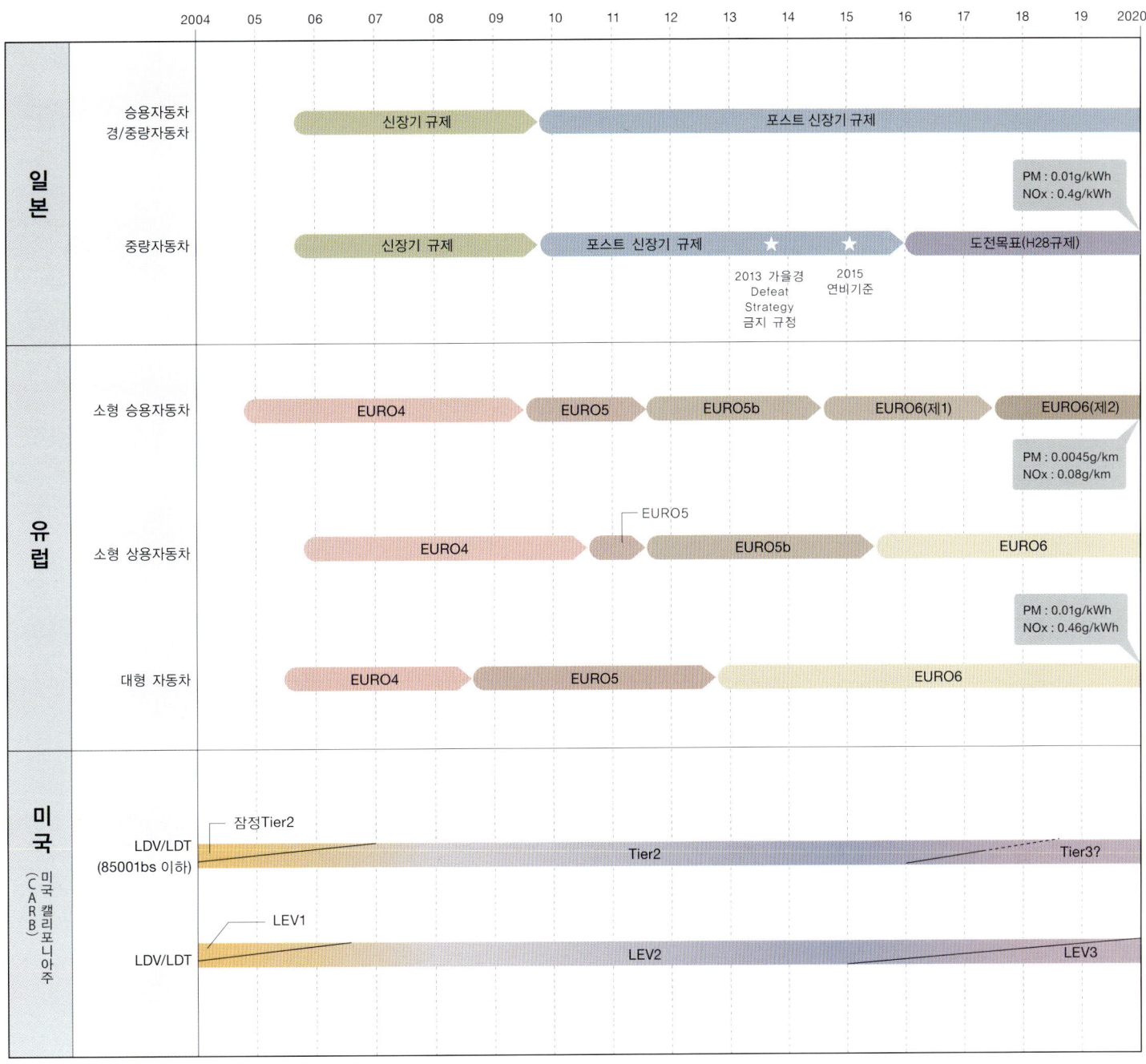

LDV = Light Duty Vehicle   LDT = Light Duty Truck

　왼쪽 페이지의 그래프는 현행 승용자동차 배출가스 규제의 허용 상한을 미국, 일본, 유럽으로 비교한 것이다. 단순히 수치만을 비교하고 있으며, 모드의 차이에 따른 오차의 수정은 하지 않았다. 그러나 과거로 거슬러 올라가 수치를 비교해 보면 미국, 일본, 유럽 모두 배기가스 규제는 확실히 엄격해지고 있다.

　배기가스 측정 모드도 일본을 예로 들자면 가솔린 승용자동차는 「10모드」가 「10・15모드」로 시행되고 현재는 「JC08」로 변경된 것처럼 측정의 패턴은 조금씩 복잡해지고 현실과의 차이가 조금씩이나마 메워지고 있다. 위의 표는 미국, 일본, 유럽에서의 배기가스 규제의 역사를 정리한 것이지만 2013년 이후에 주목하길 바란다. 우선 일본에서 2013년 가을 경 디젤 엔진을 탑재한 중량 자동차의 Defeat strategy 금지 규정이 도입되었다. 이것은 배기가스 시험 모드를 제외한 영역이라도 「해서는 안 되는」제어 내용을 정한 것이다. 배출물의 규제 값에는 영향이 없지만 차량의 안전상 부득이 한 경우를 제외하고 극단적인 배기가스 악화 제어는 금지된다.

　앞으로 2016년에 소위 「도전의 목표」가 있다. 고시는 되어 있지만 중앙환경심의회 대기부회의 답신은 아직 설정되지 않고 있다. 여기서 현재의 JE05모드가 WHDC(World Harmonized Drive Cycle)로 이행되고 NOx의 규제 값도 강화된다. 또한 냉간시동(cold start) 시험이 실시되어 엔진 시동 직후의 냉간시 후처리 장치가 활성화되기 전에 배출되는 물질도 규제의 대상이 된다. 포스트 신장기 규제의 대응이 간신히 자리를 잡자마자 자동차 메이커는 새로운 과제로의 대응에 직면하게 되었다.

　WHDC의 선도 역할은 일본과 EU가 맡고 있으며, 최근에는 인도도 적극 참가하기로 하였다. WHDC 중에 과도 모드인 WHTC와 정상 모드인 WHSC가 있으며, 정상모드는 오프 사이클(모드 영역 외) 대책으로서 2016년 이후에 실시될 예정이다. 게다가 OBD(ON-Board Diagnosis) 규정도 강화된다.

일본의 디젤 승용자동차용 JE05 모드

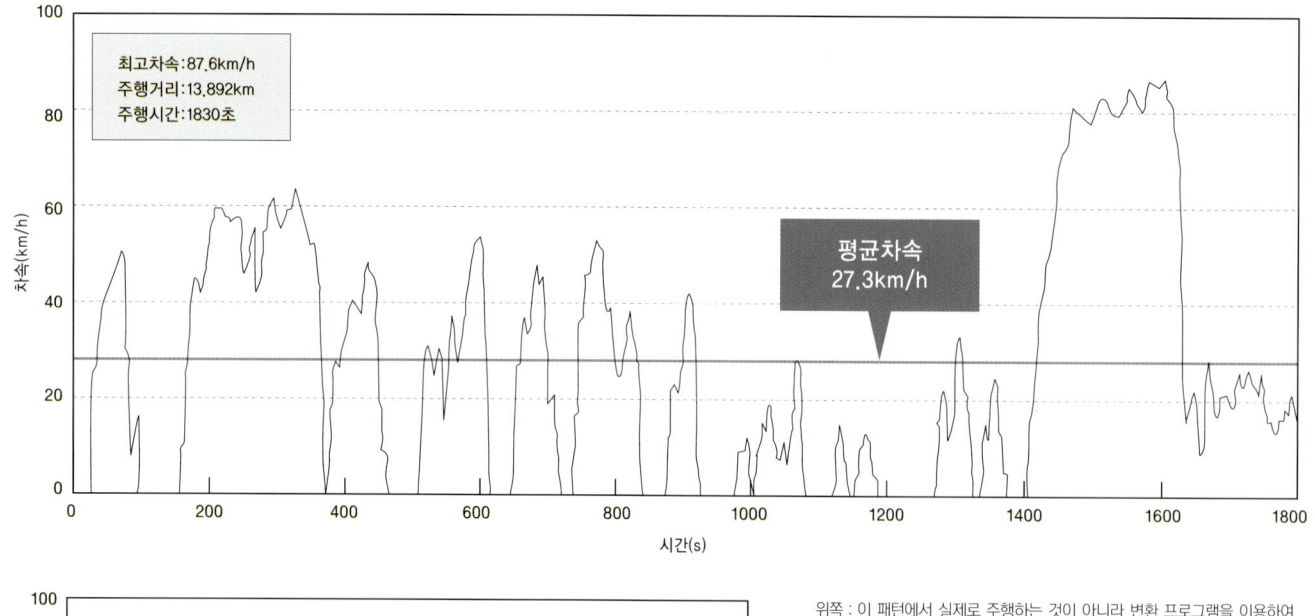

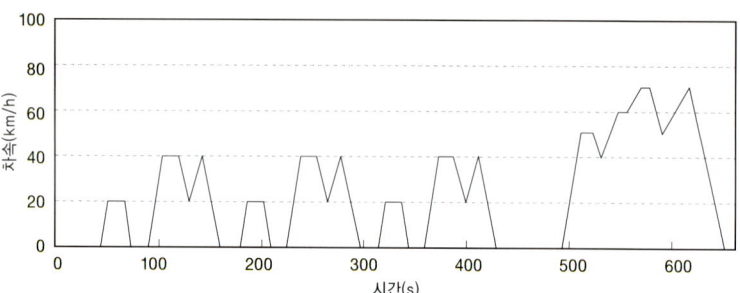

위쪽: 이 패턴에서 실제로 주행하는 것이 아니라 변환 프로그램을 이용하여 엔진 회전속도와 부하로 바꾸어 놓고 엔진만으로 다이나모(dynamo) 상 시험을 실시한다. 최고속도가 80km/h(평균차속 27.3km/h)인 점이 일본의 특징으로 미국의 LA#4 모드의 평균 차속인 31.4km/h(최고속도 91.2km/h)보다 낮다.

왼쪽: 오랜 기간 사용해온 일본의 10·15모드는 초반의 같은 3패턴이 10모드이며, 거기에 「고속 모드」로서 15모드를 추가한 것이다. 10모드는 1965년대의 도심 주행의 실태를 나타내고 있지만 15모드를 추가하여도 「현실과 동떨어진」점은 부정할 수 없다.

검토 중인 소형자동차 국제기준의 조화 모드   [WLTP = World Harmonized Light Duty Test Procedure]

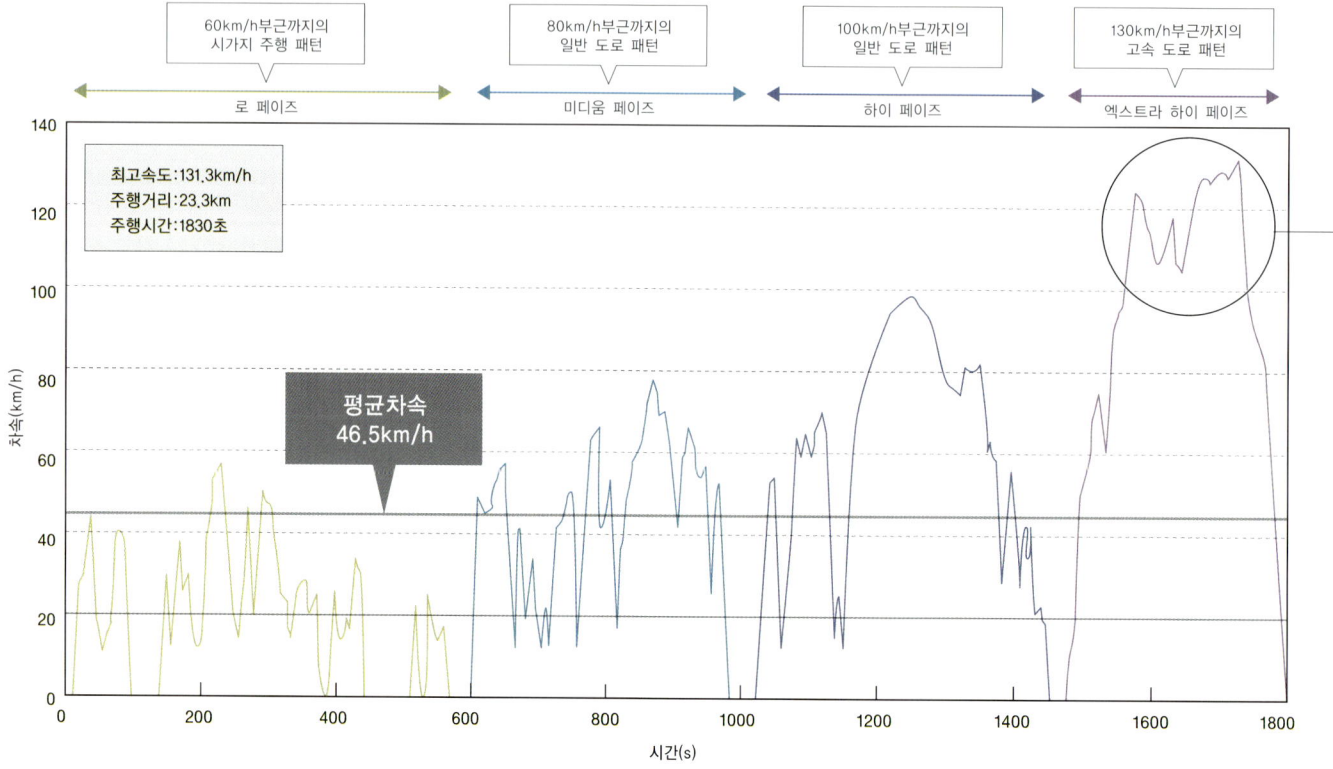

국제연합유럽경제위원회(ECE)의 WP29(Working Party 29 부회) 내에 있는 GRPE(Pollution And Emission Group)에서 논의되고 있는 세계 통일 모드 (안). 그 중에서 가장 높은 출력의 차량에 적합하도록 상정한 모드이다. 4개 패턴의 합체이고 상당히 현실에 가까운 모드라고 하지만 미국이나 중국은 이것에 응할 생각은 없는 듯하다.

이 WHDC는 총칭이며, 경차량에 적용되는 WLTC(World Harmonized Light duty Test Cycle) 및 그 시험방법인 LDTC(Light duty Test Cycle)도 포괄된다. 비슷한 알파벳 약어가 많아 혼동하기 쉽지만 국제기준의 조화라고 하는 흐름이 본격화된 것만은 알아두자. 이제까지의 지역적 규제가 아닌 세계 통일된 규제로 하려는 움직임이다.

그리고 이 흐름 안에 RDE(Real Driving Emission)가 있다. 불특정 다수인 드라이버에 의해 다양한 환경의 도로에서 실제로 사용될 때의 배기가스를 감시한다고 하는 사고방식이다.

현재 어떠한 테스트 방법으로 할지가 서로 의논되고 있다. 앞으로 RDE는 틀림없이 배기가스 규제의 제일 큰 토픽이 될 것이다.

현재의 미국, 일본, 유럽에서 판매되고 있는 승용자동차의 배기가스는 「매우 클린하다」라고 말한다. 확실히 각 지역에서 정해진 배기가스 측정모드 상으로는 CO(일산화탄소)/HC(탄화수소)/NOx(질소산화물 = NO/NO_2)/ PM(미립자상 물질)이라고 하는 규제 대상물질의 배출은 억제되고 있다. 그러나 모드 영역을 벗어난 오프 사이클에서는 이 규제 대상의 물질만을 대상으로 해도 모드영역 안에서와 같은 억제는 되지 않는다는 실측 데이터나 연구 보고가 많이 있다. 더욱이 현재로는 어떤 지역에서도 규제하지 않고 있는 CH_4(메탄)/N_2O(아산화질소)/NH_3(암모니아) 등이 극히 미량이지만 오해를 두려워하지 않고 말하면 확실히 배출되고 있다.

오해를 두려워하지 않고 말하면 현재의 자동차 배기가스 규제는 「어떤 문제가 출제될지 알 수 있는 시험」이며, 시험의 대책은 어렵지 않다. 게다가 모드 영역내의 핀 포인트 대책이 가능하다. EU위원회가 위탁한 조사에서는 실제로 도로상에서 사용되고 있는 자동차의 배기가스를 측정했던 바 EURO3의 대응 자동차나 EURO5의 대응 자동차나 실제 주행시의 배출가스는 그다지 변함이 없다는 결과가 나왔다. 일본에서도 상황은 마찬가지이고 RDE라고 하는 사고방식을 도입하지 않는다면 대기오염은 개선되지 않는다고 말하고 있다.

대기오염이라면 지금 일본에서는 중국에서부터 날아오는 PM에 의한 월경의 오염이 문제가 되고 있다. 이것이야말로 한 나라의 규제만으로는 아무리해도 되지 않는다는 것을 증명하며, 이것이 RED의 근거로도 되고 있다.

WLTP 엑스트라 하이 페이즈(extra high phase)

유럽에서는 130km/h 부근의 속도에서 정속으로 도시와 도시 사이를 이동하는 경우가 상당한 비율을 차지하고 있기 때문에 그 영역에서의 배기가스 시험을 각국의 정부는 잘되기를 바라고 기대하고 있다. 이제까지 규제된 적이 없는 고부하 영역이다.

WLTP가 실시된다면 배기가스의 대책은……

아래의 그래프는 엔진의 전개 전부하의 토크 곡선을 상정한 것이다. 본래는 부하에 따른 그래프로 설명되어야 하지만 대표적인 예로 보길 바란다. 그래프 내에 있는 직선으로 감싼 영역이 현재의 모드 영역이고 검토 중인 WLTC라 해도 일부 영역인 것을 알 수 있다. 그리고 저부하 영역을 폭넓은 엔진의 회전영역으로 보려고 하는 WLTP(World Harmonized Light duty Test Procedure)도 그저 일부에 지나지 않는다.

WLTP 하이 페이즈(High Phase)

왼쪽 페이지 아래의 꺽은 선 그래프의 색과 이 엔진의 토크 곡선의 색은 대비되고 있다. 어쩌면 일본은 이 하이 페이즈까지를 채용할 것이다. 그렇다 해도 이 영역에서 디젤 엔진을 클린 운전하려고 하면 EGR은 꼭 필요하다.

WLTP 미디움 페이즈(Medium Phase)

엔진의 부하에서 본다면 매우 넓은 영역이다. 독일에서는 일반도로에서도 100km/h이며, 가감속이 큰 상황하에서 이 엔진의 토크 영역을 사용하고 있다. 일본에서는 고속도로 정속도를 이 영역으로 주행해 나간다.

Column 4

엔지니어링 회사 IAV에게 들어보는 10가지 질문……
2020년의 디젤 엔진의 모습은?

베를린에 본사를 둔 IAV는 세계적으로 유명한 엔지니어링 회사이다.
출자 구성은 VW(Volkswagen)그룹이 50%, Continental이 20%, Schaeffler 그룹이 10% 등으로 본고장 유럽만이 아니라 미국과 일본의 자동차 메이커도 이 회사에 조언을 구하고 있다.
본지는 가까운 미래인 2020년의 디젤 엔진의 모습을 예측하기 위하여 IAV에 조언을 의뢰하였다.
인터뷰&글 : 마키노 시게오(Shigeo Makino)   그림 : IAV

자동차와 CO_2

Q1 유럽에서는 자동차 1대에서 배출되는 CO_2(이산화탄소)를 95g/km로 하는 규제를 실시하기로 예정되어 있다. 이 규제에 관해서 가장 주목하고 있는 점은 무엇인가?

Q2 디젤 엔진은 가솔린 엔진보다도 열효율이 뛰어나 CO_2 배출에 유리하지만 연소의 개선만으로 NOx(질소산화물)을 감소시키려고 한다면 CO_2 배출은 증가되지 않을까?

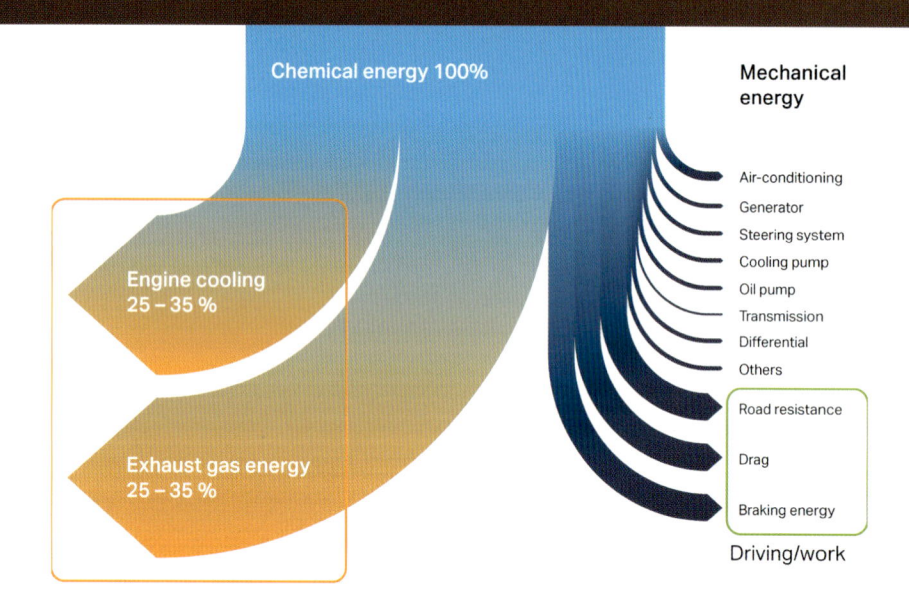
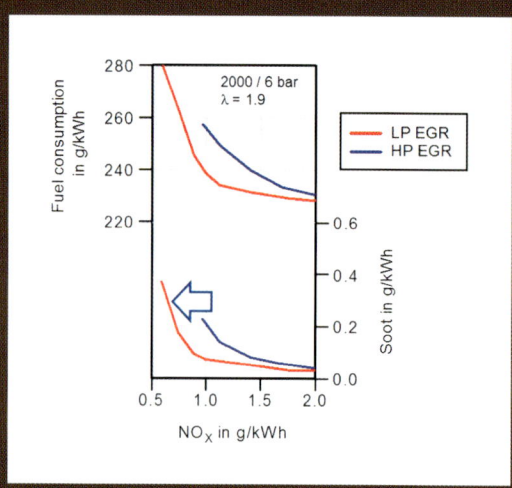

왼쪽 도표는 연료 에너지 중에 어느 정도가 차량의 주행에 사용되고 있는지를 나타내고 있다. 놀랄 정도로 얼마 안 된다. 이 중에서 사용량을 증가시킨다면 연비는 향상된다. 위의 그래프는 LP = low pressure 및 HP = high pressure의 EGR과 NOx 등의 상관관계이다. EGR율로 연비와 배출가스가 변화되는 것을 알 수가 있다.

EU(유럽연합)가 도입한 CO_2 규제는 미국의 CAFE(기업별 평균연비)와 비슷하다. 자동차 메이커마다 판매 1대당 평균 배출량을 일정량 이하로 억제시키려는 목적이 명확하다. 배기량이 큰 엔진을 장착한 중량급 모델이나 고출력의 엔진을 장착한 고성능 스포츠카를 주력으로 하는 자동차 메이커에게는 힘겨운 규제이다.

지금 자동차 메이커는 2020년에 도입이 예정된 주행 1km당 95g의 CO_2 배출이라는 규제 값에 대한 기술적 대응에 직면하고 있다. IAV는 이 점에 관해 이렇게 말한다.

「자동차 전체에 관하여 종합적인 시스템의 접근이 요구된다. 모든 부품・유닛에 대하여 CO_2 삭감의 기여와 비용의 균형을 좁혀가야 한다. 차량의 중량, 공기저항, 구동계의 기계 손실, 엔진의 연소효율 등 모든 부분에서 최적의 설계가 필요하다. 이러한 노력을 거듭하는 것으로 C segment 이하의 모델이라면 디젤 엔진 자동차 및 가솔린 HEV(전기 모터 이용 하이브리드 자동차)로, SUV라면 플러그 인(외부 충전) HEV로 95g을 달성할 수 있을 것이다」

설명을 들어보니 이 회사는 이미 여러 가지 시뮬레이션을 실시하고 있다고 한다. 어쩌면 이미 차량 중량의 클래스마다 자동차 메이커에 대책을 제안하고 있을 것이다. 원래 디젤 엔진은 가솔린 엔진보다 열효율에서 우위이다. 2020년의 규제에 어떤 의미로는 필수의 엔진이라고 말할 수 있다. 그러나 디젤 엔진은 NOx의 배출이 많아지는 단점이 있다. 연소 온도를 낮춘다면 NOx의 배출을 억제할 수 있지만 반대로 연비를 악화시키는(CO_2의 배출이 증가된다) 것이 된다. 이 점은 어떻게 될 것인가?

「NOx의 발생은 연소시의 화염온도 및 실린더 안에 들어 가솔린 엔진의 축에는 과급 다운사이징(배기량 축소)과 러시 실린더 수 감소이다. 실린더 체적을 줄인다면 기계손실과 냉각손실이 감소한다. 실린더 수를 줄여도 기계 손실이 감소된다. 3기통이나 2기통인 배기량이 작은 엔진을 과급하여 사용하는 장점이 여기에 있다. 과연 디젤 엔진에서 도 같은 장점을 얻을 수가 있는 것일까?

"게속 다운사이징과 가스 실린데하는 기계손실의 저감만 아니라 부품수를 감소시키는 효과도 있다. 디젤 엔진에서도 2.0ℓ 4기통을 1.6ℓ 3기통으로 교체 하는 방향으로 가게 될 것이다. 그러나 가솔린 엔진과 비교

하여 실린더 내의 압력이 높은 디젤 엔진은 실린더 상용진동차용도 포함하여 실린 더 수가 줄면 실린더 블록은 큰 엔진은 디젤 엔진에 일임할 수 밖에 없다. 그렇다고 해도 이전의 V8이나 V12에서 당연했던 1기통 당 2.0ℓ와 같은 배기량이 큰 디젤 엔진은 최근에는 직렬 6기통으로 전부되고 있다. 회전 밸런스가 좋은 직렬 6기통이 배치 구조를 취하고 실린더 당 체적을 크게 한다는 대형 상용차용 디젤 엔진의 흐름도 달라지면 다운사이 징과 매스 실린더이다.

그러면 연료의 공급계통은 어떤가? 최근 디젤 엔진이 진 보는 연료를 분사하는 기술의 진보에 따른 힘이 크다. 기술

엔진에는 맞지 않는다. 대형 상용차용도 대형 상용차용은 Vibration) 면에서는 불리하다. 실린더 수를 줄이하고 크랭크 샤프트의 회전에 따라서 진동이 증가된다. 3기통이나 2기통 이라면 밸런서 샤프트(balancer shaft)가 필요하게 되며 이 것이 기계손실과 부품수를 증가시킨다. 다운사이징과 매스 실린더에 의하여 얻는 장점과 상쇄되므로 의미가 없다.

IAV는 배기량과 실린더 수의 감소라는 흐름으로 진행한 다는 견해이지만 설계 측면에서 연구가 필요하다는 것을 강 조하고 있다. 반대로 가솔린 엔진은 점화 플러그에서 연소실 벽면까지의 거리에 제한이 있으므로 선박용과 같은 조대형

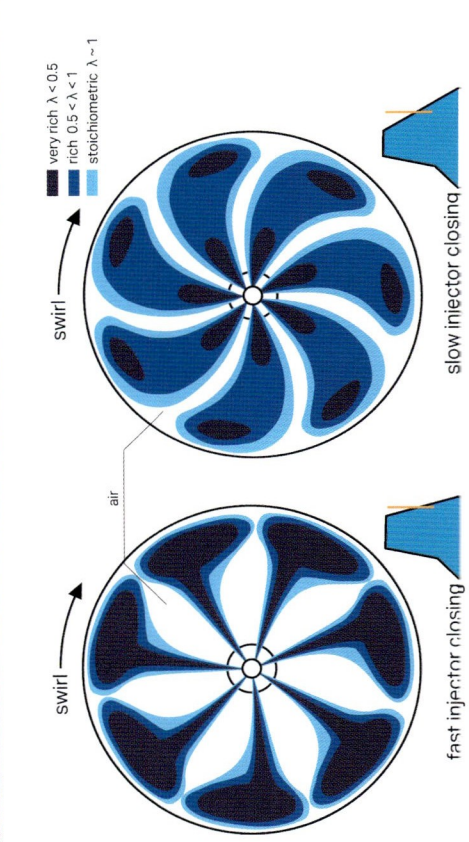

분공이 7개인 인젝터를 사용하여 실린더 내에 분사된 연료 분무의 촉산 이미지이다. 분공을 만드는 시간과 스월에 의해 연료가 확산되는 모습을 나타내고 있다. 즉 반드시 분공 수가 전부는 아니다.

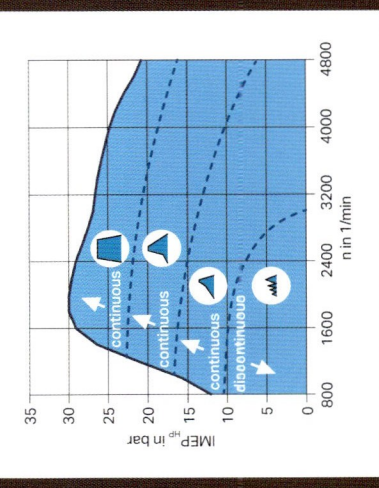

디젤 엔진이 연소 압력을 두텁게 만드는 연료에 의존한다. 분사시기와 분사량을 제어하면 이와 같이 IMEP(도시평균 유효압력)이 변화된다. 그래프 내의 백색 영은 분사 횟수와 분사 시기; 함께 분사량을 이미지화한 것이다. 톤 토크를 얻기 위해서는 "연료를 계속 분사한다"는 것을 알 수 있다.

린 엔진의 연소는 공기와 연료의 혼합기에 의존하며, 디젤 엔진의 연소는 연료 자체의 투입에 의존한다. 그러므로 필요한 연료량을 필요한 시점에 분사하기 위한 기술이 연소를 크게 좌우한다.

「디젤 엔진은 피스톤이 상사점 부근에 있을 때 연료를 분사하여야 하며, 연료의 분사시간은 제한되어 있다. 그 시간 중에 필요한 연료를 공급하는데 출력이 필요한 때는 대량의 연료를 분사하여야 한다. 그리고 연료의 입자(Particle)를 작게 하면 쉽게 연소되기 때문에 연료의 잔류 성분이 감소하여 PM(미립자상 물질)의 생성이 줄기 때문에 분사 노즐의 직경은 작게 하는 것이 좋다. 짧은 시간에 분사하기 위한 고압화와 PM의 대책으로서 연료의 미립화는 상반되는 요소이다. 이 균형을 어떻게 취할 것인지가 디젤 엔진을 설계하는 포인트이다. 앞으로의 경향은 2500~3000 기압 정도의 고압화로 진행된다고 예측하고 있다. 분공 수는 실린더 내의 스월(swirl) 모션과의 균형으로 결정된다.

분공을 증가시킨다면 넓은 공간에 분사할 수 있지만 그보다도 분사시간과 분사시기가 더 큰 요소라고 생각한다. 출력과 연비와 이미션이 최적의 밸런스가 되는 분공수와 스월 모션의 관계로 안정될 것이다. 이미 승용자동차용에서는 분공이 12개인 인젝터도 있는데 비용까지 고려하면 최대로 하더라도 분공이 8개 정도에서 안정되는 것은 아닐까?」

또 하나, 압축비가 있다. 최근 10년 정도를 보더라도 승용자동차용 디젤 엔진의 압축비가 낮아지는 경향이다. 「기계적 압축비는 14.5~16정도에서 안정되고 있는 것은 아닐까. 순수하게 열역학적으로 말하면 14~15가 최적이고 그 이상은 디젤 엔진에서는 무리다. 압축비가 낮아지면 엔진 내에서 가동하는 부품의 기계적인 마찰의 저감이나 소음의 감소에 효과적이고 NOx의 저감도 가져오지만 실화나 불안전연소, 고지 대책, 저온 시동성 등을 고려하여야 한다.

그리고 세탄가가 높은 연료나 양질의 글로 플러그를 사용하지 않는 시장과 차량의 가격대에서는 낮게 할 수 없다. 14.5~16이라는 숫자는 EU나 미국, 일본을 중심으로 생각했을 때의 수치이다.

하한을 14.5로 한 배경은 마쯔다에 대한 경의인 것인가. IAV도 「디젤 엔진의 압축비는 서서히 내려간다.」고 보는 점을 확인할 수 있었다.

오피니언

Q6 PCCI(Premixed Charge Compression Ignition = 예혼합 압축 연소)를 어떻게 생각하는가? 연구자 사이에서는 유효하다고 말하는 사고방식과 회의적인 견해가 병존하고 있지만……

Q7 DPF 표준 장착에 의하여 NOx와 PM(Particulate Matter = 미립자상 물질) 사이에 이율배반은 해소되어 엔진 측은 NOx삭감에 전념할 수 있다고 생각해도 좋은가?

Q8 경유에 함유된 유황성분은 자동차 선진국에서는 극적으로 저감되었는데 윤활 성능에 영향은 있는가? 그리고 유황을 대체할 윤활성 확보의 방법은 있는가?

DPF나 DeNOx촉매, 요소 SCR 등 디젤 엔진용에는 여러 가지 배기 가스 후처리 장치가 개발되었다. DPF는 PM의 제어에 효과적이고 요소 SCR은 NOx퇴치에 효과적이다. 그러나 필터인 DPF는 연료를 사용하여 청소가 필요하고 요소 SCR은 여분의 물질까지 생성한다는 결점도 갖는다. IAV가 「우선 연소 설계가 중요」라고 하는 이유는 여기에 있을 것이다.

이 3개의 항목은 기술사상이다. IVA에 질문을 전할 때 사상을 알고 싶다는 필자의 의도를 설명하지 않았다. 엔지니어링 컨설팅을 실시하는 기업은 매우 많은 「카드」을 가지고 있다. 의뢰인이 어떠한 해답을 기대하고 있는지에 따라 제시되는 제안은 다르다. 그러나 동시에 엔지니어들은 기술에 대한 확신이나 신념을 각자 가지고 있다. IAV의 디젤 엔진 부문이 지금의 지식으로서 어떠한 디젤 엔진의 기술을 파악하고 있는 것인지 라는 것을 알고 싶었던 사정이다.

우선 PCCI에 관해서이다. 지금 매우 좁은 운전영역에서만 PCCI를 사용할 수 있다. 연구를 계속해야 할 것인지 말 것인지를 엔진 연구자들 사이에도 의견이 분분하다.

「이전에 우리도 Demonstration 엔진을 만들고 그것을 실제로 차량에 장착하여 검증하였다. 그러나 PCCI로 운전할 수 있는 영역은 한성석이고 항상 운전부하가 변화하는 승용자동차에서는 겨우 전체의 10~20%정도만 사용할 수 있다. 게다가 모든 운전영역을 망라하는 RDE(Real Driving Emission)를 시야에 넣어야만 하는 상황에서는 전부하에서 사용할 수 없는 PCCI는 적어도 현재의 기술 레벨의 기준으로는 상품력을 기대할 수 없다고 판단하였다. 저부하와 고부하를 항상 왔다 갔다 하는 경우에는 통상 연소와 PCCI 연소를 그때그때 제어하여야 한다. HEV라는 선택을 할 수 있는 현재 상품력을 갖추는 것은 비용적으로도 어렵다.

최근의 양산화를 전제로 한 제안을 한다는 입장에서의 현실적인 판단이다. 그리고 나서 오랜 시간에 걸쳐 디젤 엔진의 연구원들을 힘들게 했던 NOx와 PM 사이의 이율배반에 관해서이다. 연소 화염의 온도가 높으면 NOx가 생성되고 낮으면 연료 입자가 「연소 후 잔류하여」, PM이 생성된다. 그러나 오늘날은 PM을 효과적으로 포집할 수 있는 DPF(Diesel Particulate Filter)의 성능을 향상시킨 결과 「PM은 후처리하면 된다」라는 소리도 들려온다.

「DPF에 의하여 디젤 엔진의 연소 설계가 상당히 편해진 것은 확실하다. DPF 자체의 소재는 세라믹스에서 코디어라이트(cordierite)로 변하여 내구성도 향상되고 있다. 그러나 여전히 NOx와 PM을 따로 분리하여 생각할 수는 없다. DPF로 PM을 포집하더라도 정기적으로 그것을 연소시켜 DPF를 재생할 필요가 있기 때문에 이때에 연료를 소비한다.

DPF를 대형화하면 포집 가능량은 증가하겠지만 그렇게 하기 위해서는 공간이 필요하고 동시에 DPF의 비용도 상승한다. 우리가 엔진에서 배출되는 PM의 양을 우선 억제하여 DPF로의 부담을 줄이는 것이 중요하다고 생각한다. 즉 연소 설계 단계에서 NOx와 PM의 밸런스를 고려하여 할 수 있는 것을 다 하지 않으면 안 된다는 것이다」

계속 설명을 들어보면, 요소 중의 암모니아를 사용하여 NOx를 N_2와 H_2O로 환원하는 요소 SCR(Urea Selective Catalytic Reduction)이나 정밀한 EGR(배출가스 재순환)에 의한 NOx삭감이라는 방법을 이용할 수 있는 경우로는 엔진 측에서 PM의 억제를 유지하는 방법도 선택할 수 있다고 한다. NOx와 PM 사이의 이율배반성은 변함없이 존재하지만 쓸 수 있는 대항책의 「카드」는 증가되었다는 것이다.

또 하나, 경유 중의 S＝Sulfur(유황)에 관하여 질문하였다. 미국, 일본과 유럽에서는 S성분 10ppm이하의 경유가 유통되고 있는데 S성분은 엔진의 기계계통 윤활에 필수라는 측면도 있다.

반면에 후처리 계통에 있어서는 독이다.

「15년여 전에 스웨덴에서 저유황 경유가 최초로 유통되었을 당시는 윤활이 문제가 되었는데 그 후 연료 첨가제가 개발되어 현재는 전혀 문제가 되지 않는다. 디젤 엔진 관계의 공급자도 저유황 연료를 전제로 부품을 만들고 시스템을 편성하고 있다.

그러나 자동차는 이동한다. 지구상 어디에서든지 저유황경유를 입수할 수 있는 것은 아니며, 300~500ppm이라는 고유황 경유를 사용하면 배기가스 후처리 계통의 유황 피독이 문제가 된다. 이런 경유만 입수할 수 있는 지역에서는 고가의 후처리 계통은 사용할 수 없다. 저유황 경유의 사양이 이상적이지만 유황 성분 자체는 아직도 문제라고 생각한다.」

장래의 규제와 시장

Q9 RDE(Real Driving Emission＝실제 운전 시의 배출가스 성능) 및 탈 모드시험이라는 논의가 활발하게 이루어지게 되었는데 IAV는 이것을 어떻게 생각하는가?

Q10 유럽에서는 승용자동차 중에서 디젤 엔진 자동차가 점유하는 비율이 60%에 달하게 되었다. 일본이나 미국을 포함하여 앞으로 디젤 엔진 자동차의 점유는 어떠한 추이를 보일 것으로 예측하고 있는가.

과연 디젤 엔진은 이제부터 어떠한 길을 밟을까. IAV에서는 「경유를 사용하더라도 열효율 45%를 목표로 한다.」라고 말한다. 당연히 GTL(Gas-to-Liquid) 등의 연료도 생각하고 있다. 그러나 동시에 배출가스의 규제와 CO_2 배출규제는 엄격하다.

「2017년에 RDE가 도입될 예정이지만 어떠한 내용으로 되는지는 아직 결정되지 않았다. 현재와 같이 제한된 주행조건하에서의 모드 운전이 아니라 보다 넓은 운전영역에서 규제의 망을 치는 것으로 되어이도 대응 방법은 있다. 그 하나가 EGR이다. 과급시스템과 EGR을 조합하여 운전상황에 맞도록 항상 최적의 EGR 효과를 얻는 방법을 제안할 수 있다. 전부하 영역(전개 영역)이라도 EGR을 사용할 수 있다」

CO_2 규제가 엄격하게 된다면 디젤 엔진을 소배기량화 하고 부스트 압력이 다른 복수의 터보차저와 조합하는 방법도 일반화될 것 같다는 생각이 든다. 그렇게 되면 터보차저를 사용하는 저압 EGR이 유효하다.

그리고 마지막 질문. 디젤 승용자동차의 점유율은 어디까지 신장할 것인가, 라는 점에 대하여 물었다.

「이것은 어디까지나 개인적인 견해인데 유럽에서는 어쩌면 디젤 승용자동차 60%, 가솔린 승용자동차 40%정도로 정착할 것이다. CO_2를 95g/km로 억제한다는 규제에 대하여서는 역시 디젤 엔진이 유효하다. 단 연료의 가격과 국가나 지역마다의 연료 정책이 디젤 엔진의 점유율에 영향을 준다. Shell 가스가 싼 값에 대량으로 공급이 된다면 오토사이클 베이스(Otto Cycle Base)로 LP가스를 이용하는 길이 있다.」

인터뷰 중에 필자가 「일본의 디젤 엔진 승용자동차의 비율이 극히 낮은 최대의 이유는 가솔린은 국세이고 경유는 지방세이므로」라고 IAV의 독일인 엔지니어들에게 설명하였다. 「개인적으로는 일본의 디젤 엔진 승용자동차 사정은 이상하다고 생각한다.」,라고.

그러자 그들은 「나라마다 각각 서로 다른 사정과 역사가 있다.」라고 뒤이어 말하였다. 10개의 질문 중에 디젤 엔진에 대한 IAV의 기술 비전은 이해할 수 있었지만 동시에 일본에서 디젤 엔진 승용자동차가 배제되어온 이유는 「엔진의 비용이 매우 높다」라는 점으로 집약되는 것은 아닐까 하는 의문이 더욱 커졌다. 이미 EU는 디젤 엔진 승용자동차의 비율이 60%에 근접하고 있는 중이다.

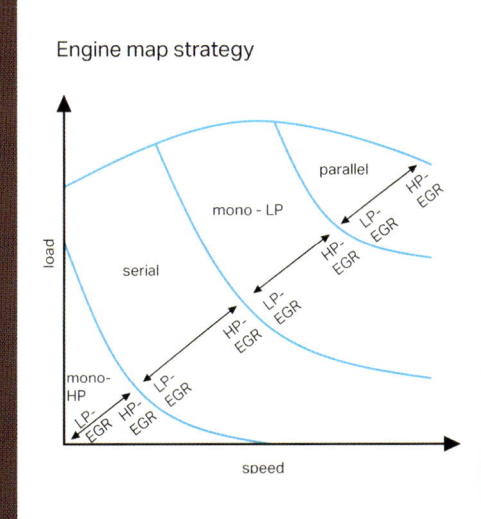

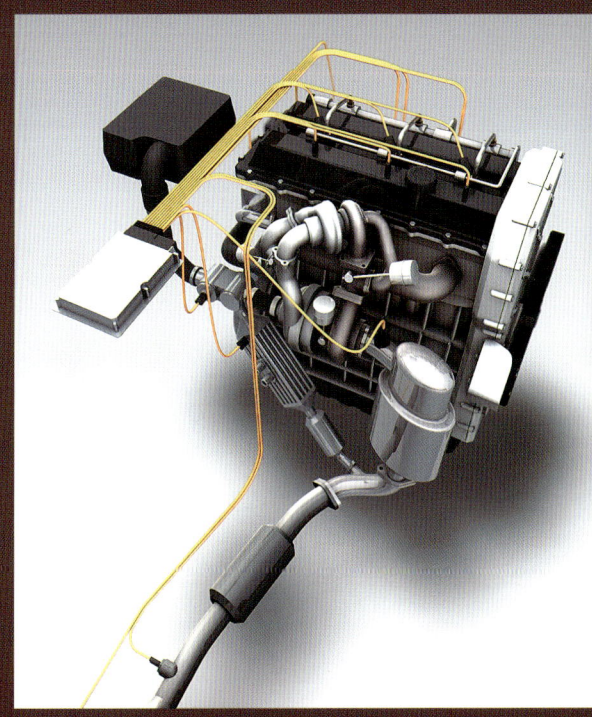

위의 그래프는 크고 작은 2개의 터보차저를 사용했을 때 부하에 맞게 LP(Low Pressure)와 HP(High Pressure)의 EGR을 어떻게 실시하는지의 예를 표시한 것이다. 21세기의 디젤 엔진에는 이러한 곡예가 있다. 그러나 2개의 터보차저를 설치한다면 엔진은 오른쪽 그림과 같이 제어계통도 복잡하게 된다. 어떻게 할 것인가?

Illustration Feature
Diesel Engine THE NEXT!

CHAPTER 6

[Large Diesel Engines]

대형 디젤 엔진 기술

트럭/버스의 디젤 엔진

최근에는 승용자동차(passenger car)의 세계에서도 존재감이 커지고 있는 디젤 엔진이지만 원래는 트럭이나 버스 등 대형이 주류이며, 이 흐름은 지금도 변함이 없다. 엔진의 크기 이외에는 커다란 차이가 없는 듯 보이지만 요구되는 조건도 크게 차이가 있다.

글 : 타카하시 잇페이(Ippei Takahashi)   그림 : Hino/ Bosch/MFi

현재의 대형 상용자동차용 디젤 엔진의 특징

전자제어 EGR 밸브

배기 측에서 흡기 측으로 배출가스의 도입을 조절하는 전자제어식 서보를 채용. 이전에 주류였던 단계적 제어인 에어 실린더식과 비교해 보면 끊김이 없는 무단계 제어로써 자유도가 향상되어 보다 정밀한 제어가 가능하게 되었다.

VG 터보

승용자동차의 소형 디젤용과 비교해 보면 상당한 대형으로 되어 있지만 그 구조는 거의 같다. 좌측에 보이는 에어 실린더는 배기 브레이크의 밸브를 구동하기 위한 것이다. 가변 노즐 구동용의 액추에이터는 터보의 뒷면에 있다.

대용량 EGR 쿨러

배기가스가 통과하는 파이프 형상으로 고안되어 뛰어난 냉각효율을 확보한다. 소형화와 내부식성 때문에 양끝의 플레이트와 내부 파이프의 접합에는 레이저 용접을 한다. EGR 쿨러의 냉각효율 크기는 수온에 의한 영향도 있기 때문에 냉각계통도 강화되어 있다.

고강성/냉각강화 실린더 헤드

다운사이징화에 의하여 이전의 절반 정도의 배기량으로 동등 이상의 출력을 내도록 했기 때문에 과급압력은 수 bar에 달한다. 그래서 초고압이 되는 실린더 내의 압력을 견디도록 실린더 헤드는 주철 소재를 사용한 강도 중시의 구조로 되어 있다.

고성능 피스톤

Hino 자동차 독자적인 주철 소재에 의한 피스톤이다. 트럭 버스용 엔진은 알루미늄제가 일반적이지만 소재의 강도를 활용하고 높은 과급압력에 대한 내성을 향상시키면서 경량화를 도모하고 있다. 스커트부에는 오일 제트용 노치도 보인다.

Hino자동차 E13C엔진

고성능 실린더 블록

본체의 조립이 거의 끝나고 보조기기류가 장착되기 전의 실린더 블록이다. 고고급, 고출력이라는 요소에 추가하여 대형 차량용의 디젤 엔진에는 100만 km 이상의 내구성과 신뢰성이 추구되고 있다. 그래서 실린더 블록도 모두 주철제이다.

고압 커먼 레일

최대 분사압력이 200MPa인 커먼 레일 시스템. 커먼 레일에서 딜리버리 파이프, 인젝터까지가 실린더 헤드 커버 안에 배치된다. 두 개의 피스톤이 있는 공급 펌프는 크랭크샤프트에서 감속 기어를 통하여 구동된다. 인젝터에는 전자 솔레노이드식을 채용하고 환경 성능도 확보해야하는 치밀한 제어가 실시된다.

상용자동차용 엔진은 왜 디젤일까?

상용자동차 사용자의 요구사항

1 : 경제성이 높아야 한다.
　A : 연비가 좋아야 한다.
　B : 파손되지 않아야 한다.
　C : 연료 가격이 싸야 한다.
2 : 실용성이 좋아야 한다.
　대량의 화물이나 사람을 실어 나를 수 있어야 한다.
　= 저 회전속도에서 큰 힘(토크)을 발휘 할 수 있어야 한다.

요구사항과 장점의 합치점이 많다.

디젤 엔진의 장점

1 : 연비가 좋다
　A : 압축비가 높으므로 열효율이 좋다
　B : 희박 연소 등으로 열효율이 높다
　C : 스로틀을 교축시키지 않으므로 펌핑 손실이 적다
2 : 구조적으로 실린더 체적의 대형화에 적합하다
3 : 피스톤 속도가 낮은 상황이라도 큰 토크를 얻을 수 있다
　= 무거운 화물을 실은 상태라도 편하게 발진할 수 있다
4 : 엔진의 수명이 길다
　= 원래 튼튼하고 게다가 고속회전형이 아니기 때문에 부하가 잘 걸리지 않는다.
5 : 경유의 경제성
　A : 가격이 싸다(단 90년대 후반에 경유와 가솔린과의 가격차는 감소)
　B : 단위 질량 당 열량이 높아, 동일한 체적에서 발생되는 열에너지가 가솔린과 비교해서 21~23% 정도 많다.

자동차에 탑재

디젤 엔진은 구조상 엔진과 별도인 연료분사 장치가 필요하므로 탑재성이 좋지 못하고 소형화는 곤란하다. 단 탑재성에 상반되게 연비는 좋고 토크도 크기 때문에 1924년에 독일 벤츠(현 Daimler)와 MAN이 발표한 차량에 탑재한 디젤 엔진은 오로지 트럭/버스에 사용되었으며, 이후에 표준화되었다. 아래는 1932년에 MAN이 발표한 「세계 최강」의 트럭. 최근까지 연료분사에는 엔진의 구동력에 의해 작동하는 기계식 분사펌프가 사용되고 있었다.

열형 펌프(Bosch A형)

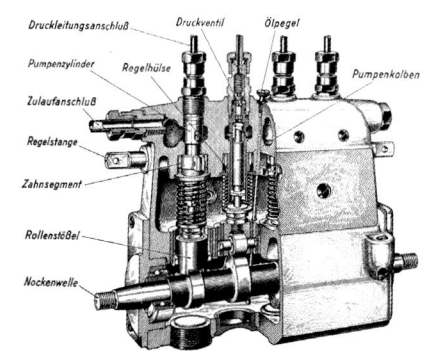

펌프식 분사시스템

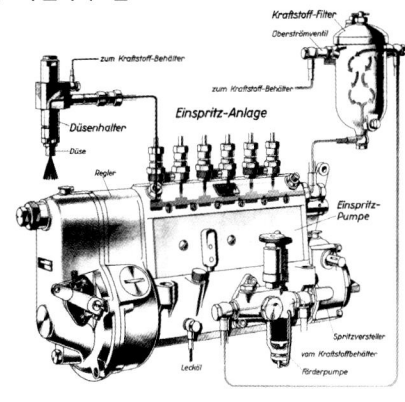

트럭이나 버스 등 대형 차량에는 디젤 엔진이 사용되고 있다. 우리가 디젤 엔진에 대하여 품고 있는 이미지의 원류가 거기에 있는 것이지만 원래 대형 차량이 디젤 엔진을 사용하는 이유는 필요한 큰 출력과 토크를 만들어 내기 위하여 배기량이 큰 엔진에서는 실린더 내경이 크게 되기 때문에 가솔린 엔진과 같은 불꽃 점화가 성립되기 어렵다는 점과 그리고 원유를 승류하여 원유를 정제할 때에 일정량이 반드시 생성되는 경유를 소비한다는 두 가지의 이유가 있다. 전자의 이유는 다기통화라는 선택사항도 있다.

사실 미국에서는 대부분의 트럭이나 버스에 가솔린 엔진이 사용되고 있지만 석유자원의 거의 모두를 수입에 의존하는 일본에서는 후자의 이유가 중요하다고 말할 수 있다.

이것은 여담이지만 그래도 현실에서는 경유가 남아돌고 경유를 더욱 재정제하여 가솔린을 추출하는 경우도 있다고 한다. 재정제를 하려면 일손이 더 드는 것은 물론, 낭변히 보는 것이 가솔린으로 변하는 것이 아니므로 헛수고가 되는 측면이 있으며, 경유를 경유로써 남김없이 모두 사용하는 이상적인 상황으로는 되지 않는 다는 것이다.

어찌되었든 이렇게 일본의 사정은 물론, 세계적으로도 역시 트럭이나 버스 등 대형 차량은 디젤 엔진이 주류가 되고 있다. 승용자동차와 같은 소형 차량에 이제까지 단점으로 여겨져 왔던 높은 압축비 때문에 요구되는 견고한 구조에 동반하는 중량도 대형 차량에서는 출력과의 균형을 얻는데다가 디젤 엔진 본래의 상점인 높은 열효율에 의한 좋은 연비 능은 물론 그 외에도 바꿔놓을 수 없는 좋은 요소들이 많다. 그래서 승용자동차용의 소형 디젤 엔진이 현저한 진화를 이루고 있는 현재, 대형 디젤 엔진도 소리 없이 진보를 계속하고 있는 중이다.

일본 대형 트럭의 고출력화의 경위

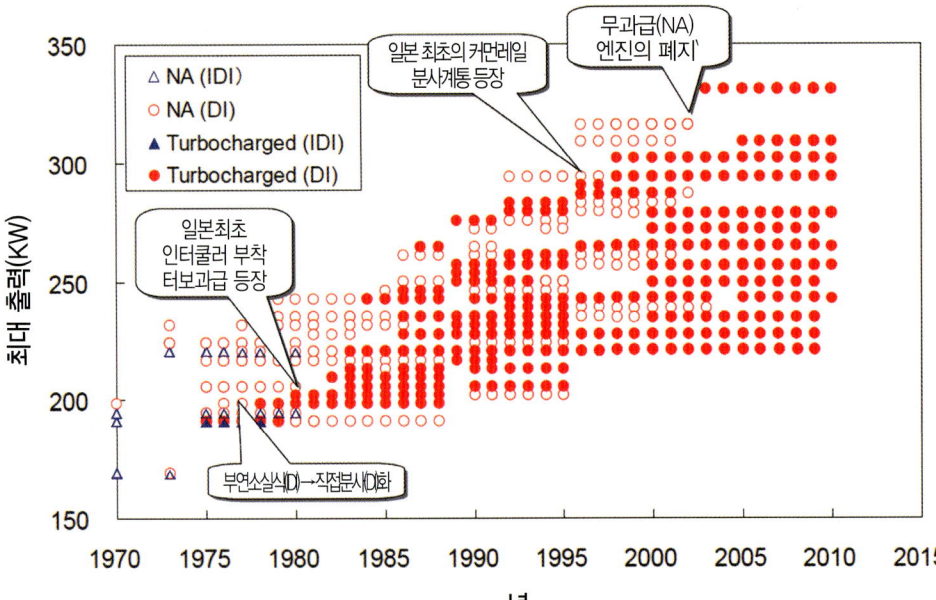

히노자동차의 대형 트럭용 엔진의 경위를 표시한 것이다. 1981년에는 다운사이징화의 포석이 되는 인터쿨러 터보 엔진이 등장하고 1998년에 커먼레일 시스템을 도입하였다. 1990년대부터 다운사이징화가 본격적으로 진행되고 2005년에는 인터쿨러 터보 엔진만으로 되었다. 현재 최대의 엔진은 직렬 6기통의 13ℓ, 이전의 V8기통이나 V10기통 등의 초대형 엔진은 모습을 감추었다.

고속도로의 확충과 대량 고속 수송의 요구에 대응하여 상용자동차용 엔진은 고출력화

고출력화의 핵심 기술

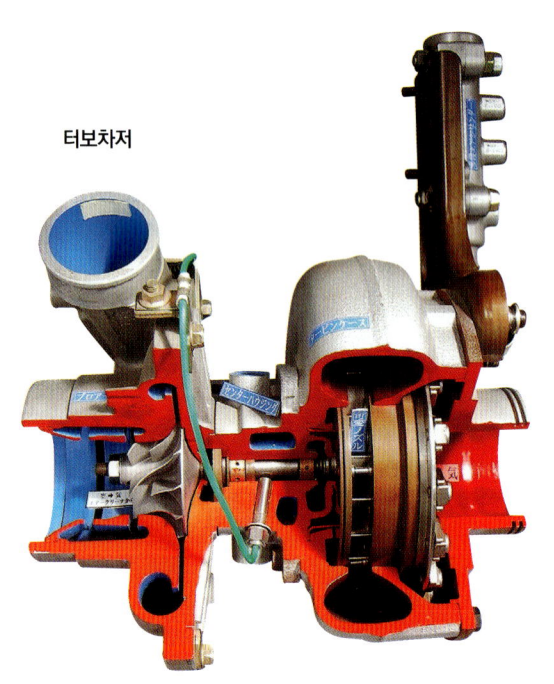

터보차저

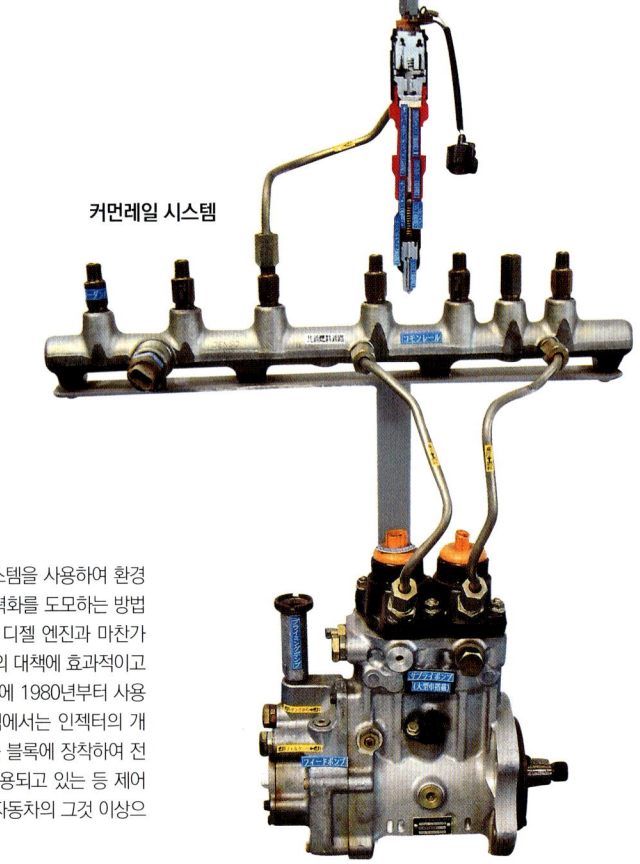

커먼레일 시스템

VG 터보나 커먼레일 시스템을 사용하여 환경성능을 확보하면서 고출력화를 도모하는 방법은 승용자동차용의 소형 디젤 엔진과 마찬가지이다. VG 터보는 흑연의 대책에 효과적이고 트럭용의 대형 디젤 엔진에 1980년부터 사용되었다. 커먼레일 시스템에서는 인젝터의 개체 차이를 기록한 ECU를 블록에 장착하여 전체를 관리하는 방법이 사용되고 있는 등 제어 정밀도 측면에서는 승용자동차의 그것 이상으로 되고 있다.

실제로 대형 디젤 엔진을 보면 그 모습은 우리에게 친숙한 승용자동차용의 소형 디젤 엔진과 그다지 차이가 없다.

물론 그 크기로 인해 배치 및 구조에 약간의 차이는 있으며, 예를 들면 VG 터보의 가변 노즐을 구동하는 액추에이터는 승용자동차의 터보에 사용되는 프레스 성형의 다이어프램식이 아니고 알루미늄 주조제인 에어 실린더이고 연료분사 계통인 커먼레일도 실린더 헤드 안에 배치되곤 하였지만 어디까지나 「다소 분위기가 다르다」라는 정도로 오히려 놀랄 정도로 훌륭하게 "대형화" 한 것처럼 보인다.

그러면, 무엇이 다른가 하면 거기에 요구되는 내구성과 신뢰성이다. 승용자동차에 탑재되는 소형 디젤 엔진의 내구성은 수십만km이지만 대형 디젤 엔진의 내구성은 100만km 이상이다. 그러므로 승용자동차용의 소형 디젤 엔진에는 사용되지만 대형 디젤 엔진에는 사용할 수 없는 기술이라는 것도 존재한다. 최근의 커먼레일 시스템에 채용이 증가되고 있는 피에조 소자를 이용한 인젝터가 그것이다. 100만 km이상의 내구성을 확보한다는 것이 현실적으로는 어렵다고 한다.

앞에서 말했듯이 커먼레일은 이미 대형 디젤 엔진에도 도입이 끝난 상태로 현재의 주류는 전자 솔레노이드식 인젝터이다. 물론 승용자동차용의 소형 디젤 엔진에 사용되는 것과 마찬가지로 고성능 형식이지만 상용 회전속도가 낮다는 점도 있어 현 시점에서는 피에조 형식의 장점을 살릴만한 점도 그다지 보이지 않는다.

연비와 환경 성능 향상의 시행

HFCD 피스톤이라고 불리는 히노자동차의 독자적인 기술 접근에 의해 개발된 덕타일 주철(ductile cast iron)제 피스톤(사진 오른쪽 끝). 3D · FEM 등에 의한 해석을 근거로 운전 중의 응력시험을 시작으로 온갖 조건에서 검증을 실시하고 자경성 사형공법을 이용함으로써 알루미늄제와 비교하여 얇고 경량이면서 고강도를 확보하였다. 크라운 안에는 냉각통로도 설치되어 있다. 알루미늄제와 같이 부분적으로 내마모재를 주입할 필요(사진 중앙)가 없는 점도 장점의 하나이다.

피스톤의 개선(히노자동차의 예)

종래형

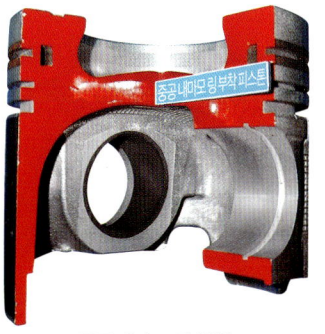
중공 내마모 링 부착

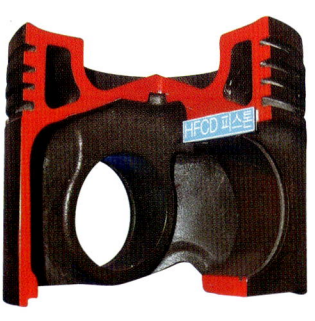
HFCD

후처리 기술의 추구

SCR에 들어가기 전에 계량 노즐(dosing nozzle)에서 분사된 요소 액을 배출가스와 골고루 잘 혼합되도록 하기 위하여 배출가스의 흐름을 선회시킨 다음 DPR(DPF)과 SCR의 사이를 연결하는 S자 배관에서 혼합 교반을 위한 거리를 확보한다는 히노자동차의 독자적인 배치구조이다(오른쪽). 콤팩트하게 정리되어 있어 탑재성도 뛰어나다. 아래는 같은 히노자동차의 중형 트럭에 이용되는 DPR(DPF)유닛이다. 터보의 출구 직후에 배출가스 온도를 높이기 위하여 산화촉매를 배치한다.

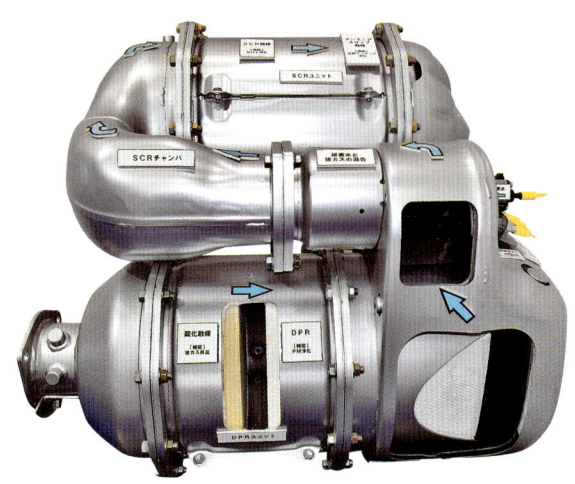
DPR + 요소 SCR(히노자동차의 예)

인터쿨러 터보화의 경위……히노자동차

다운사이징의 경위……히노자동차

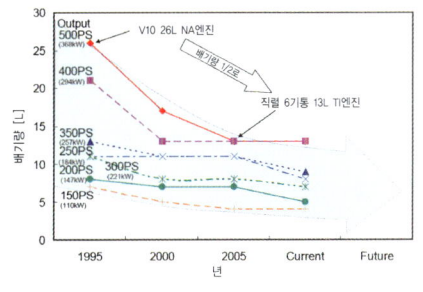

신 DPR(히노자동차의 예)

시장의 다운사이징 요청과 대응

현재 히노자동차에서 생산되는 모든 트럭·버스용 엔진이 인터쿨러 터보이다(위 그래프). 아래 그래프를 보면 대배기량인 V형 엔진이 직렬엔진으로 바뀌면서 다운사이징화가 진행된 것을 알 수 있다.

환경 대응은 가장 중요한 과제이다. 승용자동차용의 소형 디젤 엔진이나 대형 디젤 엔진이나 그 요소에는 큰 차이가 없다. PM과 NOx, 그리고 CO_2이고 그 처리방법도 거의 같다. 원래 대형 디젤 엔진에 탑재된 기술이 승용자동차용으로 전용되었다고 하니 당연하다고 하면 그렇다.

PM을 포집하는 DPF, NOx를 환원하는 요소 SCR 등 처음엔 커다란 공간을 확보할 수 있는 대형 차량에서 시작되었다. 흥미진진한 것은 중형 트럭이라도 사용자의 이용공간을 고려하면 의외로 공간이 제한되므로 대대적인 처리시스템의 탑재는 적합하지 않다고 한다.

히노자동차의 경우, 대형 자동차에는 DPF(이 회사에서는 DPR이라고 부른다)와 요소 SCR을 병용하지만 공간이 제한적인 중형 자동차에는 DPR과 NOx 촉매를 콤팩트하게 하나로 정리한 것을 사용한다. 요소 탱크가 필요하고 장치 자체도 비교적 대형인 요소 SCR은 중형 자동차에서는 사용하지 않는다고 한다. 중형 자동차라고 하더라도 탑재되는 엔진의 배기량이 큰 것은 8ℓ라고 하니 우리의 감각으로 보면 상당한 대형이다. 현재의 트럭은 그만큼 힘들게 공들여 만든 구조인 것이다.

그리고 이것도 의외의 일이지만 대형 차량의 다운사이징화는 1990년대부터 시작되었다. 히노자동차에서는 1981년에 인터쿨러 부착 터보 과급 엔진이 등장하였고 1990년대부터 다운사이징화가 본격적으로 진행되어 이전의 V형 10기통 26ℓ라는 엔진은 모습을 감추고 현재는 배기량이 반으로 줄어든 직렬 6기통 13ℓ로 대체되고 있다.

Wärtsilä RT-flex Low-Speed Marine Engine

선박용 저속 2행정 디젤 엔진

내경 : 350~960mm
행정 : 1550~3468mm
엔진회전속도 : 65~167rpm
피스톤 평균속도 : 8.0~9.5m/s
기통배열 : 직렬 4~14기통
출력 : 3475~80080kW
연료공급 : 커먼레일식

종합 열효율 55%!

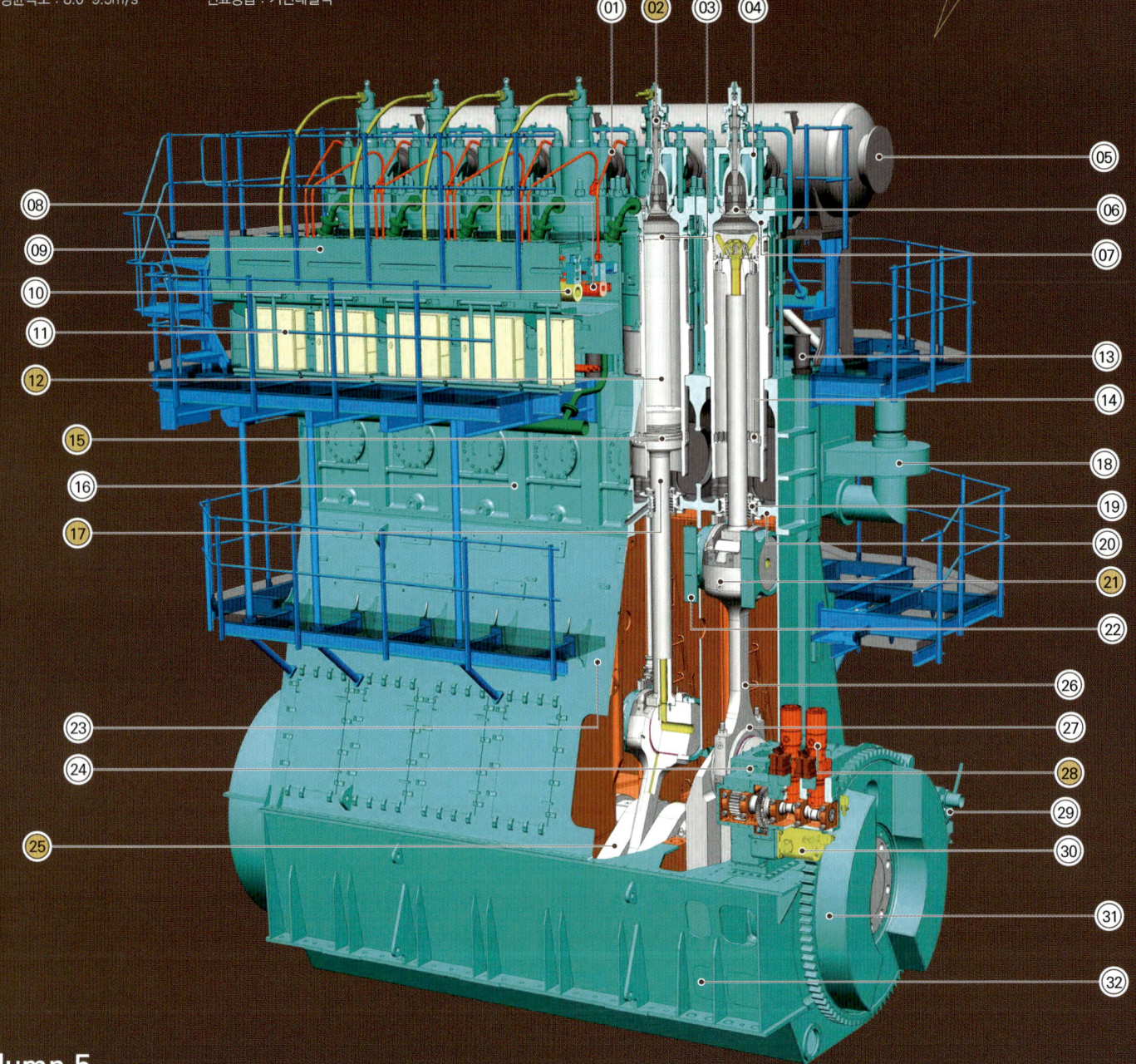

Column 5

[선박용 저속 2행정 디젤 엔진] 모든 것이 현격하게 차이나는

거대한 선박용 디젤 엔진의 테크놀로지

최대 실린더 내경 960mm/행정 3468mm/직렬 14기통/10만 마력/100rpm/15만 시간

같은 디젤 엔진이라고 해도 거대한 상선용의 2행정 디젤 엔진은 모두가 거대하고 거기에 이용되는 기술도 특징적이다.
그러나 내연기관으로서 궁극적인 목표 = 효율향상은 자동차용 엔진과 마찬가지이다.
이미 50%가 넘는 열효율을 자랑하는 선박용 2행정 디젤 엔진이 지금 직면하고 있는 것은 환경규제에 대한 대응과 가일층의 연비 개선이다.

글 : 카와바타 유미(Yumi Kawabata) 사진과 그림 : 바르질라 재팬(Wärtsilä Japan)

01 : 연료레일
02 : 배기밸브 드라이브
배기밸브의 작동은 크랭크축의 동력으로 오일펌프에서 만들어진 200bar의 유입으로 이루어진다. 배기밸브의 스템에는 윙이 장착되어 있으며, 배기 압력에 따라 동작 매다 밸브가 회전하여 밸브 시트와의 접촉면이 변화된다. 긴 수명을 위한 선박용 엔진만의 방법이다.
03 : anti-polishing ring
04 : 배기밸브 케이지
05 : 배기 매니폴드
06 : 배기밸브
07 : 실린더 커버
08 : 연료레일 & 인젝션 컨트롤 유닛
09 : 레일 유닛
10 : 서보 오일 레일 배기밸브 액추에이터
11 : 전자제어 유닛용 캐비넷
12 : 실린더 라이너
주철제 실린더 라이너의 품질관리는 인장강도로 하며, 25-30년이라는 선박의 긴 수명에 대하여 약 15-20년에 한 번 교환하는 소모품이다. 벽면의 중간에 소기공이 가공되어 있다. 벽면에 수직이 아니라 비스듬히 깎아 넣은 것 같은 형상으로 가공함으로써 스월류를 발생시킨다. 라이너 상단은 고온에서 유황분이 많은 가운데 결로를 일으키기 때문에 열화가 심하다. 이 두께가 감소하면 미연소 가스가 누설되어 스커핑(scuffing)을 일으키기 때문에 교환이 필요하게 된다.

13 : 타이로드
14 : 소기포트
15 : 피스톤
출력을 향상시키기 위해서는 실린더 안에 공급하는 연료의 양을 증가시키는 데 그 결과 연소실의 열부하가 증대된다. 그러므로 실린더를 냉각할 필요가 있지만 '바르질라(Wartsila)' 회사에서는 피스톤의 연소실과는 반대의 방향으로 냉각을 위한 구멍을 다수 가공하여 거기에 오일을 제트로 분사시켜 냉각하는 보어·냉각 방법을 채용하고 있다.

16 : 실린더 블록
17 : 피스톤 로드
피스톤을 크로스 헤드와 연결하는 것이 피스톤 로드이다. 크로스 헤드가 있기 때문에 크랭크샤프트와는 연결되어 있지 않다. 오른쪽에 보이는 것이 피스톤이다. 피스톤 링은 크롬 세라믹의 피막으로 처리되어 있다. 덧붙여 말하면 피스톤 평균속도는 실린더 내경, 행정에 따른 차이는 있지만 대략 8.0~9.5m/s이다.

18 : 보조 소기 블로워(blower)
19 : 피스톤 로드 그라운드(ground)
20 : 실린더 블록 밑면
21 : 크로스 헤드
크로스 헤드는 2행정 디젤 엔진의 특징이다. 양질의 균일한 연료를 사용할 수 없는 선박용 2행정 디젤 엔진의 경우는 연소 과정에서 발생한 연소 잔류물이 윤활유를 오염시키고 크랭크샤프트의 손상으로 연결되는 것을 방지하는 의미에서 크로스 헤드형 엔진이 사용된다(통상의 4행정 엔진은 [트렁크 피스톤형 엔진]이라고 한다).

22 : 크로스헤드 가이드 슈(shoe)
23 : 컬럼(column)
24 : RT-flex 공급 유닛
25 : 크랭크샤프트
선박용 거대 2행정 디젤 엔진의 제작 상 핵심이 되는 것이 크랭크샤프트이다. 대형 크랭크축의 메이커로서는 고베세이코가 톱 메이커로서 유명하다. 단 한국에서 조립되는 엔진의 경우는 한국산 크랭크샤프트가 사용되는 것이 일반적이다.

26 & 27 : 커넥팅 로드
28 : 고압 연료펌프
연료의 분사계는 제 1세대에서는 기계식 캠 구동에 의한 것이지만 제 2세대가 되면서 실린더 매다 연료펌프가 있는 전자제어 방식으로 변경되었으며 현재의 제 3세대에서는 커먼레일 기술을 이용한 전자제어에 이르렀다.

29 : 터닝 기어(turning gear)
30 : 서보 오일펌프
31 : 플라이휠
32 : 헤드 플레이트

세계 제일의 커다란 디젤 엔진을 설계하는 회사는 선박용 엔진 등 대형 엔진의 설계·개발에 가장 숙련되어 있는 바르질라 회사다. 스위스 빈터투어(Winterthur)를 본거지로 하는 이 회사의 제조 라이선스는 세계의 메이커에 공여되고 일본에서는 디젤·유나이티드, 미쓰비시중공업, 히타치조선의 3사가 [바르질라 저속 2행정 엔진]의 라이선스를 가지고 있다.

이 디젤 엔진에서는 대형의 프로펠러를 회전시키는 것이 효율이 상승됨으로 커다란 프로펠러를 탑재한 대형 선박에 저속 엔진을 조합하는 것이 적합하다. 단, 배의 흘수선(喫水線)보다도 위에 프로펠러가 나와 버리면 효율을 발휘할 수 없다. 피스톤 평균속도는 불과 9m/sec이하인 저속이다.

세계 제일의 거대한 「RT-flex 96C」의 크기는 전장×전고=약 27.4×13.4m로 높이는 4층 건물에 상당하고 중량은 2300톤이다. 실린더 내경×행정 = 960mm×2500mm 외 트리플 터보차저 14기통 엔진은 출력 1kW·1시간 당 172g의 중유를 소비하면서 최고 출력 110,000PS, 최대 토크 760만3850Nm를 만들어낸다. 최고 회전속도는 불과 102rpm으로 초저속인데 배기량은 25,333ℓ이다. 과급기

등에 의한 배기열 이용의 효과도 있어 현재는 55% 정도까지 고효율화가 진행되어 있다.

선박용 엔진은 선주가 바라는 엔진의 회전속도와 출력이 균형에 맞도록 실린더 수를 선택할 수 있다. 그렇다고 해도 적정한 실린더 수가 있으며, 진동 등의 문제로 3기통은 바람직하지 않으므로 최저 4기통 이상, 최대는 14기통이다. 여담이지만 엔진이 커짐에 따라 넓어지는 실린더 내경은 3만톤급 선박에서는 400~500mm정도이고 유조선에서는 820~840mm, 화물선에서는 960mm가 된다. 세계 최대급인 960mm의 큰 실린더 내경 엔진의 경우 6기통에서 14기통까지 실린더 수를 선택할 수 있다.

콤팩트하고 단순한 설계의 2행정 엔진이 선박용으로 채용된 것은 선상에서의 정비가 용이하기 때문이다. 2행정 엔진의 연소실은 실린더 라이너의 벽면에 구멍을 뚫은 소기공이 설치되어 있으며, 그곳에서 받아들인 공기를 피스톤으로 압축해 간다. 실린더 헤드에는 배기밸브와 연료분사 밸브가 설치되어 있기 때문에 압축이 진행되어 점화가 가능한 단계에서 연료를 분사하고 연소 후에 배기밸브를 열어서 배기를 실시한다. 그리고 매 회전 시에 팽창이 일어나므로 출력도 확보하기 쉽다.

그 위에 저연비화를 위하여 자동차용 디젤 엔진과 같은 장행정화가 유리하다. 단 자동차용 엔진에서는 양질의 연료를 사용하여 균질 연소가 이루어질 수 있으므로 구조가 간단한 트렁크 피스톤형의 엔진이 일반적이지만 조악한 연료를 사용하는 선박용 엔진에서는 연소 과정에서 발생하는 연료 잔류물이 윤활유를 오염시키고 결과적으로 베어링 등의 손상으로 연결되는 것을 방지할 목적으로 연소실과 크랭크 실이 분리 가능한 크로스 헤드형으로 선택된다.

현재 2행정 선박용 디젤 엔진은 배기밸브를 중앙에 배치하고 연료분사를 3개의 연료분사 밸브에서 실시하는 형식이 주류이다.

저연비화와 환경에 대응이 요구되고 있으므로 커먼레일의 채용과 전자제어의 발달에 의하여 3개의 연료분사 밸브를 개별적으로 제어하며, 수 밀리 초의 간격을 두고 최적의 연료분사가 가능하게 되었다. 종래의 연료분사는 기계적으로 이루어져 왔지만 근년에는 솔레노이드 밸브를 채용하여 보다 섬세한 연료분사에 대응하고 있다. 이 방향성은 자동차용 4행정 디젤 엔진과 비슷하다.

내구성은 자동차를 훨씬 능가한다. 압축비는 17로 자동차와 동급이지만 선박의 수명이 25~30년으로 길뿐만 아니라 선박용 엔진은 한번 불을 붙이면 항해 중에 불이 꺼지는 경우는 없다. 그러므로 내구 시간은 15~18만 시간으로 설정된

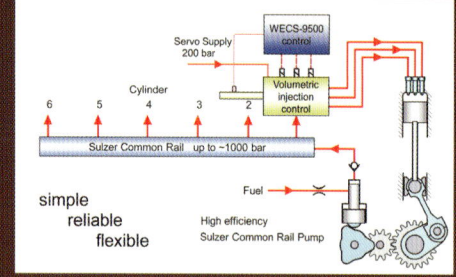

상 : 연료 펌프에서 송출된 1000bar의 고압은 커먼레일에 비축되고 각 기통에 설치된 3개의 인젝터(내경에 따라 다르다)에서 분사된다. 연료 펌프의 사이즈도 30년 사이에 비약적으로 작아지고 있다.

하 : 실린더의 내경에 의해서 좌우되지만 연료 분사구(연료분사 밸브라고 한다)는 각 실린더에 3개가 설치되는 것이 기본이다. 연료는 아래 그림과 같이 스월 방향으로 분출된다. 단 저부하인 경우는 3개가 아닌 2개 또는 1개의 인젝터에서 연료를 분사하고 제어한다.

연료분사

커먼레일식의 분사압력은 800bar

과거에는 각각의 실린더에 연료를 기계적으로 압축하여 분사하는 방식이 채용되었다. 근년에는 선박용 디젤 엔진에도 커먼레일이 도입되고 있으며, 전자제어가 발달함에 따라 측면에 연료분사 계통이 분리되어 제어 기반만 탑재되도록 함으로써 엔진 자체가 콤팩트하게 되었다. 500mm이하의 실린더 내경에서는 연료분사 밸브가 2개이지만 실린더 내경이 큰 엔진에서는 3개가 설치되어 있다.

각각의 연료분사 장치에는 직경 0.8mm의 분공이 5개가 열려져 있으며, 실린더 안에서 발생하는 스월류를 따라서 각 밸브를 향하도록 연료는 와류 형태로 분무된다. 연소의 상태에 맞게 프리(pre)와 메인의 2단계 연료분사, 3단계로 나눠지는 트리플 분사, 3개의 밸브를 시퀀셜(sequential)로 분사시키는 등, 수 밀리 초 단위에서의 아주 정밀한 제어를 실시하는 것이 가능하게 되었다.

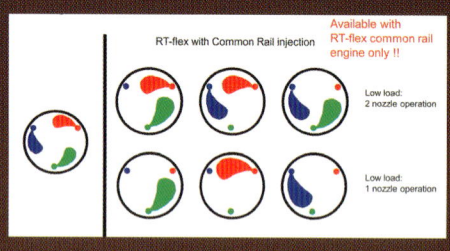

연료분사의 패턴은 커먼레일 방식의 채용에 의하여 왼쪽과 같은 pre·main의 2회 분사나 3회 분사 등도 가능하지만 현재는 「시퀀셜·인젝션」이라고 명명되는 각 인젝터가 조금씩 시간차를 두고 분사하는 인젝션을 채용하고 있다.

앞쪽으로 보이는 3개의 파이프가 연료 파이프이다. 이 파이프로부터 실린더 원주상에 120° 간격으로 배치된 인젝터에서 연료가 실린더 안으로 분사된다. 상부에 보이는 것이 배기밸브를 구동시키는 유압기구이다.

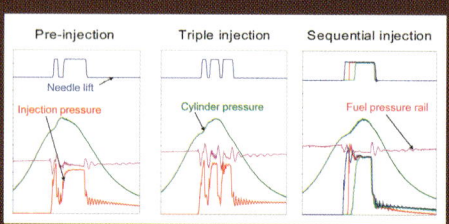

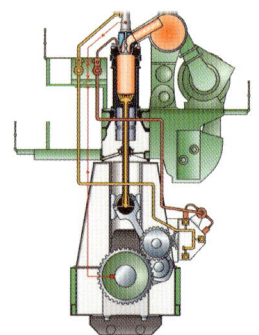

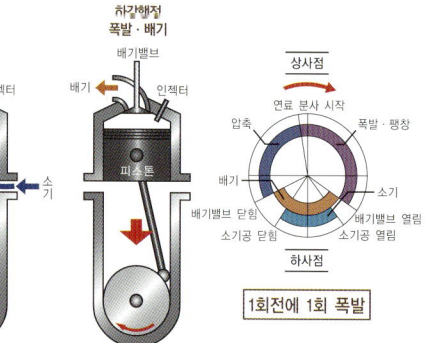

피스톤이 상승과 하강하는(2행정) 것으로 1사이클이 완료된다. 싱사침에서 혼입기에 착화되어 피스톤이 하강(팽창행정)하며, 하사점 전에서 배기밸브가 열리고(배기행정), 다시 하사점 전에 실린더 벽 측면에 설치되어 있는 소기공이 나타나면 블로워(blower)로 새로운 공기를 도입한다(급기·소기). 하사점을 지나 피스톤이 상승하면 소기공이 닫히고 다시 늦게 배기밸브를 닫아(새로운 공기로 배기를 밀어낸다) 압축행정으로 들어간다. 배기밸브를 늦게까지 열어두면 밀러 사이클(Miller cycle)이 실현된다.

저속 2행정 디젤 엔진도 과급이 기본이다. 터보차저의 수는 실린더 수에 맞게 1~3개가 기본이다. 터보차저의 메이커는 사진의 ABB 외에 MAN과 미쓰비시중공업이 있다. VG 터보의 솔루션을 주장하는 메이커도 있지만 '바르질라'는 통상적인 터보이다.

바르질라의 2행정 디젤 엔진을 탑재한 화물선. 화물선은 거의 예외 없이 2행정 디젤이지만 여객선 등 NVH(noise, vibration, harshness)를 중시하는 배는 4행정 디젤 엔진을 선택하는 경우가 많다고 한다.

▷ NOx 저감기술 핵심 주제는 역시 배출가스 정화 기술

2016년에 Tier3로 바뀌는 배기가스 규제에 대하여 MAN은 EGR로, 바르질라는 SCR(Selective Catalytic Reduction ; 선택식 촉매환원법)로 규제에 대응한다는 방침을 내세우고 있다. 단 유황분의 배출규제에 대응하기 위해서는 자연히 연료 질의 향상(저유황 연료의 채용)도 필요로 하지만 세계 어디에서나 쉽게 조달이 가능하고, 연비나 보수비용 등이 저렴하기 때문에 HFO(Heavy Fuel Oil ; 중유)를 이용하려는 선주가 많다.

그러므로 다양한 연료에 대응할 수 있는 엔진의 개발이 기대되고 있다. 규제가 낮은 영역에서는 종전대로 HFO를 사용하고 Tier3 규제의 영역에서는 MDO(Marine Diesel Oil)나 LNG 등 보다 깨끗한 연료로 전환함으로써 항해를 통해 연료의 비용과 환경성능의 밸런스를 가늠해 보는 개발도 진행되고 있다. 특히, 최근 미국에서의 셰일(shale)가스 붐도 있어서 LNG(액화천연가스)와 HFO를 병용할 수 있는 선박용 엔진의 개발은 중요한 안건이 되고 있다.

LNG는 연료 자체에 함유된 유황분이 낮고 오토 사이클(Otto cycle)에 따라 희박한 연소를 실현함으로써 NOx의 발생을 억제할 수가 있다. 바르질라의 시험에 의하면, LNG를 사용한 HFO를 사용했을 때와 비교하여 CO2는 25%, NOx는 85%, SOx는 99%나 절감할 수 있다고 한다.

Wärtsilä 6RTA52U with SCR 시스템

엄격해지는 환경기준, 특히 NOx의 배출규제에 대응하기 위하여 SCR과 EGR과 DWI(Direct Water Injection)가 고려되고 있지만 바르질라가 가장 유력하게 보는 것은 그림의 SCR이다. 코스트 퍼포먼스(비용 대 성능 비율)와 SCR의 ON/OFF가 가능한 점이 장점이 된다.

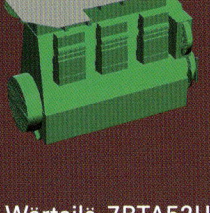

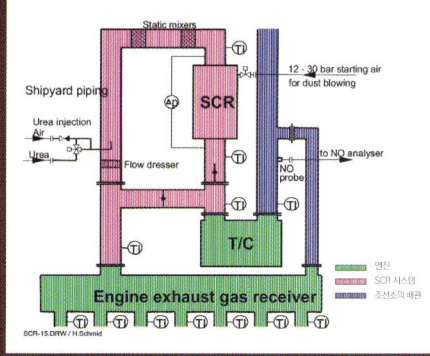

Wärtsilä 7RTA52U SSCR 시스템도

환경기준 특히 NOx의 규정에 관해서는 자동차 디젤 엔진의 규제와 겹치는 부분이 많다. 솔루션도 SCR과 EGR이 주역으로 이것도 자동차 디젤 엔진과의 공통점이 많다.

▷ 과급 실린더 수에 따라 터보차저는 1~3개

1941년, Sulzer사에서 만든 6TA48에 처음으로 선박 엔진용 터보차저가 장착되었다 (Sulzer는 후에 바르질라에 매수된다). 본격적으로 선박용 2행정 엔진에 과급기의 채용이 진행된 것은 1940년대이다. 계속해서 고효율화를 추구한 결과 과급 압력을 높이는 것이 가능해지면서 1973년의 오일 쇼크 이후는 배기가스로부터 보다 많은 열에너지를 회수함으로써 엔진의 효율을 40~50%까지 끌어올릴 수 있었다.

현재 선박용 터보차저는 스위스의 ABB사, 독일의 MAN사, 일본의 미쓰비시중공업이 공급하고 있다. 그리고 실린더 수에 따라 1~3개의 터보차저(대형 디젤 엔진은 2~3개)가 설비되어 있다. 배기가스의 열을 이용하고 증기를 발생시켜서 발전기의 터빈을 구동한다는 간단한 장치는 보수도 간단하여 선박에는 적합하다. 이와 같은 배기 열 회수 시스템과 조합시켜서 종합 열효율을 55% 정도까지 끌어 올리고 있다.

다. 연료의 성분이 조악하기도 하여 배기밸브 주변의 실린더 커버 표면에는 니켈을 주체로 한 인코넬을 약 3mm의 두께로 도포하여 내부식성 가공을 실시한다. 링에는 크롬 세라믹 코팅을 실시하고 있지만 링이 장착된 피스톤 크라운에 대해서는 약 5년 정도마다 정비가 필요하다고 한다.

선박용 디젤 엔진의 특징은 사용되는 연료에 있다. 가솔린이나 경유인 경질유를 빼내고 난 후에 남는 잔사유(residual oil)을 아스팔트와 중유로 구분하고 중유 중에서도 가장 점도가 높은 C중유를 사용한다. 세계 어느 곳에서도 보급이 쉽고 값이 싸다는 것이 최대의 이유이다. 이 C중유를 다시 MFO(Marine Fuel Oil = 선박용 연료유), HFO(Heavy Fuel Oil = 중질 연료유), RFO(Residual Fuel Oil = 잔사 연료유)로 구분한다. 대형 화물용에 탑재되는 저속 2행정 디젤 엔진의 연료는 HFO가 주류이다.

상온에서 굳어져 버리는 종류의 연료를 사용하기 위해서는 연소시간이 길고 연소실과 크랭크 실이 분리되어 있는 저속 2행정 사이클·크로스헤드 엔진이 유리하다. 바르질라는 2~3개의 터보차저를 설치하여 엔진 자체를 컴팩트화·고열

효율화를 도모하고 있다. 그리고 배기 열에서부터 잉여 에너지를 회수하여 발전기를 회전시키며, 선박용 설비 전체의 종합적 효율을 더한층 높이고 있다. 이것이 폐열회수장치(WHRS ; Waste Heat Recovery System)로 배기 열을 철저히 회수한다.

배기가스 규제 강화에 대한 대응도 중요한 과제 중의 하나이다. 현 단계에서 선박용 엔진의 규제는 자동차만큼 엄격하지는 않지만 북해나 발틱해에서는 이미 대양과 비교해서 보다 엄격한 규제가 적용되고 있으며, NOx의 규제가 바뀌는 2016년경에는 유황분에 대한 규제가 더욱 엄격해진다.

원래 연료에 함유된 유황분이 2~3%로 높고 연료의 가격대와 세계 각지에서 연료를 조달할 수 있는 편리성을 고려하면 저유황의 연료로 전환하는 것은 어려운 일이다. 그러므로 엔진의 보조기기로서 가스 중에 물을 분무하여 물로 배기가스를 세척하고 아황산가스를 제거하는 세정집진장치 (scrubber)를 장착함으로써 대응하고 있다.

그리고 연소효율은 높지만 NOx의 배출량이 많은 것도 과제이다. 현 단계에서 NOx 대응은 EGR과 SCR의 2가지 방

법이 주류이며, 바르질라는 SCR로 대응하는 방침을 취하고 있다. SCR의 작동 성능을 이끌어내기 위해서는 배기가스의 온도가 약 300℃ 이상이 필요하고 터보차저의 앞에 SCR을 설치하는 것이 효과적이다. 배기 열의 이용도 가능하다. 자동차 엔진과 마찬가지로 배기밸브를 늦게 닫아서 밀러 사이클로 하고 있다.

디젤 엔진이라 한마디로 말하면, 자동차용과 최대 27노트/11만 마력의 항해용은 비슷하면서도 다른 것이지만 연비나 환경대응 등의 면에서 나아가야 할 방향은 같고 기술의 공용이 가능한 부분도 있다는 점이 흥미롭다.

오쿠보 노리오

바르질라 Japan 주식회사
2행정 엔진 라이선스
매니지먼트
본부장

Illustration Feature
Diesel Engine THE NEXT!

EPILOGUE

실연비 중시 시대와 디젤 엔진에 대한 기대도

「크다」「무겁다」「시끄럽다」「배출가스가 깨끗하지 않다」등등이라고 알려졌던 디젤 엔진.
이 결점의 대부분이 개선된 현재, 가솔린 엔진에 대하여 높은 경쟁력을 갖기에 이르렀다.
미래의 자동차를 생각하면 디젤 엔진에 대한 기대는 크게 부푼다.
저 CO_2, 저배출가스, 그리고 고성능……
디젤 엔진의 수식어는 크게 변할 가능성이 높다.
글&사진 : 마키노 시게오(Shigeo Makino)

세계적으로 디젤 엔진에 대해 더욱 주목하는 이유는 가솔린 엔진에 비해 열효율이 높은 것이 최대의 이유이다. 특히 각 자동차 메이커의 CO_2 배출 평균을 감시하는 EU(유럽연합)는 C 세그먼트(segment) 이상의 승용자동차는 디젤 엔진이 아니면 2020년 목표인 주행 1km당 95g이하라는 규제를 달성할 수 없을지도 모른다고 말하고 있다. 보다 큰 자동차인 SUV나 대형 세단에서는 전기 모터를 병용하는 HEV (Hybrid Electric Vehicle)와 디젤 엔진의 합체가 해결책이 될 수 있을 것이라고도 한다. 앞으로 당분간 디젤 엔진은 자동차의 동력원으로서 주역의 자리에 머무를 것이다.

하지만 CO_2의 억제 면에서 유리한 디젤 엔진에도 약점이 있다. 배출가스 중의 유해성분이 그것이다. 가까운 미래에 디젤 엔진은 CO_2의 성능을 유지하면서 동시에 RDE(Real Driving Emission), 즉 실제로 도로에서 운용될 때의 유해물질 배출억제라는 문제에 대한 대응이 요구된다. 현재와 같이 대표적인 실제 주행을 패턴화한 「시험 모드」로 측정하는 배출가스가 아닌 실제로 도로를 달리고 있는 온갖 상태에서의 배출가스, 즉 오프 사이클(모드 외의 영역)에서의 배출가스가 문제시 된다.

RDE에 대한 논의는 계속 진행 중이며, 어떠한 규제 망이 쳐질지는 아직 알 수 없지만 가솔린 엔진 자동차나 디젤 엔진 자동차 모두 현재보다 훨씬 엄격한 규제를 받을 것만큼은 틀림없다. 측정 모드가 아니고 실제의 사용 실태에 의거한 완전 오프 사이클에서의 규제가 도입되어 진다면 우리 인류는 처음으로 진정한 의미에서의 「자동차 배출가스 규제」를 도입하는 것이 된다. 그러나 그렇게 된다고 해도 가솔린(오토-사이클) 엔진에 대한 열효율 면에서 디젤 엔진의 우위는 아마도 바뀌지는 않을 것이다.

2020년의 과급 다운사이징 디젤 엔진은 운전부하에 맞게 최적량의 EGR(배기가스 재순환)을 전 영역에서 실시하고 보다 진보된 배기가스 후처리장치와의 조합에 의하여 연비를 그다지 악화시키는 일 없이 전 영역에서 상당히 깨끗한 배기가스의 수준을 유지할 것으로 예상된다. 실제로 이런 방향으로 연구개발이 시작되고 있다. 2020년은 그렇게 먼 미래가 아니고 현재는 규제 대응의 방향성을 점점 좁혀가지 않으면 안 되는 시기인 것이다.

일본에 있어서는 당면 문제가 2017년에 도입되는 중량 디젤 엔진 자동차의 WHTC(World Harmonized Test Cycle)이다. 이것은 중량 디젤 엔진 자동차의 배출가스 기준의 국제 조화인 WHDC(World Harmonized Driving Cycle) 중의 과도 0모드이고 언젠가는 정상 모드인 WHSC(World Harmonized Steady state Cycle)와 세트로 현재의 JE05 모드를 대체할 예정이다.

이 WHTC에서 도입되는 것이 콜드(냉간) 스타트 시험이다. 디젤 엔진에 배출가스 후처리장치가 없었던 시대에는 냉간 시동 직후의 배출가스 문제는 없었지만 근년 들어 그 필요성이 지적되고 있다. 일본에서는 종래의 핫스타트(엔진을 난기의 상태에서 시험개시) 시험값을 83%, 콜드스타트 시험값을 17%로 하는 조합을 도입하기로 결정하였다.

디젤 엔진 승용자동차에 대해서는 WLTP(World Light-vehicle Test Procedure)로 참가하는 것이 다음의 과제이다 (P046~049 참조). 현재의 가솔린 엔진/디젤 엔진의 포스트신장기규제에 이어지는 규제이고 일본과 유럽이 중심이 되어 시험방법에 대하여 검토를 실시하고 있다. 디젤 엔진 자동차의 배출가스 규제 강화는 대형 상용자동차만이 대상이 되는 것은 아니다.

디젤 엔진 승용자동차의 배출가스 규제는 지금부터 앞으로도 더욱 엄격하게 될 것인가?……이런 의문을 품는 사람은 많을 것이다.

디젤 엔진의 현재 상황과 가능성을 채점해보면……

01 : CO₂
연료를 탱크 용량 가득히 채운 상태에서 1000km를 달릴 수 있는 모델이 많다. 연료 탱크 용량은 같은 모델의 가솔린 엔진 자동차와 거의 차이가 없다. 일반적인 보통의 사용자라면 급유 간격이 년 7-8회 정도일 것이다. 당연히 CO_2 배출량도 낮다. 이코노미 & 이콜로지(ecology)이다.

02 : Life Cycle Cost
일본에서는 아직 가솔린보다 경유의 가격이 싸다. 이것이 운행비용에 효과적이다. 그리고 대략적으로 보면 차량의 제조·사용·폐기(리사이클)의 전 과정에서 환경의 부하는 모터나 전지를 사용하지 않는 분량만큼 HEV보다 낮은 것은 아닐까?

03 : Performance
최신의 터보 디젤 엔진 자동차의 가속은 정말 굉장하다. 아우토반의 130km/h 규제구간을 벗어나서 속도 무제한 구간에 들어서면 불과 1.6ℓ의 BMW116d라도 순식간에 200km/h이다. 100km/h부근에서의 추월도 수월하여 스트레스가 없다.

04 : Fuel
천연가스로부터 유래한 GTL(gas-to-liquid)이나 DME(디-메틸에테르)를 사용한 차량을 디젤 엔진 자동차로 개조하여 주행실험이나 엔진의 벤치 테스트에는 몇 번인가 입회하였는데 배출가스의 성능은 양호하다. 값이 싼 셰일(shale)가스 유래의 연료에 대항할 수 있을지가 문제.

05 : PM
3.0ℓ 디젤 엔진 자동차를 정차시킨 상태에서 가속 페달을 밟아 배기관에 하얀 천을 대고 검게 되는지를 확인하였다. 검게 오염되지 않고 있다. 모드영역에서 깨끗한 것은 수치가 증명하고 있다. 그런데 앞으로는?

06 : NOx
이것을 실감하는 것은 어렵지만 이미 규제 값으로는 상당히 낮은 레벨로 되어있다. 문제는 오프 사이클인데 엔지니어들의 취재에서 전 영역 EGR 등으로 대응한다는 회답을 얻었다. 앞으로의 돌파구를 기대하고 있다.

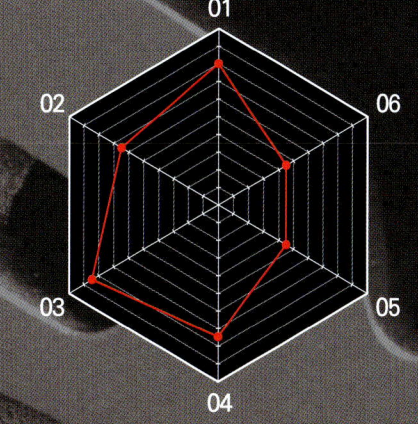

후 NOx로 편중되어 있다. 맑은 여름날에 운동 중인 여학생이 잇달아서 쓰러지는 공해사건이다. 여러 가지의 과학적 검증 결과 스기나미에서 발생한 인체에 대한 영향이 큰 가스는 동경만(灣) 특유의 기상조건과 SOx(유황산화물)를 주체로 한 유황 미스트가 원인이 아닐까하는 설이 학자들 사이에서 지지를 얻었다. 그러나 동경도는 NOx의 원인설을 주장하고 이것을 유포시켰다. 그 결과 일본의 자동차 배기가스 규제는 NOx가 중시되어 산업을 지탱하는 대형 디젤 엔진 자동차가 배출하는 PM은 오랜 기간 무시되어 왔다.

이렇게 국가와 지방자치단체가 예상을 한 결과를 갖고 각지에서 공해의 소송이 일어났다. 동경도도 제소되고 아마가사키에 이어서 패소가 농후해졌을 무렵 당시의 이시하라 도지사가 「우리들은 이런 물질을 들여 마시고 있다」며, 검은 물체를 머리위로 쳐들고 디젤 엔진을 배척하는 캠페인에 나섰다. 그 후 밴이나 소형트럭 등 가솔린 엔진으로 대체가 가능한 경량 상용자동차는 서서히 가솔린 엔진 자동차로 바뀌고 디젤 엔진은 중량자동차만의 동력원으로 사용되었다.

동시에 세계에서 가장 엄격한 디젤 엔진 자동차의 배출가스 규제 쪽으로 국가가 논의를 충분히 하지 않고 강행하였다. 그리하여 행정방침을 업계 내에서 낙오자를 배출하지 않는 「호송선단 방식」에서 갑자기 바꿔 기술적으로 진보한 기업만이 살아남는 「선두 주자 방식」으로 전환하였다. 그 결과가 신장기규제와 포스트신장기규제이다.

현재는 미국 일본 유럽이 함께 엄격한 디젤 엔진 자동차의 배출가스 규제가 도입되고 있고 다음 세대의 규제로서 국제통일기준인 WHVC(Worldwide Harmonized Vehicle Chassis dynamometer test) 및 WLTP(Worldwide Harmonized Light Vehicles Test Procedure), 더 나아가 미래의 기준으로서 RDE(real driving emissions)가 논의되기 시작하였다. 과거의 디젤 엔진 자동차의 배기가스 규제를 조감하여 본다면 결국 미국 일본 유럽의 규제는 거의 같은 수준이고 특별히 일본만이 돌출적으로 하는 것은 아닌 상태가 되었다. 이전에 「달성 불가능한 것은 아닐까」,라고 하던 대형 디젤 엔진 자동차는 일본에서의 포스트신장기규제 대응과 미국의 Tier2 Bin5 규제의 대응도 기술적 과제의 극복으로 가능하게 되었다.

마지막으로 남은 문제가 오프 사이클이다. 사이클(모드) 시험에는 없는 주행영역에서는 여전히 「배출가스보다는 운전자의 요구가 우선」,이다. 엔진과 운전자의 사이에 있는 것은 가속 페달뿐으로 운전자의 의사로서 연료 투입 요구가 있다면 엔진은 그것에 응한다. 배출가스 시험모드 영역에서는 운전자에 대하여 「아니, 그것을 할 수 없다」,고 반론하고 배출가스를 배려한 제어로부터 일탈 할 수가 없다. 그러나 모드영역을 벗어난 오프 사이클 영역에서는 그 제한이 없어졌다. 이것은 위법이더라도 특별히 문제될 것이 없고 자동차의 성능 중에 우리 사용자가 「마음대로」,라는 부분이다. 다음엔 이곳에 규제가 가해질 것이다.

이번 특집을 정리함에 있어 개인적으로 디젤 엔진 자동차를 채점해 보았다. 요즘 2~3년에 걸쳐 국내외에서 시승한 디젤 엔진 승용자동차의 인상을 기준으로 장래 가능성을 살펴보았다. 어디까지나 개인적인 채점이지만 최신의 클린 디젤 엔진 자동차는 상당한 성능을 가지고 있다. 그 장점은 장기 다듬다면 일본에서도 우리의 일상생활의 좋은 파트너가 될 것이라고 확신하고 있다. 강력함이나 좋은 응답성이나 조용함도 과거 20세기형 디젤 엔진 자동차와는 전혀 다르다. 어쨌든 백문이 불여일견, 부디 시승하여 보길 바란다.

지금 일본에서는 디젤 엔진 승용자동차의 판매대수가 매우 적다. 그러므로 세계적인 배기가스 규제의 동향은 「나 하나만」의 문제가 아니다. 또한 일본의 자동차 메이커는 해외에서 판매활동을 하고 있으며, 규제의 강화에 반드시 대응하지 않으면 안 된다. 그러므로 일본의 자동차 메이커들도 준비를 해나가고 있다.

왜 일본에서는 디젤 엔진 승용자동차가 팔리지 않는 것일까. 그렇게 된 이유는 과거의 역사에 있으므로 여기서 간단히 돌이켜보자.

일본에서의 디젤 엔진 승용자동차는 우선 자동차의 대중화 (motorization) 초기인 1950년대에 현재의 형식으로 된 「가솔린=국세」,「경유=지방세」,라는 구분과 산업발전을 위하여 경유의 가격을 낮게 억제하고 배기량이 큰 트럭과 버스의 운행비용을 낮춘다는 방침에 따라 주역이 아닌 협역으로 머무는 것을 자연스럽게 의무화 하였다고 말할 수 있다.

이제까지 재무성은 「가솔린 대체 연료」,라는 표현에 대하여 민감해 하고 동시에 가솔린의 과세라는 커다란 세수는 여러 가지의 형태로 예산이 부족한 부분의 보충에 사용되고 있다.

다른 한 가지는, 1966년에 시작된 자동차 배기가스규제는 70년에 동경·스기나미에서 일어난 릿쇼우 고등학교 사건 이

공기를 밀어 넣자!

터보의 신시대

도해 특집 : ALL ABOUT SUPERCHARGING

이제는 완전히 친숙한 단어가 된 다운사이징. 과급기를 이용하여 엔진의 배기량을 축소하고 효율의 향상으로 연결된다.
이로 인해, 예전부터 파워 디바이스의 대표격인 터보차저는 효율향상의 핵심 기술의 하나가 되며, 커다란 기대를 모으고 있다.
그러면 터보차저 자체의 구조와 효능은 변화된 것일까? 대답은 NO이다. 기계적인 것이 아니고 용도가 변하여 온 것이다
과급기란 도대체 무엇일까? 무엇을 위하여 과급기를 사용하는 것일까? 과급기에 의하여 앞으로의 엔진은 어떻게 진화할 것인가?
현재의 「supercharging」에 대하여 생각해 보자

Illustration Feature
ALL ABOUT SUPERCHARGING

INTRODUCTION

사고방식은 「배기량」에서 「흡기량」으로, 결코 작지 않은 10년간의 변화

슈퍼차징이란 「초과하여 충진한다」라는 의미이고 말 그대로 「흡기」가 주체가 된다.
과거 자동차 엔진 및 자동차 시장을 지배하여 온 가치관은 「회전속도」와 「배기량」이었지만
지난 10년간의 과급 엔진의 수량 증가는 가치관이 크게 전환되기 시작했다는 것을 말해주고 있다.

글&사진 : 마키노 시게오(Shigeo Makino)

● 엔진 형식별 세계 판매대수

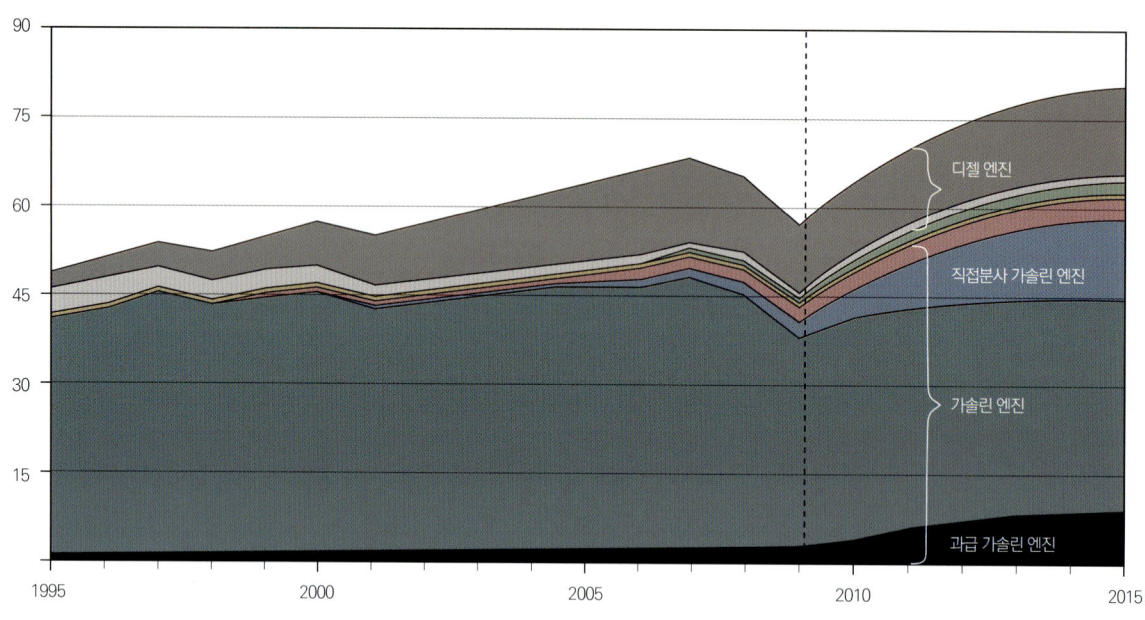

IHS Global Insight, CSM Worldwide '09/AVL

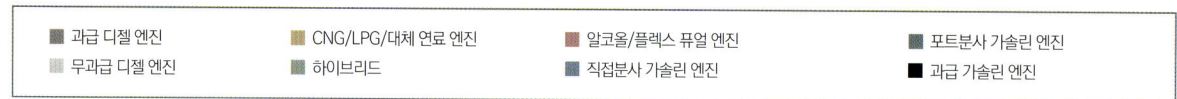

예전부터 터보차저나 기계식 슈퍼차저는 「토크가 좀 더 필요하다」라고 할 때의 해결수단이었다. 말하자면 로켓 부스터(Rocket booster)로서 예리한 가속을 원할 때에 사용된다. 그래서 탑재 모델은 스포츠카나 「스포티(sporty)」 혹은 「마초(macho)」같은 모델이었다.

과급한다. = Supercharge라는 표현에는 각 실린더에서 흡기관 내의 공기 관성으로 밀어 넣는 「관성과급」이나 상류 흡기관의 공명효과를 이용하는 「공명과급」도 포함되지만, 이 특집에서는 「회전계 메커니즘을 사용하여 강제적으로 공기를 밀어 넣는」방식으로 특화된 터보·슈퍼차저(말하자면 터보차저)와 슈퍼차저에 대해서 기술한다. 터보(Turbo)는 약어로서 터빈(Turbine)과 같은 의미를 갖는다. 터보·슈퍼차저는 「터빈식 슈퍼차저」를 말하며 이것을 줄여서 「터보차저」라고 한다.

이 회전계 「과급」의 메커니즘을 사용하는 엔진의 진화는 놀랍다.

엔진의 배기량을 증가시키지 않고 토크를 크게 할 수 있다는 의미에서는 과거나 지금이나 과급의 목적과 결과는 변함이 없지만 가장 새로운 과급 엔진은 저속회전 영역에서 토크의 증폭 효과가 있고 더욱이 연비도 좋다. 「주행성이 좋으며, 동시에 연비도 좋다」는 점이 새롭다. 이 진보가 과급 엔진의 기종 수와 생산대수를 확대시켰다. 오른쪽 그래프는 전 세계의 가솔린 엔진에 대하여 본지가 차종별로 계산한 데이터이고 지난 10년간에 과급 엔진이 증가되었다는 것을 알 수 있다. 전체 메이커는 아니지만 확실히 증가하고 있다.

● 2001년의 가솔린 엔진

10년 전을 되돌아보면 가솔린 과급 엔진의 수는 적었다. 일본 제품으로 가장 과급 비율이 높은 다이하쯔는 경자동차용 660cc 터보인데, 경자동차의 규격인 배기량 제약을 뛰어넘기 위한 수단이었다. 볼보는 light pressure(저과급 압력)터보를 사용하였는데 최초의 다운사이징 과급이라고 알려져 있다. 아우디는 직렬 4/5기통 엔진의 토크 증대를 위한 수단으로서 과급을 선택하였다.

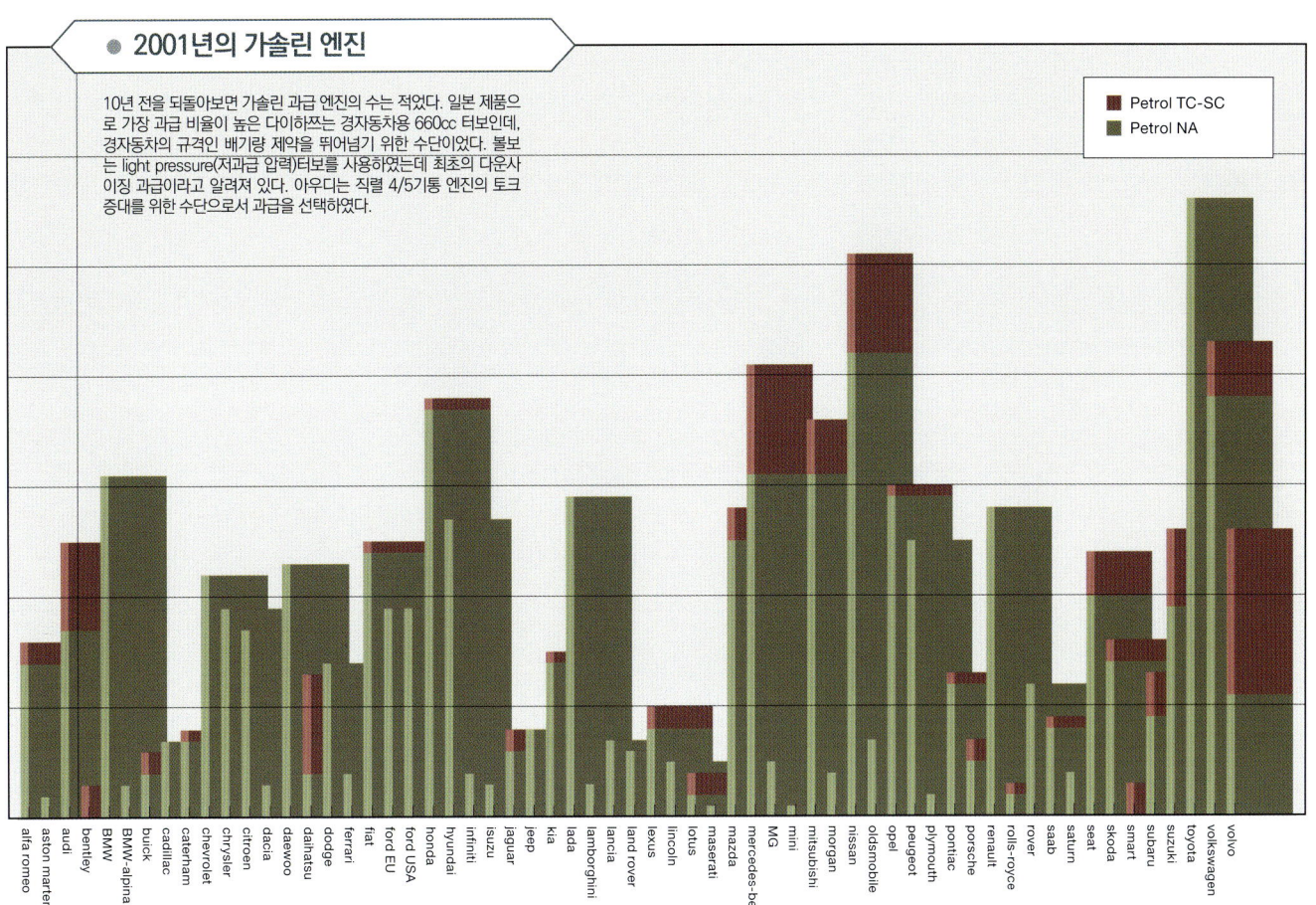

● 2011년의 가솔린 엔진

위의 그래프와 10년의 차이는 정말로 격세지감이다. Audi, BMW, VW/Seat/Skoda, Volvo, Saab는 완전히 과급이 주류이다. 그것과는 대조적으로 북미시장의 메인 프리미엄 브랜드인 Lexus와 Infiniti는 NA로 되어 있지만 미국에서도 과급 엔진이 등장하고 있는 점은 흥미롭다. 그리고 한국의 Hyundai도 과급 엔진을 등장시켰다.

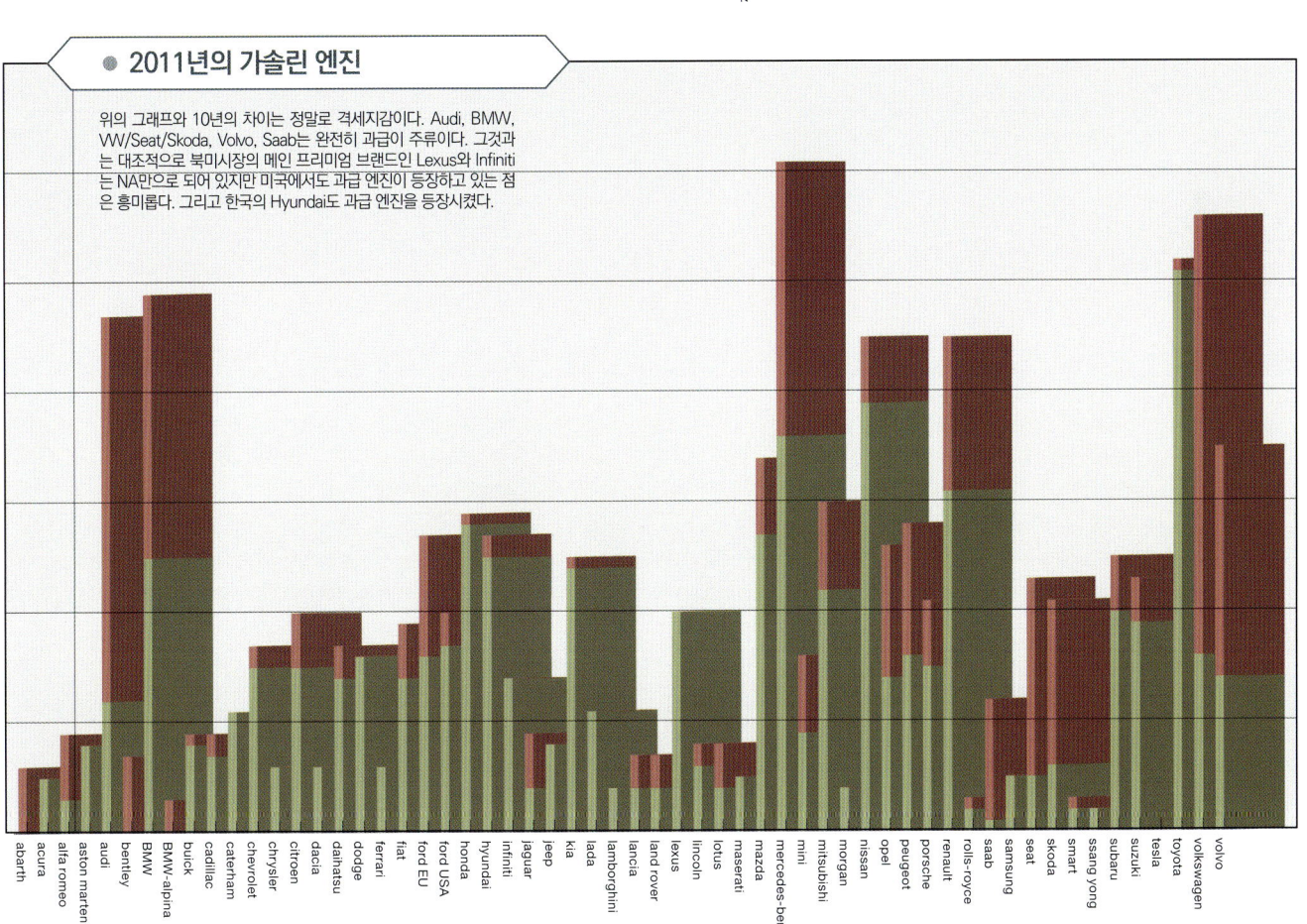

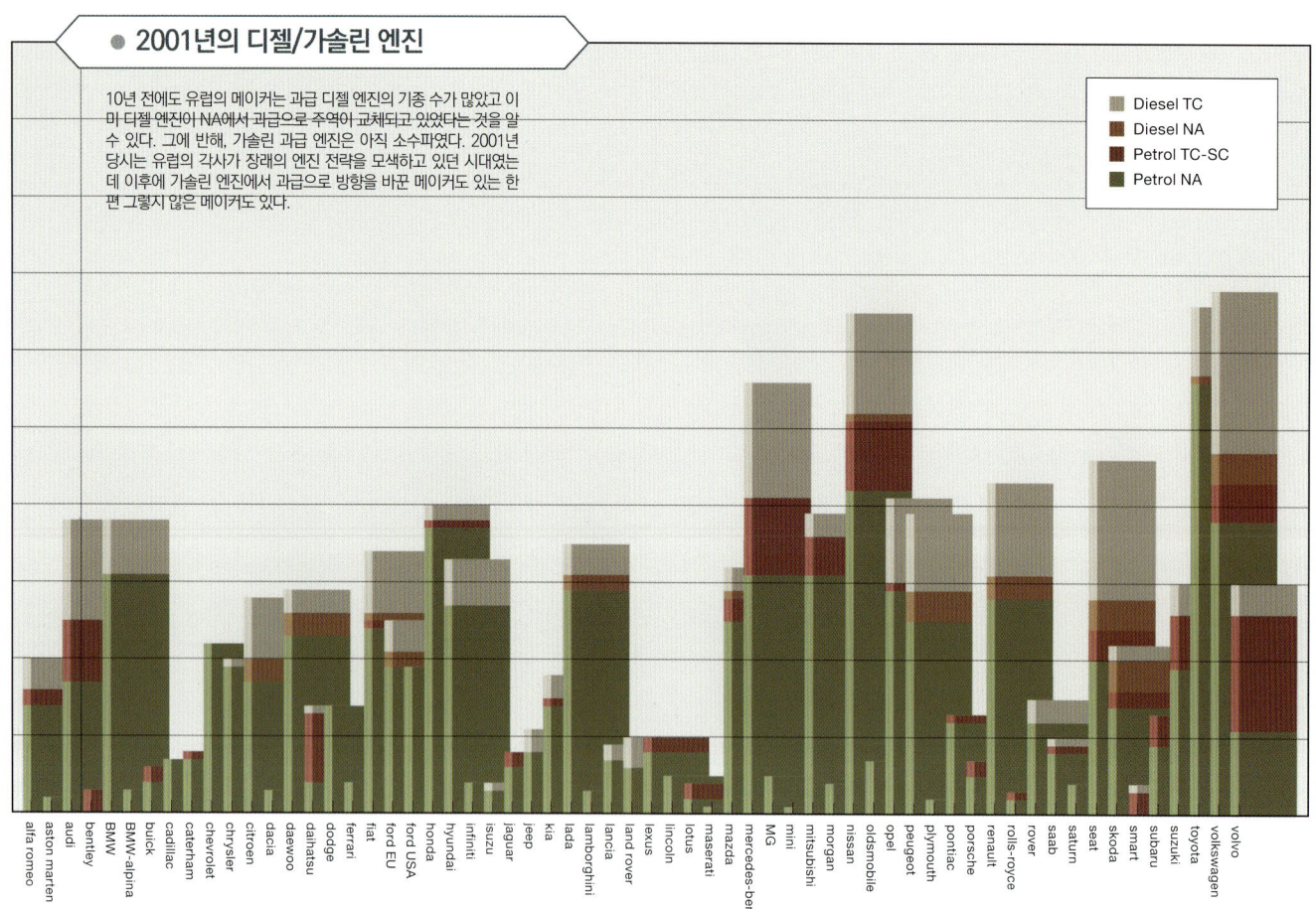

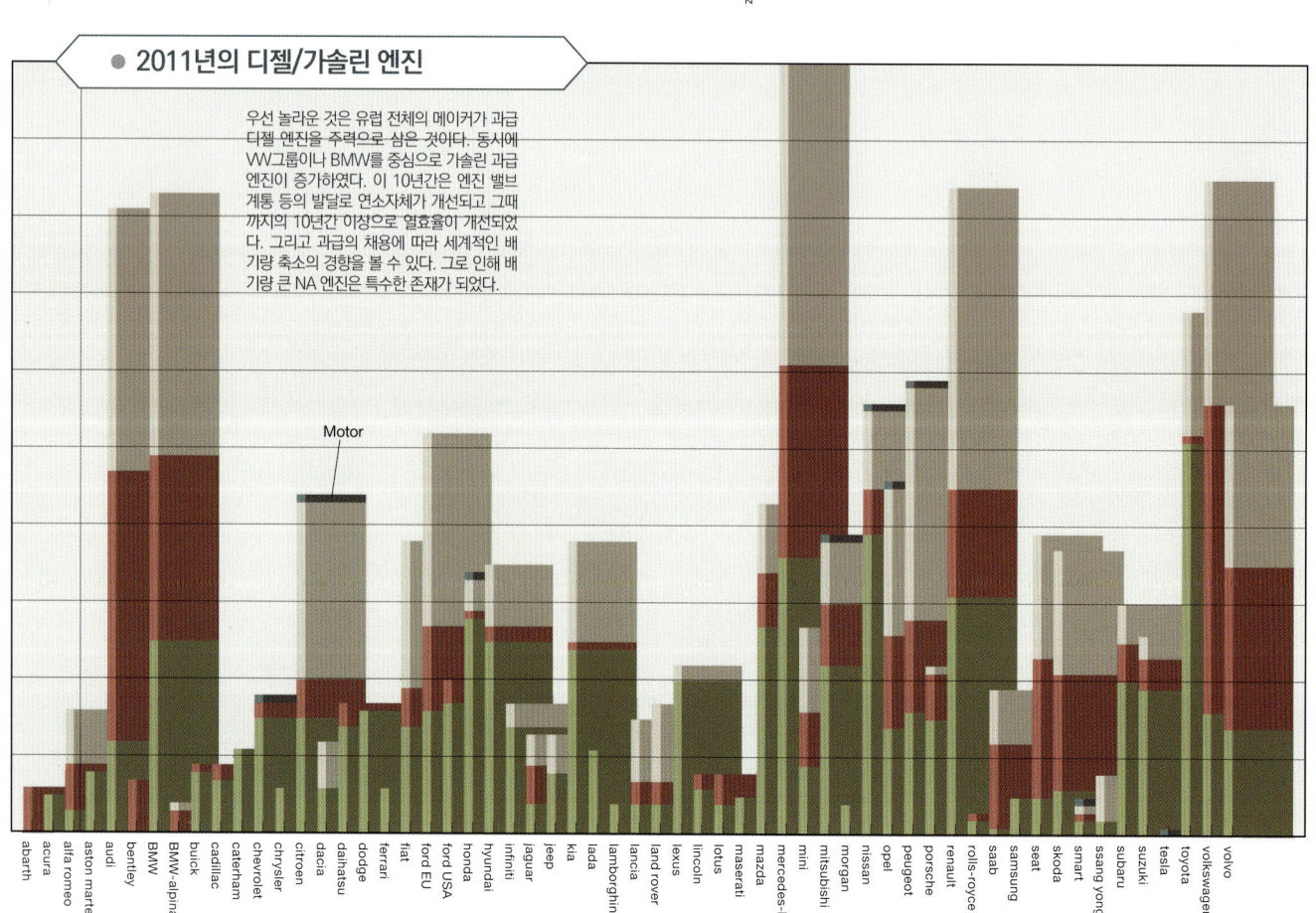

한편 디젤 엔진에서는 과급이 필수로 되었다. 본지가 마찬가지로 작성한 왼쪽의 그래프가 그것을 여실히 말하고 있다. 이미 「과급하지 않으면 디젤 엔진이 아니다」로 되어 버렸다.

원래 디젤 엔진에는 스로틀 밸브(공기 제어 밸브)가 없으며, 출력(= 피스톤을 밀어내리는 힘과 같은 뜻으로 즉 토크)은 연료의 분사량으로 결정한다. 흡입 공기에 연료를 혼합할 필요가 없기 때문에 스로틀 밸브가 없다. 가속 페달로 속도를 조절할 때는 연소에 사용하는 연료의 「양」을 조절한다. 가솔린 엔진은 공연비가 일정하여 연료를 혼합하는데 필요한 공기량도 변화되기 때문에 흡기를 제어할 필요가 있다. 즉 가솔린 엔진의 토크는 실린더에 들어가는 산소량으로 결정된다. 이것이 큰 차이이다.

지구의 대기는 대략산소 1 : 질소 4이고 그 이외의 성분은 극미량이므로 공기를 많이 빨아들이면 확실히 그 5분의 1은 산소 원자이다. 디젤 엔진의 경우 연소실 전체로 본다면 희박한(lean) 연소이지만 분무된 연료의 주위는 농후한(rich) 연소로 산소가 부족한 상태이다. 최근의 초미립자화된 연료를 저온에서 모두 깨끗하게 연소되도록 공기(산소+질소)의 밀도를 충분히 높인다면 NOx(질소산화물)와 PM(입자상 물질) 양쪽 모두를 균형이 있도록 저감시키는 환경이 갖추어진다. 유럽 자동차메이커가 과급 디젤 엔진으로 일제히 나아간 이유는 갈수록 엄격해지는 배기가스 규제에 대한 대응이 최대의 목적이었다.

예전에 디젤 엔진이 NA(무과급)였던 시대에는 디젤 엔진은 BMEP(Brake Mean Effective Pressure = 제동평균 유효압력. BMEP×배기량∝토크)가 낮으므로 그 엔진이 탑재될 모델에 설정되어 있는 가솔린 엔진과 동일한 토크를 얻기 위해서는 배기량을 증가시킬 필요가 있었다. 1500cc 가솔린 엔진 자동차에 대하여 1800cc의 디젤 엔진이 설정되어 있던 것은 그 때문이다. 그러나 디젤 엔진을 과급하게 되면서부터는 가솔린 엔진과의 배기량 차이가 해소되었다.

현재는 고고급화가 진행되고 배기량이 차츰 적어지는 경향이 있다.

2011년을 시점으로 가솔린 엔진과 디젤 엔진을 비교해 보면 과급 엔진의 비율은 압도적으로 디젤 엔진이 높다. 그러나 과급으로 토크를 「정밀하게 만드는」기술을 터득한 유럽은 이것을 가솔린 엔진에도 적용하여 과급 가솔린 엔진이 증가되고 있는 중이다. 미국에서도 이러한 경향이 보이기 시작하였다. 그래프로 알 수 있듯이 일본의 자동차 메이커는 과급 엔진의 비율이 대체로 낮다.

한편, 과거를 되돌아보면 1980년대에는 일본에서 「터보일까? DOHC일까?」라는 논의가 일어나고 있었다. 밸브는 실린더 당 2밸브(흡기 1밸브 · 배기 1밸브)이고 흡배기 밸브가 마주보도록 배치하며(cross flow), 각각 별도의 캠 샤프트로 구동하는 것이 당시 대다수의 DOHC 엔진이었다. 한편 터보 엔진은 흡기 · 배기밸브를 서로 이웃하게 배치하거나(counter flow · turn flow) 혹은 마주보게 배치하고 1개의 캠 샤프트로 구동하여 배기를 모아 터보차저의 터빈 휠로 유도되고 있다.

전 세계의 자동차 애호가들이 터보 그룹과 DOHC 그룹으로 나뉘어 진지하게 논의가 이루어지고 있었다는 자체가 지금에 와서 생각해보면 활발한 자동차 소비사회의 증명이었다고 생각한다. 자동차를 구매하는 사람들이 「주행」에 매력을 느끼고 있다는 증거이다. 그리고 대부분의 터보 자동차나 DOHC 자동차는 MT(Manual Transmission)를 탑재하고 있었다.

지금도 기억에 남는 것은 토요타가 DOHC 엔진에 터보를 장착하고 「도깨비 금방망이. 트윈캠 터보」라는 캐치프레이즈로 판매했던 일이다. 이 DOHC 터보의 등장으로 터보일까 DOHC일까의 즐거운 논의에 종지부를 찍었다. 그리고 각사가 DOHC 터보 엔진의 개발로 일제히 움직이고 일본시장은 스포츠카 · 스포티카의 백화요란(百花繚乱) 시대로 돌입하였다.

2012년 현재에서는 믿을 수 없는 일이지만 1980년대에는 유럽이 엔진 기술에서는 보수적이었으며, SOHC 2밸브가 압도적으로 주류를 이루었다. 자동차에도 계급이 있어 DOHC와 터보는 대중적이라고 말하기에는 거리가 멀었으며, 돈 있는 사람들만을 위한 상품이었다. 하나의 엔진을 계속 만듦으로써 이익을 확보하고 유럽 내에서 사업의 성공에 의한 혜택을 누리면서 어떤 의미에서는 태평함만을 추구하고 있었다. 크로스 플로(Cross flow)인 2밸브 SOHC를 선택한 소비자에 대하여 「MT를 잘 조종하여 주행하세요.」라고 말하는 듯한 자세였다. 그렇다고 해도 스로틀 밸브를 열어 감에 따라 토크가 증가되는 방법, 그 토크를 느끼게 하는 방법은 「과연 대단 하구나」라는 생각이 들게 하였다.

한편 도전자인 일본의 자동차는 젊디젊고 공격적이었다. DOHC를 대중화하는 한편 값이 싼 모델 자동차마저도 장착해 나감으로써 유럽시장에 도전장을 내밀었다. 유럽의 메이커를 눈 뜨게 한 것은 일본의 자동차이고 EC(당시의 유럽공동체)의 수입제한에도 상관없이 유럽 메이커가 「이래서는 안 된다」고 생각하게 할 만큼의 에너지를 갖고 있었다. 평등한 일본답게 자동차에 히라키(Hierarchie 상하계급 지배제도) 등이 없도록 상품을 충실하게 하였다. 지금의 비츠의 조상에 해당하는 토요타의 스타렛도 터보 사양이 있었다.

그런데 버블 경제의 붕괴로 상황은 일변하였다. 국내시장은 미니밴 계가 점점 주류가 되고 스포티 카는 서서히 자취를 감추었다. 터보 자동차는 일부의 가솔린 엔진 자동차와 디젤 엔진 자동차로 한정되고 더욱이 디젤 엔진 자동차의 배출가스 규제 강화로 과급과의 조합이 좋은 디젤 엔진이 승용자동차에서 기반을 확보하게 되었다. 그리고 모드연비가 뛰어난 보통의 엔진에 CVT를 조합한 자동차가 증가하였다. 더욱이 핵심 기술이 하이브리드 자동차로 되면서 일본은 과급이라는 유럽과 미국의 추세에서 고립되어 생존하는 시장으로 되었다.

그러므로 현시점에서의 과급 기술을 검증하고 싶다는 생각으로 이번 특집을 기획하였다. 과급 엔진이 아닌 과급이라는 「수단」자체에 초점을 두고 여기에서 깊이 파고 들어가 본다. 읽고 난 후의 판단은 독자들에게 맡긴다.

좌 : 혼다의 하이브리드 구동계통. 엔진의 토크가 부족하기 쉬운 영역을 전기 모터로 보완하겠다는 방법은 어떤 의미에서 전동 과급이다.

우 : 일본 제품의 디젤 엔진용 가변 베인식 터보. 유럽도 일본에서 과급기를 조달하고 있는 예는 적지 않다. 일본에 과급기술이 없는 것은 아니다.

Illustration Feature
ALL ABOUT SUPERCHARGING
CHAPTER 1

[BASICS]
과급이란?

과급의 목적은 예전이나 지금이나 「엔진의 고출력화」에 있다.
그리고 「고출력」을 어느 영역에서 실현할 것인가는 과급시스템 전체의 설계에 달렸다.
과급으로 얻어지는 출력면의 혜택을 실용 영역의 효율 향상으로 발휘한 것이 「과급 다운사이징」의 의의이다.

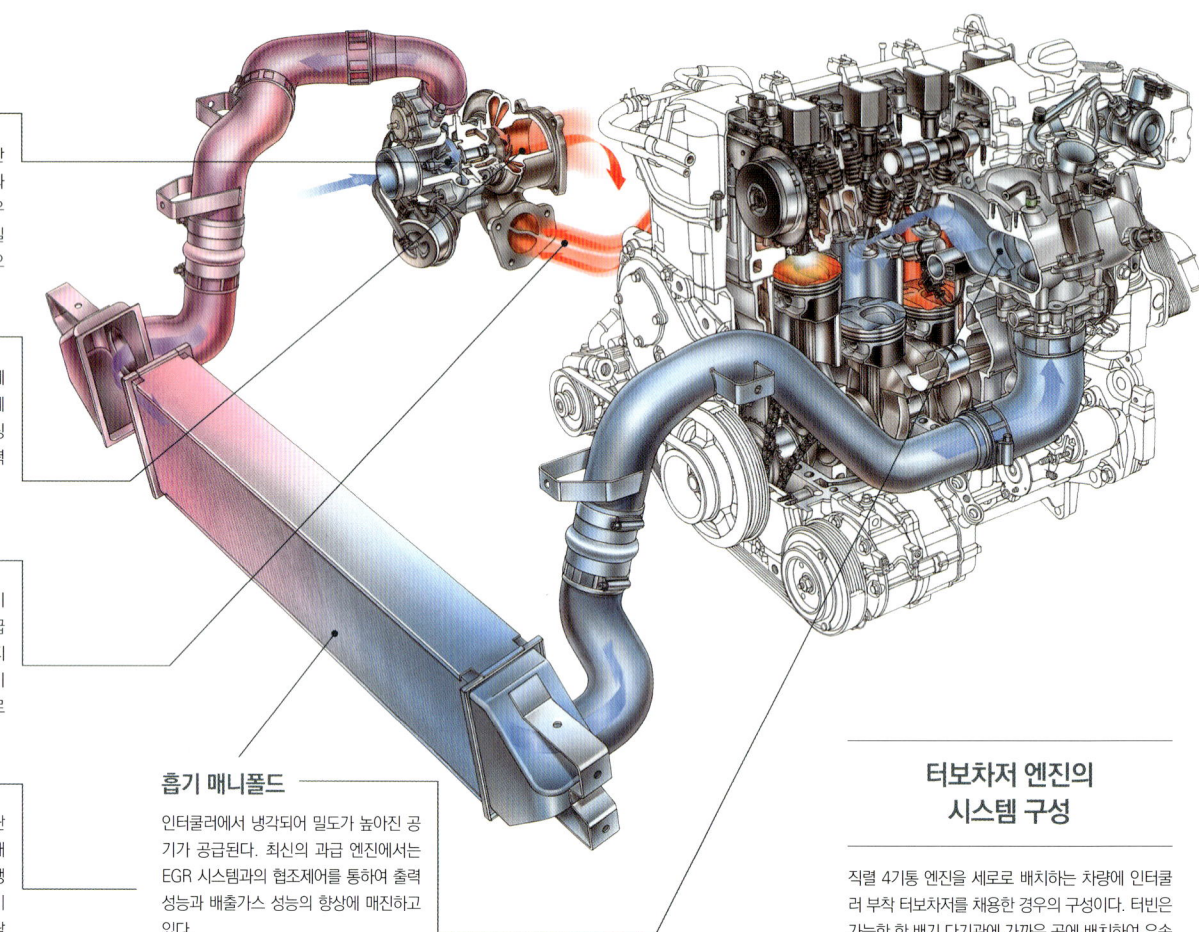

컴프레서
공기를 가압, 압축하여 체적 당 공기량(산소 함유량)을 높이는 장치이다. 터빈 휠과 동일한 축에 설치되는 컴프레서 휠이 하우징 내의 공기를 고속으로 원심 방향으로 밀어내면 디퓨저 부에 의하여 속도가 압력으로 변환된다.

터빈
엔진으로부터 배출되는 배기가스의 열에너지를 받아서 회전하여 같은 축의 컴프레서 휠을 구동하는 부분. 터빈 휠 및 하우징 부의 구조와 크기에 의해 엔진 전체의 출력 특성이 크게 좌우된다.

배기가스 유입
무과급 엔진의 경우 배기가스는 쓸모없이 방출시키는 것에 지나지 않는다. 터보 과급 엔진은 방출시키던 배기가스에서 에너지를 회수하여 엔진의 힘을 증대시키는데 기여한다. 즉 일종의 에너지 회생시스템으로서 기능하고 있다.

인터쿨러
컴프레서에서 압축된 공기는 물리 법칙(단열 압축)에 따라서 온도가 상승한다. 그대로는 체적효율의 악화, 프리 이그니션 발생 등으로 연결되기 때문에 일단 냉각을 시키고 나서 실린더로 공급한다. 그 냉각을 담당하는 것이 인터쿨러이다.

흡기 매니폴드
인터쿨러에서 냉각되어 밀도가 높아진 공기가 공급된다. 최신의 과급 엔진에서는 EGR 시스템과의 협조제어를 통하여 출력 성능과 배출가스 성능의 향상에 매진하고 있다.

터보차저 엔진의 시스템 구성

직렬 4기통 엔진을 세로로 배치하는 차량에 인터쿨러 부착 터보차저를 채용한 경우의 구성이다. 터빈은 가능한 한 배기 다기관에 가까운 곳에 배치하여 유속(=에너지)이 높은 배기가스를 사용함으로써 과급 효율이 높아지지만 배출가스의 대책 상 촉매와의 위치 관계도 고려하여야 한다. 인터쿨러는 유로의 길이가 짧으면 손실을 저감할 수 있지만 「냉각」을 우선시한 디건 프런트 그릴에 위치하는 것이 화선이다. 배치를 보면 설계자의 목적이 읽힌다.

터보차저에 의한 과급 효과
「왜 과급을 해야 하는가?」

엔진이 하는 일의 양은 기본적으로 흡입할 수 있는 공기의 양에 비례하여 결정된다.
과급(=슈퍼차저)은 보조기기를 이용하여 흡입 공기량을 증가시키는 방법이다.
글 : 마츠다 유지(Yuji Matsuda) 그림 : GM/Daihatsu

엔진은 펌프의 일종이며, 왕복 피스톤 엔진의 경우는 실린더 내부에서 피스톤이 하강하여 생기는 부압에 의하여 외기를 흡입한다. 따라서 무과급 엔진에서 흡입 가능한 공기의 양은 실린더 체적×대기압이 한계가 된다. 연소시킬 수 있는 연료의 양은 흡입 공기량에 따라 결정되므로 고출력화를 노리고 보다 많은 연료를 연소시키고 싶은 경우에는 시간 당 연소 횟수를 증가시키거나(고속회전 화) 실린더 체적을 크게(대배기량 화)하는 등의 방법이 있다.

그러나 회전속도를 높이기 위해서는 구성부품의 강도·강성이나 정밀도를 높일 필요가 있어 비용이 증가한다. 그리고 고속회전 영역까지 대응이 가능한 엔진은 자칫, 실용 영역의 출력특성에 어려움이 생길 수 있다. 한편, 배기량을 증가시키면 기계손실이나 냉각손실의 증대에 따라 효율의 저하와 더불어 탑재성의 악화나 중량의 증대라는 단점도 생긴다.

그래서 고안된 것이 송풍기(블로어)나 압축기(컴프레서)를 이용하여 체적 당 산소량을 증가시킨 공기를 밀어 넣는방법이다.

실질적으로 실린더 체적을 증가시키는 것과 같은 효과가 얻어지기 때문에 그만큼 많은 연료를 연소시킬 수 있다. 이것이 과급「슈퍼차지」의 의의이다.

자동차 엔진에 이용되는 컴프레서는 구동용의 동력으로 엔진의 축출력 일부를 이용하는「기계식/용적형」과 배기가스의 운동에너지를 이용하여 터빈을 회전시키는「터빈식/속도형, 원심식」이 주류이며, 일본에서는 관습적으로 전자를「슈퍼차저」, 후자를「터보차저」라고 한다.

경자동차 엔진

과급에 의한 출력향상의 효능에 구체적인 예를 보자. 단순한 출력 곡선도를 본 것만으로도 중저속 회전영역에서의 토크 향상은 일목요연하지만 이것은 어디까지 전개·전부하의 특성이므로 실 주행에 그대로 반영되는 것은 아니다. 그래서 엔진의 배기량에 감속비를 곱한「자동차의 배기량」으로 비교하여 보자. 이 값은 바퀴 1회전 당의 배기체적을 가리키는 것이라고 생각해도 좋다. KF-DET형 엔진 탑재 자동차는 과급으로 토크가 향상된 만큼 하이 기어드 설정이 되기 때문에 무과급인 KF-VE형보다 작은 값으로 된다. 더욱이 BMEP를 비교하면 과급엔진은 20에 가까운 값을 기록하고 있는 데 반하여 무과급 엔진은 12.4에 머무른다. 이 값의 차이가 다름 아닌 실 주행에 있어서의 효율의 차이, 즉 과급다운사이징의 효능을 나타내는 것이다.

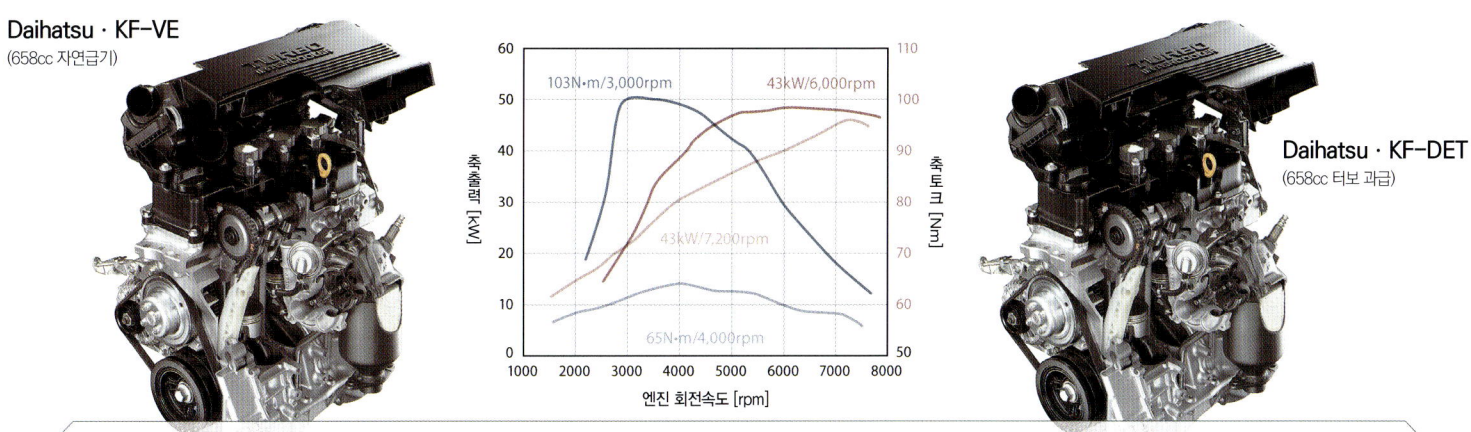

- 자동차의 배기량(ℓ) = 엔진 배기량(ℓ)×톱 기어비×최종 감속비×사이클 계수(4행정은 0.5)
- BMEP(정미평균유효압력 : bar) = 토크(Nm)×2π/배기량(ℓ)×사이클 계수(4행정은 0.5)×100

Mira Custom의 경우
- 자동차의 배기량 : 0.658ℓ × 0.628 × 4.800 × 0.5 ≒ 0.992ℓ
- BMEP : 103Nm × 2π/0.658ℓ × 0.5 × 100 = 19.6bar

Mira의 경우(2WD)
- 자동차의 배기량 : 0.658ℓ × 0.628 × 5.444 × 0.5 ≒ 1.125ℓ
- BMEP : 65Nm × 2π/0.658ℓ × 0.5 × 100 = 12.4bar

엔진 과도영역에서 과급의 효능

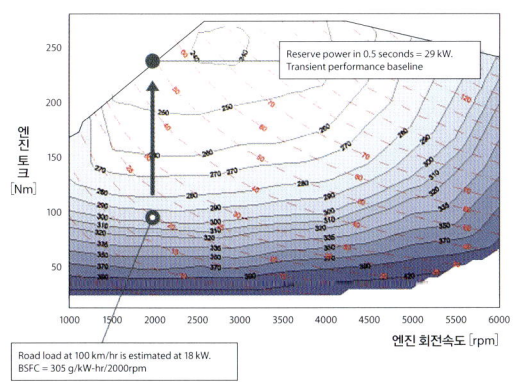

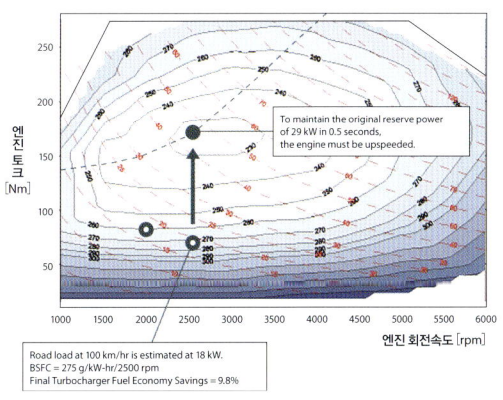

터보 과급에서는 과도 특성이 문제가 되는데 터보 과급 다운사이징 엔진의 과도성능과 연비의 관계를 나타낸 것이다. 그래프는 어느 것이던 세로축이 토크, 가로축이 엔진 회전속도를 나타내고 흰색에서 감색으로 확산되는「핵심」이 BSFC(Brake Specific Fuel Consumption : 제동연료소비율, 단위는 g/kWh), 오른쪽으로 내려가는 사선이 발생 출력을 표시하고 있다. 그래프 왼쪽의 원으로 표시한 부분은 100km/h의 정상 주행시를 표시하고 이 상태에서는 18kW의 출력밖에 사용하지 않지만 전부하로 한다면 0.5초 후에는 +29kW가 얻어진다. 그래프 오른쪽은 엔진 회전속도와 도달시간의 차이에 따라 무과급 엔진 대비 BSFC가 9.8% 개선된 것을 나타내고 있다.

어떻게 사양이 결정되는가?
「터보차저의 매칭」

과급의 목적은 예전이나 지금이나 「엔진의 고출력화」라고 해도 좋다.
그리고 「고출력」을 구현하기 위해서는 과급 시스템에도 전체의 균형을 고려한 디자인이 요구된다.
글 : 마츠다 유지((Yuji Matsuda) 그림 : 세야 마사히로(Masahiro Seya)/미쓰비시중공업

엔진에 과급을 하는 목적은 예전이나 지금이나 「동일한 엔진의 회전속도에서 보다 많은 연료를 연소시켜 고출력을 얻는다」는 것이다. 그러나 21세기에 들어와서는 「고출력」이 의미하는 바가 변화되고 있다.

조금 거친 표현일지 모르지만 20세기의 터보가 추구하던 「고출력」은 기본 엔진이 갖는 출력특성을 전체로 모아서 증가시키는 것을 목적으로 하고 있다는 감이 든다. 반면에 21세기에 들어온 이후 잇달아 투입되어온 다운사이징 목적의 터보는 기본 엔진의 출력특성을 「보정」하고 「최적화」하기 위하여 이용되고 있다.

엔진의 효율향상은 시급한 과제이다. 그러므로 엔진 본체를 다운사이징, 더 나아가서는 레스 실린더(Less cylinder)화하여 각종의 손실을 절감시킨다. 엔진 중량의 저감에도 연결되므로 차량 전체의 경량화에도 기여할 수 있다. 그러나 그것만으로 연비나 효율의 향상에 직결된다고는 할 수 없다. 다운사이징으로 흡기량이 감소된 만큼 여유 구동력이 감소하므로 동력성능의 면에서는 문제를 일으키게 된다. 특히 전 회전속도 영역에서의 토크가 빈약하게 되므로 운전자가 요구하는 가속도를 얻기 위해서는 변속을 하여 회전속도를 높일 수밖에 없어 가속 페달을 밟는 양과 더불어 엔진의 회전속도가 상승되기 때문에 연비가 악화되기 쉽다.

이 과제를 해결하기 위하여 과급기를 사용한다. 터빈 휠의 직경과 컴프레서 휠의 직경도 작게 설정하고 배기의 유량이 아주 적은 단계에서부터 유효한 과급 압력을 가동하게 하여 원하는 가속도에 도달하는 시간을 단축하는 것이다. 가속 페달의 조작에 대한 토크의 기동성이 향상되는 만큼 불필요하게 밟는 시간이 줄어든다. 그리고 증가된 토크의 양만큼 최종감속비를 높게 설정하여 같은 차속에서 엔진의 회전속도를 낮출 수 있으므로 바퀴를 1회전시키기 위해서 엔진의 회전에 필요한 에너지 손실을 저감시킬 수 있는 효능도 있다.

다르게 말하면 과급 다운사이징은 HEV가 전기 모터를 이용하여 이루어지고 있는 것과 동등한 「지원」을 과급에 의하여 실현시키는 것이라고 생각해도 좋다. 또는 가속에 필요한 최대토크(또는 변속기의 허용한계 토크)를 가능한 한 낮은 엔진의 회전속도에서 발생시키기 위한 구조라고 말해도 좋다. 그러한 특성을 실현하기 위하여 터보차저는 우선 엔진이 갖는 특성에 알맞게 컴프레서의 유량을 매칭(matching)시킴으로써 그 사양을 결정해간다.

1. 컴프레서의 매칭
2. 터빈의 매칭
3. 웨이스트 게이트의 선정

① 컴프레서

처음에 결정하는 것은 엔진이 목표로 하는 특성에 대하여 필요한 컴프레서 유량의 특성이다. 엔진의 배기량, 회전속도, 고유의 체적효율 특성에 의하여 어느 정도의 선까지 산출이 가능하다. 최근에는 터보의 메이커가 제공하는 디지털 맵을 사용하여 자동차 메이커가 시뮬레이션을 실시하고 구체적인 유량의 특성을 지정해 주는 경우도 있다. 반대로 「몇 마력의 엔진으로 하고 싶다」라는 막연한 오더의 경우는 어느 정도 근사치를 갖는 엔진 값을 참고로 하면서 산정해 간다.

다음으로 결정하는 것은 압력 비이다. 최대 토크 점과 정격출력 점에 대한 요구로부터 어림셈한 결과를 기본으로 시뮬레이션을 사용하여 컴프레서 특성의 맵(단열 성능곡선)을 설정해간다. 여기서 목표가 되는 것이 「출력 밀도」의 값이다. 이것도 엔진 고유의 값이므로 터보의 메이커가 보유하고 있는 노하우가 중요하다. 더욱이 고지대나 고온에서의 특성, 서지(surge)점, 초크(choke)점 등을 확인하고 모든 상황에서 맵 안에 있다는 것을 확인 해 두는 것도 필수 작업이다.

매칭 결과의 확인

컴프레서의 단열 성능곡선은 위의 도표와 같이 3D의 맵에 의해 표현된다. 세로축이 흡기 압력비, 가로축이 공기유량, 등고선이 효율, 오른쪽으로 내려가는 곡선이 회전속도를 표시한다. 영역의 좌측 끝은 일정한 압력에서 유량을 줄였을 때의 한계선으로 블레이드의 속도가 저하되는 현상이 발생되는 서지선이고 우측 끝이 유량의 한계를 나타내는 초크선이다. 매칭의 계산은 실제로 개발하는 컴프레서가 맵의 효율이 높은 영역에서 이용할 수 있다는 것 그리고 여러 가지 조건 하에서 사용 가능한 영역 내에 있다는 것을 확인하기 위하여 실시한다.

엔진에 필요한 유량
컴프레서의 압력비

② 터빈

컴프레서의 사양이 결정되면 다음으로 터빈의 사양을 결정한다. 컴프레서에서 규정된 유량을 확보하기 위하여 필요한 에너지의 양은 기본적으로 터빈에서 회수할 수 있는 배기가스 에너지의 양을 초월할 수는 없다. 그러나 실제로는 베어링에서 기계적인 손실이 발생되기 때문에 그 만큼을 예측한 뒤에 터빈 측에 필요한 「요구 엔탈피」를 산정하여 구체적인 사양을 결정해 간다. 많은 경우는 기본 사양을 변경해가는 작업이지만 컴프레서의 맵과 마찬가지로 이 작업에 관해서도 터빈의 기본사양을 여러 개 준비해 두는 것이 자동차 메이커 측의 요구에 대하여 단시간에 확실히 대응할 수 있는 중요한 요소가 된다.

필요 엔탈피의 개념

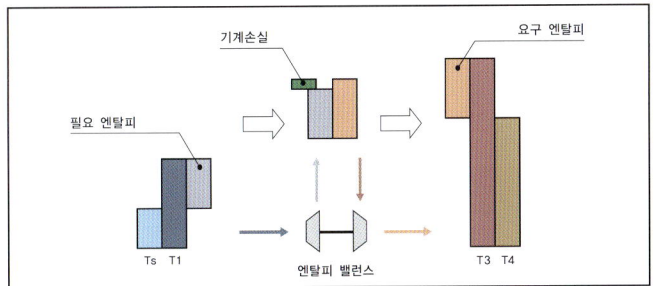

엔탈피는 「발열·흡열의 변화 및 외부에 대한 일의 양에 관계되는 값」이다. 외부에 열을 방사하면 엔탈피(내부 에너지)가 내려가고 외부로부터 열을 받아들이면 엔탈피가 올라간다. 그리고 다른 물질 등에 일을 하면 엔탈피(일의 양)가 내려가고 외부로부터 일을 받으면 엔탈피가 올라간다. 위의 그림은 우측의 적색계통이 터빈 측이고 좌측의 청색계통이 컴프레서 측을 나타낸다. 터빈 측의 입구 온도와 출구 온도의 차이에 따라 요구되는 「요구 엔탈피」에서 베어링부에서 발생되는 기계 손실분을 뺀 것이 컴프레서 측의 필요 엔탈피이며, 소정의 계산식에 의하여 구할 수 있다.

③ 웨이스트 게이트

터보차저는 과도 응답성을 양호하게 유지할 목적으로 소형을 선택하는 것이 원칙이다. 터빈의 지름이 작으면 관성질량의 경감을 기대할 수 있으며, 가속에 필요한 에너지가 적어도 되므로 터보 래그(turbo lag)의 경감에 효과적이기 때문이다. 그러나 회전속도를 상승시키기 쉽기 때문에 발생되는 문제점도 있다. 한계 부근에서 회전속도가 너무 높아지면 터빈 자체가 손상될 가능성이 있고, 저회전시에는 흡기 압력과 온도 상승에 의한 프리 이그니션(pre-ignition) 문제가 발생될 수 있다. 대책으로서 정해진 이상의 흡기 압력이 가해질 경우에 대비해 배기가스가 터빈을 바이패스 하는 구조를 만들어 두었다. 웨이스트 게이트는 그러한 일종으로 보통은 스프링의 힘에 의하여 닫혀 있던 바이패스 밸브가 흡기압력이 소정의 압력을 초월하면 열려 배기가스를 바이패스 되도록 한다.

어느 타이밍에서 웨이스트 게이트가 열릴까

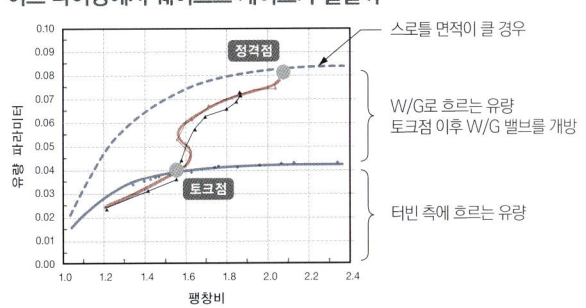

위의 도표의 세로축은 배기가스의 유량, 가로축은 그것에 따라 얻어지는 팽창비를 나타낸다. 과급 엔진에 요구되는 토크가 충분히 발생하고 정점 부근에 도달하면 더 이상 터빈의 회전속도가 높아지지 않도록 하기 위하여 웨이스트 게이트 밸브를 열고 과도한 배기가스를 배기 측으로 바이패스시킨다. 이렇게 함으로써 엔진의 회전속도가 더욱 높아져 배기량이 증가되더라도 터빈이 받는 배기량을 제어하여 과급 압력을 억제함으로써 엔진과 터보 등에서 발생할 수 있는 파손을 방지한다.

다이하쓰의 2기통 터보 엔진

「궁극의 레스 실린더(Less cylinder) 개념」

660cc 2기통 터보는 가까운 장래에 반드시 나온다. 다이하쓰가 이렇게 선언한 것과 마찬가지이다.
터보와 EGR의 조합으로 세계를 선도하는 획기적인 엔진이 될 잠재성을 간직하고 있는 개념이다.

스토리 : 하타무라 코이치(Koichi Hatamura)   글 : 세라 코타(Kota Sera)   사진 : 세라 코타(Kota Sera)/스미요시 미치히토(Michihito Sumiyoshi)

제2세대·다이하쓰 2기통 터보 엔진

도쿄 모터쇼 2011에 전시했던 엔진이다. 사진은 차량의 전방에서 본 상태로 전방에 배기/후방에 흡기의 배치구조이다. 터보차저는 실린더에 새로운 공기를 밀어 넣는 것뿐만 아니라 EGR을 강제적으로 밀어 넣는 역할도 담당한다. 2기통 엔진은 360°마다 연소되기 때문에 배기가스의 간섭이 없으며, 맥동을 적극적으로 이용할 수 있다. 과제는 토크 변동에서 기인된 진동을 어떻게 억제할까 하는 것이다. 이것은 엔진 마운트로 해결할 수밖에 없기 때문에 신규 플랫폼에 탑재될 공산이 크다.

[터보차저]

　다이하쓰는 2009년도에 이어서 2011년 도쿄 모터쇼에 660cc 2기통 직접분사 터보 엔진을 전시하였다. 2년 전과 마찬가지로「출력이 아닌 연비를 위한 터보 과급 엔진이 드디어 나왔다」고 감탄하였는데 부탁을 하고 싶은 부분도 있다. 2년 전의 사양은 최고출력 47kW/4500rpm, 최대토크 100Nm/1500~4000rpm이었는데 이번은 각각 47kW/6000rpm, 110Nm/2000rpm이다.

　「6000rpm을 하지 않으면 고객은 하찮은 엔진이라고 생각한다」란 영업측의 강한 주장에 개발진이 지고 말았던 것일까? 사양의 궤도 수정에 불만은 남지만 흡기 매니폴드는 변함없이 짧고 냉각(cooled) EGR을 채용하고 있는 점도 변함이 없다. 출력이 아닌 연비를 목적으로 한 설계는 변함이 없으므로「소비자가 남긴 과거의 목소리」에 갈팡질팡 하지 말고「연비를 위하여」만에 집중하여 개발을 계속 해주길 바란다.

　터보차저를 이용하여 냉각 EGR을 강제적으로 실린더에 밀어 넣는 기술은 일본의 메이커가 세계를 선도할 가능성을 간직하고 있다고 생각한다. 유럽에서도 2000년 대 초 무렵부터 한창 연구를 시작하고 있지만 아직 실용화는 못하고 있다. 필자는 마즈다에서 밀러 사이클(Miller cycle)을 개발하였을 때에 냉각 EGR의 연구를 하고 효과가 있다는 것을 확인하였다. 단 밀러 사이클이나 냉각 EGR도 과도 토크가 떨어져 응답성이 나빠지므로 터보는 적합하지 않다. 마쯔다도 그러했지만 닛산도 그러한 이유로 슈퍼차저를 선택하였다.

가솔린 엔진에서 냉각 EGR을 처음으로 실용화한 것은 토요타로 3세대 프리우스에 적용하였다. EGR을 시켜 이론 공연비로 운전하면 공기량이 상대적으로 적어지고 토크는 저하되지만 하이브리드이므로 모터로 커버할 수 있다. 스카이 액티브 기술을 일부 투입한 마쯔다 데미오도 냉각 EGR을 장착하고 있지만 이 경우는 CVT와의 조합으로 눈속임………아니 솜씨 좋게 토크의 부족을 커버하고 있다.

VVT(가변위상 기구)가 부착되어 있다. 오버랩시켜 잘 소기하고 잔류가스를 빼내어 실린더 내의 온도를 낮추고 하사점 부근에서 흡기밸브를 닫는다면 공기가 실린더 내에 가득 들어온다. 그 대신 압축비가 높아지므로 노크가 발생되기 쉽다. 그래서 냉각 EGR을 잠깐 넣어서 산소 농도를 내리고 노크를 회피하면서 진각시킨다. 이 엔진은 냉각 EGR을 어떻게 사용하고 있는지 매우 흥미롭다.

2기통 엔진에 터보를 조합시킨 경우 컴프레서가 서징(surging)을 일으킨다는 것이 상식이었다. 360°마다 한 번씩

세로축을 압력비(토출 압력/흡입 압력), 가로축을 유량으로 설정하고 컴프레서의 회전속도를 변화시키면서 회전속도가 저하되는 포인트를 표시한다면 한계를 표시하는 선이 나타난다. 이것이 서징 라인이다. 터보는 서징 라인의 우측(회전속도가 일정하다면 유량이 많은 영역)에서 운전하는 것이 기본이지만 유량의 진폭이 큰 2기통에서는 서징영역에 들어가기 쉽다고(특히 터보 메이커들이) 알려져 있다. 그러나 서징에 영역에 들어가는 것은 저속회전 고부하의 연속운전이므로 그러한 조건은 긴 오르막 정도 밖에 없다. 다이하쓰는 실제로 사용해 보니 문제가 없다는 것을 알았던 것 같다. 예를 들어 서징 라인의 밖으로 나가게 될 것 같으면 CVT로 엔진의 회전속도를 높여 유량을 증가시키면 피할 수 있다. 그렇게 하고 있을지도 모르겠다.

한편 터빈에 있어서 2기통은 상태가 좋다. 배기의 간섭이 없이 능숙하게 한다면 동적효과를 유효하게 이용하여 응답성을 높이고 저속토크를 높이는 효과를 얻을 수 있다. 배기의 동적효과를 이용하여 블로다운의 압력파로 터빈을 회전시키고 하사점 전에 배기압력을 충분히 낮추어 그 상태로 피스톤이 상사점으로 향하도록 한다면 저항은 적어지고 피스톤이 하는 작용을 도와주게 된다.

일본의 고객은 아마도「CVT는 연비가 좋다」,「터보는 연비가 나쁘다」라고 생각하고 있는 듯하다. 고객의 생각에서 떠나지 않는 CVT의 신화를 깨뜨려야 하고 터보에 대한 부정적인 이미지도 바꾸어야 한다. 동네에서 타는 것이라고 결론지은 (즉 효율이 떨어지는 장거리 고속의 정상주행은 하지 않는다) 경자동차와 CVT의 조합은 허용하더라도 터보의 출력 지향을 허용할 수는 없다. 2년 전에「드디어 나왔다」고 환영했던 기분을 깨뜨리지 않도록 연비를 깊이 연구한 상태에서 세상에 나오기를 바란다.

큰 토크 2기통 엔진의 실용화에서 최대의 문제는 가속시(저속회전 고부하)의 토크변동에 의한 진동이다. 클러치 부분의 댐퍼에서 흡수되는 것은 구동계통에 전달되는 토크 변동뿐이므로 토크 변동의 반력이 엔진 전체를 흔드는 진동은 마운트에서 흡수할 수밖에 없다. 비용의 제약 문제로 충분하게 진동을 억제하는 마운트의 실현은 상당히 어렵다. 이러한 엔진이 나올 때 어떻게 그 문제를 해결할지 기대가 된다.

EGR 대량 도입을 위하여

차량에 탑재 상태로 오른쪽 후방에서 바라본 모습이다. 터보차저로 가압된 EGR은 수냉식 EGR 쿨러에서 냉각되어 흡기 측으로 환류 된다. 그 흡기 측에만 가변밸브 타이밍 기구를 장착하며, 직접분사 인젝터는 사이드 배치이다. 실린더 내경×행정 값은 공표하지 않았지만 미라이스(Mira e:S)가 탑재한 NA의 KF-VE형(63× 70.4mm)과 동등하게 하려는 듯하다. 압축비는 KF-VE형의 11.3보다 높게 하려고 한다. 배기량이 660cc 밖에 안되기 때문에 ~~~ 압축비를 저하시키는 운전 ~~~ 지 않는다. 보통휘발유 사양이다.

EGR 밸브

EGR 쿨러

배기가스를 수냉식 열교환기에서 냉각시킨 다음에 실린더에 공급하면 산소농도가 낮아져 자기착화(노킹)를 방지할 수 있다.

터보를 이용하여 강제적으로 EGR 시키는 시스템의 경우 터보차저의 힘이 남아 있는 영역 즉 웨이스트 게이트 밸브를 연 후에 EGR 시키는 것이 기본이다. 그러나 웨이스트 게이트 밸브가 열리기 전이라도 노킹이 심해진 영역에서 잠깐 EGR 시키는 것이 좋을지도 모르겠다. 지연시켜서 토크가 떨어지기 보다는 EGR 시켜 노크를 회피하고 진각을 시킴으로써 효율을 높이는 쪽이 좋은 경우도 있다. 이것은 밸런스에 따라 결정되는 것이므로 일괄적으로 어느 쪽이 좋다고는 말할 수 없다.

생각해 보면 터보와 냉각 EGR의 조합은 밀러 사이클과 충분히 닮아 있다. 밀러 사이클도 흡기밸브를 빨리 혹은 늦게 닫는 것에 따라 EGR과 마찬가지로 흡입 공기량이 감소하기 때문에 토크는 떨어진다. 웨이스트 게이트 밸브가 열려 있는 영역이라면 웨이스트 게이트 밸브를 닫아 과급 압력을 좀 더 높이고 공기를 많이 넣는다면 토그는 떨어지지 않는다. 공기량과 노크 강도의 밸런스가 제어의 결정적인 방법이 되는 점은 공통적이다.

다이하쓰의 2기통 직접분사 터보의 경우는 흡기 측에만

흡기하기 때문에 저속회전으로 운전하는 경우 공기의 유량이 변동하여 컴프레서 날개의 회전속도가 저하되어 기류의 박리와 재부착을 반복하면서 소음이 발생된다. 당연히 효율은 저하되고 연속해서 회전한다면 파괴되는 경우도 있다. 이것이 서징이다.

제 1세대 다이하쓰 2기통 터보 엔진

2009년 제41회 도쿄 모터쇼에 출전. 당시 다이하쓰가 전시한 경자동차의 로드 맵 중에 제1단계에 자리매김한 것이 이온 전류의 검출을 사용하여 EGR을 제어하는 3기통 NA 엔진이었다. 이것은 2011년 9월에 발매된 미라이스(Mira e:S)에서 실용화되었다. 그것에 이어서 제2단계로 자리매김한 것이「2기통 직접분사 터보+대량 EGR」엔진이었다(제3단계는 연료전지). 2009년 당시의 엔진과 2011년 엔진의 현저한 차이는 후자가 점화를 강화하기 위하여 액티니 착화(플라즈마 점화)를 도입한 것이다. 대량으로 EGR 시키면 착화가 어려워지므로 이것을 보충하는 시스템이다. 보통의 점화계통과 고주파의 점화계통을 병용하고 연소 초기의 착화를 제어한다.

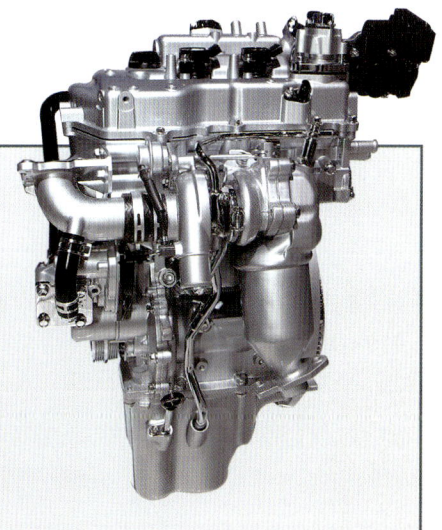

과급 다운사이징의 선구자

「디젤 엔진과 과급은 왜 조합이 잘 이루어지는가?」

디젤 엔진은 과급에 의한 효율향상을 실현한 선구자이다.
가까운 미래상을 추구한 스터디「ADD」는 3기통 1ℓ +2단 과급으로 정격 80kW를 기록한다.

글 : 마츠다 유지(Yuji Matsuda) 그림 : AVL

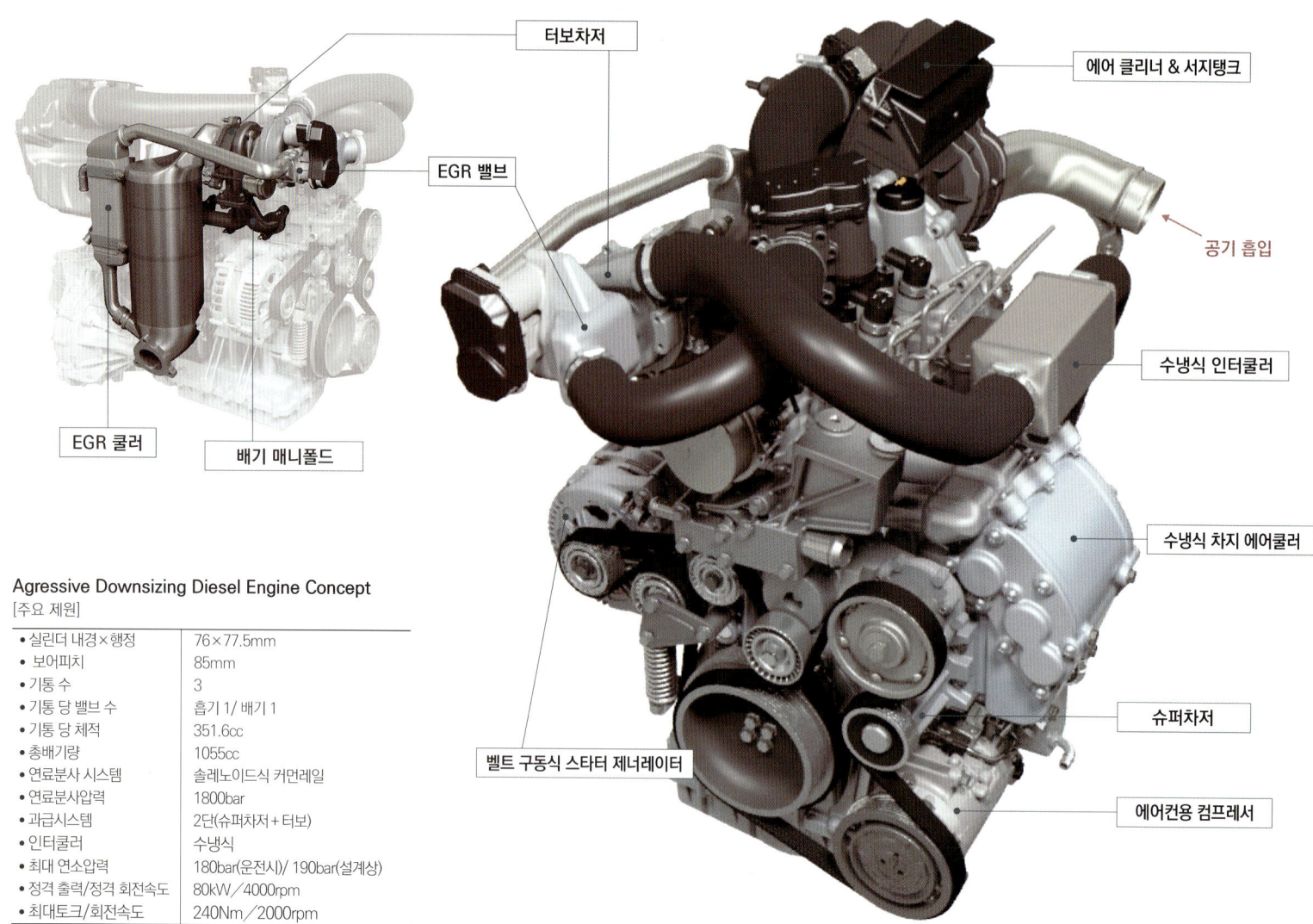

Agressive Downsizing Diesel Engine Concept
[주요 제원]

- 실린더 내경×행정: 76×77.5mm
- 보어피치: 85mm
- 기통 수: 3
- 기통 당 밸브 수: 흡기 1/ 배기 1
- 기통 당 체적: 351.6cc
- 총배기량: 1055cc
- 연료분사 시스템: 솔레노이드식 커먼레일
- 연료분사압력: 1800bar
- 과급시스템: 2단(슈퍼차저+터보)
- 인터쿨러: 수냉식
- 최대 연소압력: 180bar(운전시)/ 190bar(설계상)
- 정격 출력/정격 회전속도: 80kW/4000rpm
- 최대토크/회전속도: 240Nm/2000rpm

과급 다운사이징이 주목을 받게 된 계기의 하나로서 금세기 초부터 현저해진 디젤 엔진의 고성능화가 그것이다.

그 이전부터 디젤과 터보 과급의 조합이 잘 이루어진다는 것은 주지의 사실이었다. 연료를 흡기 포트 내에 분사하는 PFI(Port Fuel Injection)식 가솔린 엔진에 과급기를 조합시킨 경우 압축비가 무과급 엔진과 동등하면 혼합기가 자기착화를 일으킬 위험성이 있으므로 의도적으로 압축비를 낮출 필요가 있었다. 과급 압력이 충분히 높아질 때까지는「저압축비 엔진」이므로 응답성이 나빠, 소위 과급 응답의 지연을 실제 이상으로 과장하는 결과를 초래하기도 하였다.

반면 디젤이 흡기행정에서 흡입하는 것은 공기뿐이므로 아무리 압축하여도 자기착화는 일어나지 않는다. 그리고 디젤 엔진은 원래 희박연소가 기본이므로 과급으로 대량의 공기를 밀어 넣는다면 그만큼 열효율을 높이기 쉽다. 연소온도의 상승에 따라 매연도 낮추고 대신에 NOx가 증가하는 것에 대한 대책으로서 EGR량을 증가시킨다. 그러면 연소 온도가 내려가기 때문에 더욱더 과급을 실시한다.………고 하는 좋은 순환에 의하여 현재의 디젤 엔진은 빠른 속도로 효율을 높여왔다. 이미 디젤 엔진과 터보는 떼어놓을 수 없는 불가분의 존재라고 말해도 좋다.

그 가능성을 나타내는 최신 사례로 기술컨설팅기업 AVL이 르노(Renault)와 공동으로 실시한「Aggressive·Downsized·Diesel engine·Concept(ADD)」를 소개한다.

ADD는 2012~2013년 이후의 새로운 엔진개발의 기준을 모색하기 위하여 EURO 6의 대응이나 CO_2의 배출량 삭감 등 가까운 미래의 과제를 포함한 후에 자동차 중량 1250kg부터 1470kg급의 일반적인 승용사농자에 필요한 엔진 형상에 대한 연구(study)이다. 목표로 하는 출력의 수준을 80kW정도로 설정하고 아이들링 스톱, 에너지 회생기술을 포함시키면서 NVH 성능이나 비용면도 포함하여 현실적으로 바람직한 상태를 모색한 것이다.

여러 가지 검토 결과 K9K형 엔진을 기본으로 3기통에 레스 실린더(Less cylinder)화하여 기계 손실을 저감시키고 출력 성능은 2단 과급으로 보충한다는 개념으로 개발하였다. 그 결과, 30bar에 가까운 BMEP, 4000rpm 정격에서 80kW의 출력과 현재의 1.5ℓ 급 디젤 엔진과 동등한 성능을 실현하면서 충분한 주행능력(Drivability)도 확보하고 있다.

▶ 흡기계통과 흡기의 흐름

공기 흡입구에서 흡입된 공기는 저압 단계를 담당하는 터보차저에서 압축된 후에 수냉식 인터쿨러에서 냉각된다. 터보 과급만으로는 부족한 상태이면 바이패스 밸브를 닫고 기계식 슈퍼차저에 의한 고압 단계에서 다시 가압된 후 수냉식 차지 에어쿨러를 지난 후 흡기 매니폴드로 보내진다. 과급 단계의 순번에 따라 「터보 슈퍼」라고도 하는 구성이다.

▶ 배기계통과 배기의 흐름

배기 매니폴드를 통과한 배기가스는 저압 단계를 담당하는 터빈 휠을 회전시킨 후 산화촉매 → 린 NOx 트랩 → DPF를 통과하여 대기로 방출된다. 그리고 DPF 출구 부근에서 일부가 EGR용으로 이용되고 EGR 쿨러에서 냉각된 후 EGR 밸브 부분에서 새로운 공기와 혼합되어 흡기 매니폴드로 보내진다.

3기통 ADD의 출력 성능

위 그래프는 과급 방식에 의한 출력 커버 범위와 비교대상 엔진인 K9K형 1.5 4기통 디젤 엔진과 ADD의 출력 차이를 나타낸 것이다. 녹색 점이 ADD, 적색 점이 K9K이다. 아래 그래프는 전부하 특성이다. 청색 선으로 표시된 토크가 완벽하게 현대적인 특성을 보여준다.

과급기의 종류와 특성
「자동차용 엔진에는 무엇이 최적일까」

과급기의 주류는 터보와 루츠 송풍기(Roots blower)이다.
다채로운「압축기」중에 이 2종류가 선택되는 이유는?

글 : 마츠다 유지(Yuji Matsuda) 그림 : GM/Daihatsu/만자와 코토미(Kotomi Manzawa)

「블로어」또는「컴프레서」로 분류되는 기계는 많이 존재한다. 이것들은「유체기계」에 속하고 그 위에 작동유체의 종류에 따라「액체기계」와「공기기계」로 분류된다. 당연히 이 책에서 취급하는 과급기는 그중에서 공기기계에 속하는 것이다.

여담이지만 자동차용 엔진에 있어서 오일펌프나 워터펌프 등과 같은 액체기계도 없어서는 안되는 존재이고 워터펌프는 터빈 휠에 흡사한 임펠러로 구동되는 원심식이고 오일펌프는 용적식의 구조가 주류이다.

1. 터보차저

그저 버리기만 했던 배기가스의 운동에너지를 이용하여 새로운 공기를 압축하고 열효율의 향상에 기여할 수 있어 자동차 엔진용 과급기의 주류가 되고 있는 것이 터보차저이다. 금세기에 들어와서는 배기량이 적은 엔진의 부분부하 영역에서 부족하기 쉬운 토크를 증대시키고 유해배출물과 연비의 개선을 목적으로 하고 있다. 과제인 터보 래그도 터보 본체의 개량과 전자제어기술의 발달에 따라 착실히 개선되고 있다.

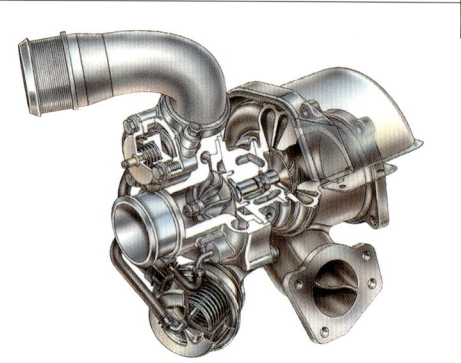

2. 축류식 압축기의 예

회전축의 직경 방향으로 뻗은 터빈 블레이드를 배치하고 작동유체가 회전축의 축 방향을 따라 흐르는 구조를 축류식 압축기라고 한다. 기본 구조는 가스터빈 엔진이나 제트엔진과 같다. 원심식 압축기와 비교해 보면 직경에 비해 비교적 큰 유량을 취급할 수 있고 압축율도 높기 때문에 압송장치 등의 산업용 분야에서는 채용하는 경우가 많다. 반면, 구조가 복잡하여 비용 면이나 견고성(Robustness), 정비(Maintenance)빈도 등에서 불리한 것이 자동차 엔진용으로 보급되지 않는 이유이다.

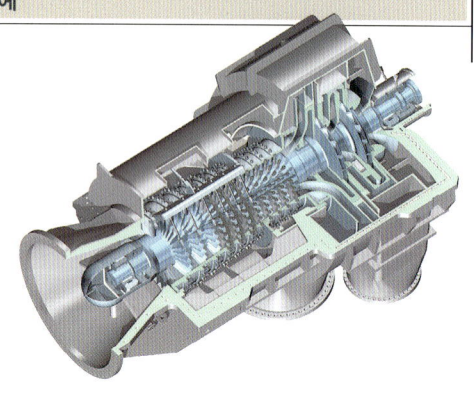

▶ 과급기란

기계식 블로어의 기원은 16세기에 이탈리아의 기술자인 라메리가 저서에 아이디어로서 기술한「원통형 로터리 피스톤식 양수펌프」로 여겨진다. 기구로서 구현시킨 기록으로는 1636년에 프랑스 파펜하임이 발명한「기어식 펌프」, 그리고 1895년에 영국의 존즈가 잇수를 2매로 하여 기구를 단순화시킨「석탄가스 압축기」를 들 수 있다. 1860년에는 미국의 루츠 형제가 로브 윤곽 로터에 의한 용광로 냉각용 송풍기를 고안. 여기에 이르러「루트식 블로어」의 원리를 완성하게 된다. 배기터빈의 경우, 1800년대에는 산업용 기계나 선박용 엔진 등 배기가스 온도가 낮고 부하변동이 작은 분야에서 채용된 예는 있었지만 항공기용 등 배기가 고온으로 부하변동이 큰 엔진에서의 대응은 고온 특성에 뛰어난 소재가 실용화된 1940년대까지 기다리게 되었다.

이 부분에 흥미가 있는 사람은 번역본 Vol.3 「ENGINE Technology 054 ~ 063P」를 참조하기 바란다.

공기기계라는 것은 압축된 공기 혹은 가스 등의 기체가 갖는 에너지를 이용하여 작동하는 기계를 가리키고 「송풍기」와 「압축기」로 대별된다. 송풍기는 토출 압력이 0.1~1kgf/cm²(약 0.1MPa=0.981bar)미만인 것을 가리킨다. 압축의 상태가 작으므로 기체의 온도 상승에 의한 영향을 특별히 생각할 필요 없이 운용할 수 있는 것으로 분류도 가능하다. 좀 더 세분화한다면 토출 압력이 약 0.1~1kgf/cm²보다 작은 것을 [팬], 0.1~ 1kgf/cm²인 것을 [블로어]라고 정의하고 있다.

이것에 대해 토출압력이 0.1~ 1kgf/cm² 이상의 것을 압축기 또는 「컴프레서」라고 한다. 압축의 상태가 높고 기체의 온도 상승폭이 커지므로 냉각장치와 함께 운용되는 것이 대부분이다.

다음으로 송풍기/압축기를 구조에 따라 분류하여 보자. 크게 분류하면 날개(터빈)를 회전시켜서 기체의 압력을 높이는 「터보식」과 밀폐된 공간 내부의 용적을 변화시켜서 기체의 압력을 높이는 「용적식」이 있다. 그리고 작동 중에 유체가 회전축에 대하여 수직인 반경 방향으로 이동하는 것을 「원심식」, 축방향으로 이동하는 것을 「축류식」이라고 한다.

이 송풍기나 압축기가 사실은 우리 주변에 많이 존재하고 있으며, 주방의 환기용 팬은 「터보식·축류식 팬」이 대부분이지만 욕실의 환기용 팬은 「터보식·원심식 팬」이 사용되는 경우가 많다. 에어컨이나 냉장고의 컴프레서는 「용적식·회전식 압축기」가 대부분이다. 이들의 정의를 이용한다면 자동차 엔진용 과급기에 사용되는 것은 터보차저가 「터보식·원심식 압축기」, 슈퍼차저가 「용적식·루트식 송풍기」가 된다. 리스홀름(Lysholm) 컴프레서는 「용적식·나사식 압축기」이다.

자동차 엔진용 과급기로서 최초로 채용된 것은 슈퍼차저이다. 기록에 남아 있는 것으로는 1921년 베를린 쇼에 출품된 메르세데스 6/25/40ps 스포츠가 시판차로서는 처음으로 장착하였다. 이후 한 동안 과급기의 주류는 기계식 블로어/컴프레서였지만 제2차 세계대전 중에 항공기 엔진의 높은 고도 운용을 실현시킬 목적으로 「배기터빈」이 실용화된 것을 계기로 1962년에는 GM이 올즈모빌·F85와 쉐보레·코베르에 옵션 설치한 것으로 시판차 엔진에 처음 장착되기에 이르렀다.

터보 과급의 최대의 장점은 배기가스에서 에너지를 회수하고 그것에 의하여 효율을 높일 수 있다는 점이다. 의외로서는 HEV 자동차가 「회생」에 의하여 그때까지 버리던 에너지를 회수하여 일단 전력으로서 축적한 후에 구동시의 동력 보조 등으로 이용하여 효율을 높이는 것과 같은 것이다.

기계식 과급기는 토출 압력이 낮은 것과 더불어 구동에 엔진 출력의 일부를 이용하기 때문에 특히 고속영역이 될수록 효율이 저하된다. 그에 반해 터보는 엔진의 회전속도와 배기가스의 유속이 높아짐에 비례하여 토출 압력을 높여간다. 반대로 고장을 피하기 위하여 일정 이상의 압력으로는 높아지지 않도록 하는 구조를 갖추고 있다.

한편, 터보에도 약점은 있다. 최대의 과제는 터빈 휠의 회전속도가 일정 이하에서는 과급 압력이 충분히 높아지지 않아서 급가속시 등에 충분한 토크를 얻을 수 없는 과급 응답 지연(터보·래그) 현상이다. 그리고 자동차용 엔진은 정지에서 급가속까지 여러 형태의 운전 상황에 대응하지 않으면 안 된다. 이 점에 있어서는 엔진의 회전속도에 대하여 거의 직선적으로 과급 압력을 높일 수 있는 루트 블로어가 유리하다. 그러나 어느 것이든지 약점의 극복을 위한 기술이 계속해서 투입되고 또한 양자를 병용하는 것으로 약점을 서로 보완하는 시스템으로 실용화되고 있다.

사판 압축기의 구조

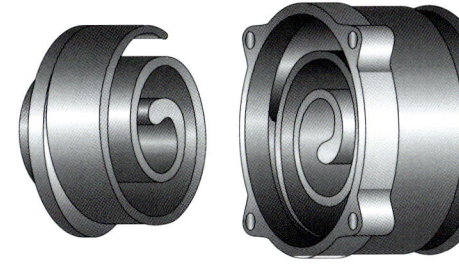

회전축에 고정된 사판의 작동과 함께 직선운동을 하는 피스톤을 여러 개 배치하는 용적형 압축기. 실린더 내의 피스톤 양 끝에 있는 공간의 용적을 변화시켜서 토출밸브 및 흡기밸브와 제휴시킴으로써 각각의 공간이 흡기행정과 압축행정을 번갈아 반복한다. 압력의 변동은 멀티 실린더화로 평활화가 가능하다. 신뢰성이 높고 대형차량의 에어컨용 컴프레서 등에 이용되는 예가 많다.

스크롤식 압축기의 구조

고정측과 가동측으로 와류형인 「스크롤」을 조합시킨 용적형 압축기. 고정측은 하우징과 일체이고 가동측 스크롤은 회전축에 접속되어 있다. 가동측 스크롤의 회전운동에 따라서 고정 스크롤과의 사이에 형성된 공간의 용적이 변화하여 감으로써 작동유체를 압축한다. 에어컨용 컴프레서 등에서는 대중적이다. 자동차용에서도 1990년대에 VW이 「G Lader」로서 채용하였다.

슈퍼차저

기계식 과급기의 총칭으로 관습적으로 이용되고 있는 호칭이다. 과거에는 여러 가지 기구가 실용화되어 왔지만 현재에 이르기까지 주류를 이루는 것은 루트식 블로어이다. 이톤사의 제품도 「모디파이드·루트」를 자칭하고 있다. 제조에 관하여 특별히 고도의 기술이나 설비를 필요로 하지 않고 응답 지연도 거의 존재하지 않는다는 장점을 갖고 있지만 엔진 자체의 효율이 충분히 높아지는 영역에서는 전체의 효율을 약화시키기 쉽다는 단점이 있다.

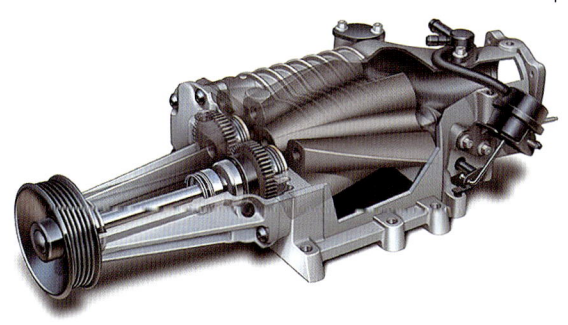

Compressor

실린더에 유입되는 공기를 압축하는 기능을 담당한다. 유체(공기)를 컴프레서 휠로 모으고 고속으로 회전할 때의 원심력을 이용하여 고속으로 토출시킨다. 그것을 와류형의 스크롤에 이끌어 유체의 속도 에너지를 압력 에너지로 변환하는(이것을 압력 회복이라고 한다) 작업이 컴프레서 하우징에서 일어난다.

Center Core

컴프레서 휠과 터빈 휠은 같은 축 상에 배치된다. 회전축이기 때문에 베어링 기구가 필수적이고 동시에 축 방향의 불균형(측압)을 지지하는 기능이 필요하다. 베어링 및 오일의 통로를 내장하고 컴프레서와 터빈, 샤프트를 조립한 것이 센터 코어이다.

Turbine

유체(연소가스)를 통로로 이끌어 유체가 모두 터빈 휠로 흐르도록 터빈 하우징에서 흐름을 조절하며, 유체가 터빈 휠을 흐를 때에 발생하여 팽창하는 에너지를 터빈의 회전 에너지로 변환시킨다. 그 회전 에너지는 같은 축에 설치된 컴프레서를 회전시키고 팽창된 배기가스는 밖으로 방출된다.

컴프레서 휠
임펠러라고도 한다. 보통은 알루미늄 합금의 주조 또는 단조로 만들어지지만 고출력비의 사양은 티탄알루미늄 소재가 이용되는 경우도 있다. 성형은 로스트 왁스 주조가 많고 경우에 따라서는 절삭하여 만들기도 한다.

오일 통로
고속으로 회전하는 축을 윤활하기 위하여 베어링 부분에 윤활유를 공급하는 오일 통로가 설치된다. 그리고 윤활유에 의한 냉각효과도 기대가 된다. 그리고 센터 하우징의 재질은 FC재(회주철)가 일반적이다.

배기가스 유입구
터빈 휠로 배기가스를 유도하는 통로는 이와 같이 터빈 휠의 원주방향에 있다. 통로는 서서히 단면적이 작아지고 최종적으로는 팽창 에너지로서 터빈 휠에 작용한다.

흡입구
공기는 이곳으로부터 빨려 들어간다. 무과급 엔진에서는 피스톤이 하강할 때의 부압으로 공기를 끌어 당기지만 터보 과급은 컴프레서가 고속으로 회전하여 청소기처럼 공기를 강제적으로 흡입한다.

압축공기 통로
흡입된 공기는 컴프레서의 회전에 따라 외주부분으로 모아지고 이 통로(스크롤)로 밀려들어 가며, 통로는 서서히 단면적이 커지기 때문에 속도가 저하된다. 이 통로의 설계가 성능 상으로 핵심요소가 된다.

냉각수 통로
고속으로 회전하는 축 부분을 냉각시키기 위하여 센터 하우징(베어링 하우징이라고도 부른다)에 냉각수를 공급하는 경우도 있다. 고온이 되면 터빈 케이싱에서의 전열을 방지하기 위하여 베어링 하우징(센터 하우징)에 냉각수를 공급하는 경우가 대부분이다. 특히 엔진 정지 직후의 냉각 효과가 크다.

샤프트
컴프레서 휠과 터빈 휠을 연접하는 축은 2개의 플로팅 베어링으로 지지되는 경우가 많다. 작은 구멍이 뚫린 베어링은 샤프트와 베어링 내측/베어링 외측과 하우징측에 각각의 오일 댐퍼 영역을 형성하고 여기에서 진동을 흡수한다. 그 간극(여유 공간)의 설계는 축의 변형량에 따라 변한다.

터빈 휠
인코넬이라는 특수한 내열 소재로 만들어진다. 니켈을 기본으로 철, 크롬, 몰리브덴, 니오븀 등을 혼합한 소재로 인해 고가이다. 블레이드(날개)와 블레이드 사이에 흘러든 연소가스의 팽창 에너지를 유효하게 이용할 수 있도록 터빈 블레이드(날개)는 유체가 부딪치는 진행 방향으로 돌출된 형상이 대부분이다.

배기가스 토출구
터빈 휠의 블레이드 부분에서 팽창한 엔진의 배기가스는 이 출구에서 배출된다. 에너지를 흡수당한 배기가스는 온도와 속도가 내려간다.

Turbocharger

「터보차저」

가장 대중적인 확실한 과급기

터보차저의 일본 용어는 「배기터빈 과급기」이고 그 이름처럼 연소를 끝낸 배기가스를 이용한다.
이 응축된 기계 유닛에는 유체로부터 윤활까지의 최신 이론이 가득 차 있다.

글 : 마키노 시게오(Shigeo Makino)   사진 : 세야 마사히로(Masahiro Seya)/Bosch/GM

◆ 터빈 하우징

받아들인 배기가스 온도에 의하여 하우징의 소재가 변한다. 700℃ 정도인 디젤 엔진용은 구상흑연 재, 780℃ 부근까지 대응하는 경우에는 하이실리콘 덕타일 재, 가솔린 엔진과 같이 배기가스 온도가 950℃ 부근인 경우는 니레지스트 재 또는 페라이트계 내열주강, 그 이상으로 대응할 경우에는 오스테나이트계 내열주강이 이용된다.

◆ 카트리지 유닛

센터 하우징에 베어링 및 윤활계통을 조립하고 터빈 휠/컴프레서 휠과 합체시킨 어셈블리. 이것에 터빈 하우징과 컴프레서 하우징을 장착한다. 터보차저의 코어 유닛이다.

◆ 컴프레서 하우징

컴프레서 휠의 고속회전에 의하여 유체가 사진에 보이는 내부의 도넛형태로 된 부분의 외주를 향해 나아가 스크롤로 유도된다. 타원형의 스크롤은 이 사진에는 보이지 않는다. 그리고 사진에 보이는 플랜지 면이 카트리지 등을 체결하는 면이 된다. 보통은 알루미늄 합금주물이며, 스크롤의 형상에 따라 제조하는 방법도 다르다.

◆ 웨이스트 게이트

엔진의 회전속도가 상승함에 따라 연소가스의 유량이 증가하여 터빈 휠이 받아들이는 팽창 에너지가 커진다. 보통 터보는 가능한 한 엔진의 회전속도가 낮은 상태에서 작동하도록 설계되기 때문에 고속회전 영역에서는 과잉된 배기 에너지의 일부를 터빈 휠로 이끌리지 않도록 우회(bypass)시키는 구조가 필요하다. 이것이 웨이스트 게이트이며, 여기에서 과급 압력을 엔진이 허용 가능한 최대 압력을 초월하지 않도록 제어한다.

◆ 컴프레서 휠

현재의 설계는 날개(블레이드)끼리 겹치는 오버랩 구조이다. 날개의 끝 부분으로 감에 따라 상승하는 유속에 대하여 기류가 박리되지 않도록 전진각(rake angle)이, 그리고 동시에 바깥 둘레 부근의 깃 부리에는 후퇴각(backward angle)이 주어진다.

◆ 터빈 휠과 샤프트

터빈 휠과 컴프레서 휠을 연접하는 샤프트(축)는 열부하와 중량이 큰 터빈 휠 측에 용접되어 있는 경우가 많다. 샤프트는 플로팅 베어링을 통하여 하우징으로 들어가 반대 측에 컴프레서 휠을 나사로 단단히 죄어 결합시킨다.

일반적인 웨이스트 게이트 부착 터보차저는 30여점의 부품으로 구성된다. 배기가스를 모아서 터빈을 회전시키는 터빈 부분, 공기를 모아서 엔진의 실린더로 밀어 넣는 컴프레서 부분, 회전축을 보호 지지하는 센터 코어 부분의 3가지가 배기 에너지를 이용하는 과급시스템의 중심이다. 원래 버리던 고온의 배기가스를 재이용하기만 할 뿐인데 엔진의 배기량 자체를 증가시키는 것과 같은 토크의 증폭 효과를 얻을 수 있기 때문에 터보차저는 에코(이코노미=경제적) 장치이다.

터보차저의 역사는 오래되었으며, 배기 터빈이라는 형태도 19세기에 이미 존재하였다. 그것이 현재의 형태로 된 것은 제2차 대전 전이고 최초로 유효하게 이용된 예는 항공기였다. 고도가 높아짐에 따라 공기가 희박해지고 엔진의 출력이 저하되는 왕복피스톤식 항공 엔진의 결점을 보충하기 위하여 터보차저가 이용되었다. 자동차에서의 이용은 그 후의 일이다.

근년의 터보차저는 유체해석, 소재기술, 제조기술이라는 주변 분야의 진보로 인해 현저히 고성능화 되었다. 최대의 과제였던 엔진의 저속회전 영역에서 과급지연(터보 래그)도 서서히 해소되고 있는 중이며, 또 다른 과제인 비용도 제조기술의 혁신에 의하여 예전보다 부품 단가는 저하 되었다. 물론 지금 이 순간에도 터보차저의 연구는 진행 되고 있다. 그리고 미래의 수요 증가를 예상하고 터보 사업에 신규로 참가하는 기업도 나오고 있다.

앞으로 5~6년 정도 안에 수요가 2배로 될 것이라는 관측마저 있다.

▶ VG 터보의 진화

낮은 가격, 높은 신뢰성으로의 도전
과도 영역에서 온도 분포를 극복하는 기술

디젤 엔진의 배기 온도는 700~800°C에 달한다.
이 환경에서 베인을 확실하게 작동되도록 하기 위해서는 소재의 선택과 설계기술의 균형이 필수이다.
미쓰비시중공업의 VG 터보 개발팀은 이 난제에 정면으로 도전하였다.

글 : 마키노 시게오(Shigeo Makino) 사진 : 세야 마사히로(Masahiro Seya)

VG 터보와 가변 Vane

베인은 받침대의 가공된 구멍에 부착되어 있으며, 뒷면에 이와 같은 연결 기구와 결합되어 있다. 외측의 링(연결부위에 둥근 구멍이 나 있다)은 일정한 각도만 회전하고 그 회전에 의하여 베인의 방향이 변화된다. 베인은 터빈 휠의 주위를 에워싸고 있으므로 고온의 연소가스에 노출되어 있다. 따라서 높은 온도에서도 녹거나 타서 눌어붙지 않는 소재가 필수적이며, 연결 기구는 움직일 수 있는 간극(Clearance)을 확보하는 설계가 중요하다.

터보차저의 결점은 엔진이 회전속도가 낮은 영역에서는 배기가스의 유량이 적어 가속 페달을 밟고 나서 과급 압력이 상승할 때까지의 시간 차 소위 과급 지연(Turbo-lag)이 발생한다는 점이다. 그래서 과급의 지연을 없애기 위하여 터빈 휠을 작게 하여 관성모멘트를 감소시키는(체적×밀도 반경^2=길이의 5승이므로 관성모멘트는 직경의 5승에 비례한다.) 방법이 사용되지만 직경을 작게 하면 엔진의 회전속도가 높고 배기 에너지가 큰 영역에서 배기 압력이 너무 높아진다. 직경이 큰 터보를 사용하면 고속회전에서는 좋지만 저속회전 영역에서는 과급 지연이 두드러진다.

이와 같은 이율배반을 해소하기 위하여 VG=Variable Geometry 방식의 터보차저가 개발되었다. 터빈의 휠로 배기를 유도하기 위하여 베인을 가동식으로 만들어 엔진의 회전속도가 낮을 때에는 베인의 각도를 작게(베인과 베인 사이의 틈새를 좁게)하여 연소가스의 유속을 높여서(연소가스의 입력을 속도로 변환한다) 터빈 회전속도의 상승을 도와준다. 엔진의 회전속도가 높을 때에는 베인의 각도를 크게(베인 간의 틈새를 크게)하여 연소가스의 유속을 저하시킨다(P 106~107참조). 운전 상태에 맞게 배기 에너지를 제어하여 항상 최적의 과급 압력을 얻는 구조이다.

VG 터보에서는 보통 웨이스트 게이트를 배치하지 않는다. 엔진의 최고 회전속도 영역에서 베인의 개도를 전개하였을 때(베인 간의 틈새를 가장 크게) 터빈 휠이 회수 가능한 에너지를 최댓값으로 설계하기 위해서이다. 그러나 저속회전 영역에서 과급 시간을 줄이기 위해 터빈 휠의 직경을 작게 하면서 동시에 엔진을 고속회전까지 돌리게 되면 VG라도 웨이스트 게이트가 필요하게 된다. 이 경우의 설계 요건은 보통의 터보차저와 그다지 다르지 않다.

미쓰비시중공업이 자동차용 VG 터보의 개발에 나선 것은 1980년대 후반의 일이었다. 우선 디젤 엔진의 상용자동차에서 필요하여 개발이 시작되었고 양산을 개시한 것은 1990년대 중간이었다. 승용자동차용은 2001년부터 양산하였다. 선박용의 VG 터보는 1980년대 초에 시작품이 제작되었다고 한다. 현재의 디젤 엔진 승용자동차용 미쓰비시중공업 제품의 VG는 제3세대 상품이다.

2001년에 미쓰비시자동차의 파제로(Pajero)에 장착된

◆ VG 터보의 효능

저속회전 영역에서의 효과를 노리고 VG 터보를 설계하면 이와 같이 토크를 크게 하면서도 연료소비는 감소시킨다는 일석이조의 효과가 있다. 1000~2000rpm에서의 토크가 극적으로 상승하고 있다는 것은 저속회전 영역에서 높은 과급 압력을 얻고 있다는 증거이다.

◆ 가변 베인의 제어

베인의 가동은 왼쪽 페이지의 연결 기구를 이와 같은 연결로 움직여서 실행한다. 고온고속으로 유입되는 배기가스의 흐름에 반대방향으로 베인의 각도를 움직이기 위해서는 확실한 동작이 요구된다.

◆ 제2세대와 제3세대

연결 기구는 거의 변함이 없지만 제3세대(우측)에서는 가변 베인 계통이 터빈 슈라우드를 겸하도록 대형화되었다. 종래에는 열 변형에 대한 대책의 일환으로 터빈 하우징 자체를 고급 소재로 만들었지만 이 설계의 변경에 의하여 하우징 소재의 저급화(grade down)가 실현되었다.

◆ 제3세대의 진화

최신 버전인 제3세대 상품이다. 세계 어느 곳에서라도 제조가 가능하도록 특수한 소재와 특수한 가공처리를 폐지하였다. 동일본의 대지진에서 일본 기업이 직면했던 공급 체인(Supply chain)의 단절을 생각하면 이 진화에는 커다란 의미가 있다.

제1세대 VG는 현재의 눈으로 보면 마진을 크게 갖도록 한 설계로 보인다. 2005년부터 2007년까지 BMW, VW, 포드, 현대자동차가 채용한 제2세대에서 전체의 패키지가 변화되었다. 2007년에 등장한 제2세대 버전 업 판에서 내구성의 향상과 비용저감을 시도하고 2009년부터는 베인의 가동 기구를 경량화한 제3세대 상품이 생산되고 있다.

베인의 각도를 변화시키는 구조는 연결 기구이다. 베인의 뿌리는 받침대의 비어있는 구멍에 들어있다. 그곳으로부터 링크를 배치하여 받침대를 둘러싼 외측의 링에 장착된 베인과 같은 수의 판과 연결된다. 외측의 링을 회전시키면 그 링크의 길이로 추종할 수 있는 범위 안에서 외측 링 위의 핀과 베인의 뿌리와의 상대 위치가 변하여 그것이 베인의 각도를 회전시키는 동작이 된다. 간단한 링크 구조이다.

그러니 간단한 기구일수록 어렵다. 제1세대 VG에서는 열 용량에 여유가 있는 외측 링과 연결 보스를 사용했었다. 이것으로 충분하고도 남는 마진이 있다고 확인했기 때문이겠지만 제2세대는 단숨에 형상이 슬림화되었다. 기본적으로는 2005년에 등장한 「제너레이션 2.0」에서 베인 주위의 설계는 거의 완성되었다. 그러나 링크 기구에는 고가의 부품이 사용되고 있는데, 예를 들면 외측 링 위에서 작용점이 되는 핀은 코발트 기반의 재료였다. 그래서 「제너레이션 2.1」「2.2」에서는 경년 열화(aged deterioration)의 대책(연결 마모의 저감)과 함께 비용저감을 양립시키는 의욕적인 목표가 설정되었다.

고가의 코발트재를 사용할 수는 없다. 그래서 오스테나이트 계 스테인리스강의 표면에 PVD(Physical Vapor Deposition)라는 진공증착의 처리로 크롬 나이트라이드 막을 형성하는 표면경화 방법을 채용하였다. 당연히 소재가 변하면 베인의 뿌리 부분이나 링크 부분과 같은 가동부분의 간극 설계, 베인과 유체 통로의 간극 설계는 재고하지 않으면 안된다.

여기서의 경험이 제3세대의 개발에서 살아났다. 2009년에 등장한 「제너레이션 3.0」은 링크 계통을 대폭적으로 경량화하고 더욱이 표면처리 없이도 「제너레이션 2.2」와 비교하여 약 40%의 마모 저감을 달성하였다. 그리고 베인의 가동기구 일부가 터빈 슈라우드(배기통로)를 겸하는 설계가 되었다.

....라고, 요약하면 짧은 문장이 되겠지만 고온 하에서의 확실한 작동을 장기간에 걸쳐서 지속되도록 하는 설계는 보통일이 아니다. 이것에 비용을 들이지 않고 오히려 값싸게 실현시키지 않으면 안 된다. VG 외곶의 엔지니어는 이렇게 말했다.

「베인 측면의 간극을 크게 하면 공력 성능이 떨어지며, 좁게 하면 과도 영역에서 급격하게 유입가스의 온도가 상승하였을 때 온도 분포가 균일하지 않고 국소적으로 고온이 되어 가동기구에 그 열이 잔류하게 된다. 이것이 반복된다면 베인은 부착물의 고착에 의하여 개폐의 불능 상태가 되는 베인 고착(stick)이 발생한다. 이것을 예측하여 간극 설계를 함으로써 미쓰비시중공업 VG 터보는 공력 성능을 잘 만족시키고 있다. 공력을 희생시키지 않고 구조를 간소화하며 비용도 낮춘다. 그러므로 베인 고착의 위험이 높은 운전 영역에서 간극을 확보할 수 있는 설계를 고안하였다. 제조현장은 그 설계를 훌륭한 정밀도로 제품화하고 있다」

그것이 최신의 「제너레이션 3.1」이다. 생산 현장마다 공급 체인을 최신으로 할 수 있도록 규격재료 만을 사용하는 설계로 개선하였다. 설계에서 천재지변의 위험을 분산 회피시키고 오히려 가격은 싸다. 정말로 일본다운 제품이라고 말할 수 있다.

구동 풀리

엔진의 크랭크샤프트에서 구동력을 받아들이는 부분. V홈을 갖춘 벨트가 이 풀리에 감겨지고 다른 한쪽의 풀리가 크랭크샤프트 측에 감긴다. 당연히 엔진에 있어서는 이것이 부하가 된다.

로터

이 슈퍼차저는 4로브의 로터를 배치하고 1로브 당 120°씩 비틀려있으며, 이 앞 세대에서는 60°의 비틀림이었다. 160°로 비틀린 제품도 있다. 비틀리게 함으로서 흡입구와 토출구 사이에 갇혀진 공간이 생기므로 밀폐성의 향상과 더불어 유사 내부 압축효과를 얻을 수 있다.

전자 클러치

엔진의 회전속도가 낮은 영역에서는 슈퍼차저의 과급효과는 크지만 과급이 필요 없는 보통의 운전 상태에서는 기계저항의 손실이 발생한다. 그러므로 슈퍼차저의 작동 자체를 ON/OFF 시키는 전자 클러치가 조립되어 있다.

기어 트레인

전자 클러치에 가까운 기어는 증속용이고 로터에 가까운 기어는 마주보는 로터를 서로 역회전시키는 타이밍 기어이다. 크랭크축 출력이 우선 증속되고 그 회전속도가 두 개의 로터에 배분 된다.

로브 에지(lobe edge)

흡입구

바깥 공기는 여기에서 흡입된다. 서로 반대방향으로 회전하는 로터의 「로브와 로브의 얽힘(접촉은 되지 않는다.)」과 로터 하우징의 내벽과 사이에 공기를 밀어 넣어 토출구로 보낸다. 로터가 겹쳐진 부분에서 약간의 누설만을 허용하므로 유사 내부 압축효과를 얻고 있다.

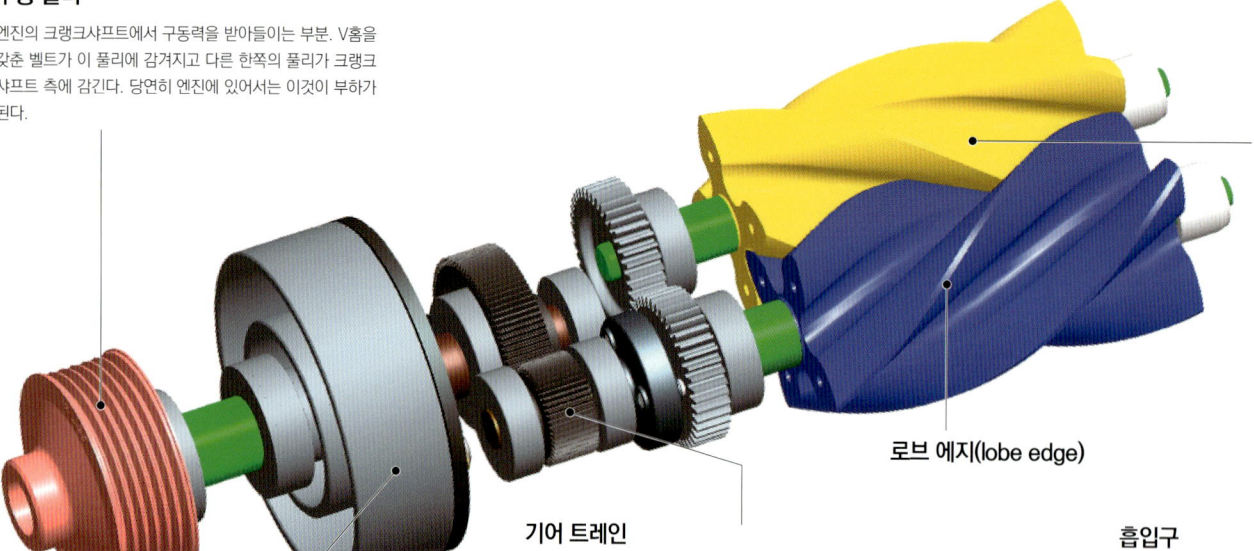

토출구

여기에서 공기가 엔진의 흡기포트로 보내진다. 출구의 V자형은 로터끼리 서로 마주보며 회전할 때에 로브와 로브가 겹침에 의하여 그려지는 그림에 맞추어져 있다. 로브 에지와 평행으로 되었을 때에 공기를 토출하면 체적효율 등이 가장 좋아진다.

e-clutch

풀리를 선두로 입력축과 전자 클러치로 구성되는 부분이다. 전자 클러치를 엔진측에 배치하는 경우도 있지만 클러치 내장형은 패키지가 좁고 길어 엔진 가까이에 콤팩트하게 수용시킬 수 있으며, 클러치 작동시 진동의 저감효과도 있다.

Gear

기어 트레인을 수용하는 부분이다. 로터를 서로 역회전시키는 타이밍 기어는 필수의 장비이지만 증속 기어는 옵션 설정이다. 여기에서는 2 대 1로 증속한다. V자형 엔진용에는 이것과는 다른 형상의 하우징 설계도 준비되어 있다.

Body

루트식 슈퍼차저는 회전하는 2개의 로터와 하우징에 의하여 형성되는 「공간」의 용적에 공기를 밀어 넣는 용적형 펌프이다. 그러므로 이 보다는 내부의 벽면 및 토출구의 공작 정밀도가 성능을 좌우한다.

Super charger

「슈퍼차저」

가동 초기와 효율에서 뛰어난 장점

슈퍼차저는 배기량이 큰 가솔린 엔진과 조합시킨 고급자동차용 과급기로서의 위치를 차지하지만 터보차저와 조합시킨 더블 과급 방식은 양산자동차에도 적용되고 있다.

글 : 마키노 시게오(Shigeo Makino)   사진 : 세야 마사히로(Masahiro Seya)/Bosch/GM

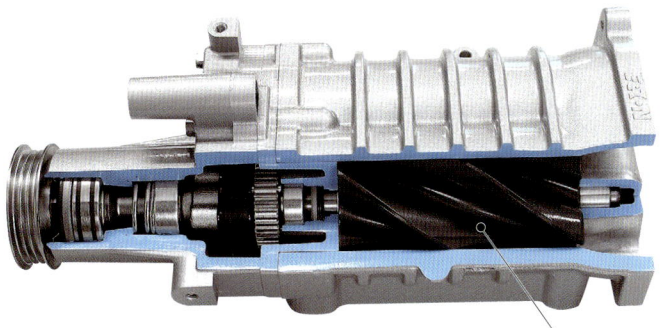

◆ Eaton TVS(Twin Vortices Series)의 단면 모델

이 모델은 왼쪽 페이지의 것과는 다른 형식이지만 기본적인 구성에는 변함이 없다. 입력축이나 로터를 지지하는 베어링이나 각부의 중량 배분에 설계 포인트가 있다는 것을 파악할 수 있다. 슈퍼차저도 정밀기계 가공 유닛인 것이다.

◆ 로터의 맞물리는 부분

로터의 끝부분은 이와 같은 형상이다. 서로 역회전하여도 보통은 접촉되는 경우가 없다. 표면은 만일 접촉되더라도 문제가 없도록 코팅을 실시하고 있다. 항상 아주 작은 간극을 유지하고 그 사이의 공간으로 공기를 보낸다. 로터의 설계는 물론, 제조 단계에서의 정밀도 관리가 매우 중요하다.

◆ 마주보는 로터의 상태

루트식의 2로브로 시작되는 로터의 역사를 이튼은 3로브, 나아가서는 4로브로 진화시켰다. 로터 자체는 알루미늄 합금제이며, 이러한 형상의 부품을 양산할 수 있게 됨으로써 현재의 160°트위스트 4로브가 실현되었다. 한편, 이튼의 슈퍼차저 제조 거점은 미국과 폴란드에 있다.

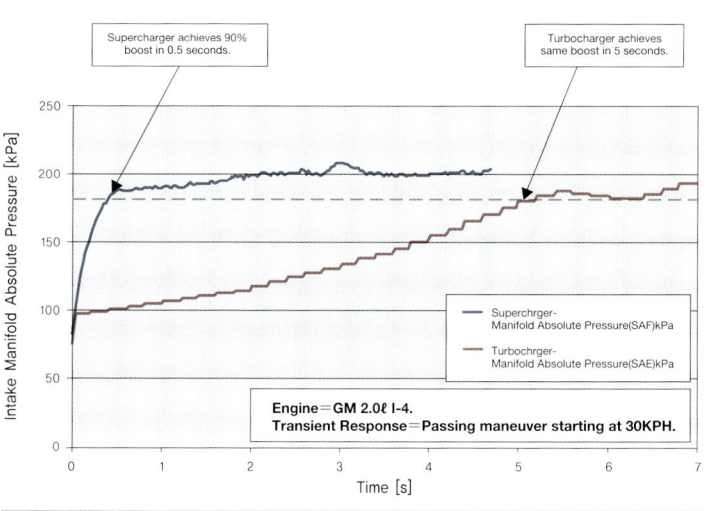

◆ 슈퍼차저와 터보차저의 응답성

터보차저와 슈퍼차저의 응답성을 비교하는 그래프이다. 이튼에서의 실험결과이다. 그래프의 세로축은 엔진의 흡기매니폴드 내의 압력, 가로축은 경과시간. 가속 페달을 밟은 직후는 약간 슈퍼차저의 과급 시작이 빠른 정도이지만, 그 후는 슈퍼차저의「신장성」이 좋다. 이것이 터보 래그와 슈퍼차저의 차이이다.

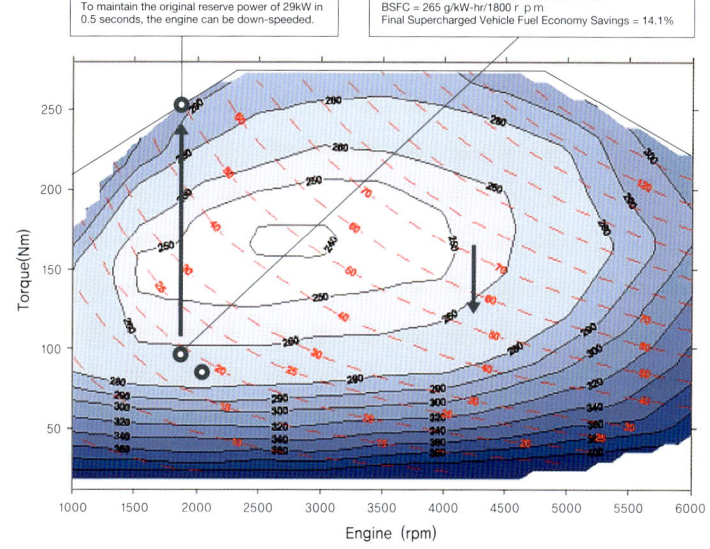

◆ 다운사이징과 다운스피딩

2.0ℓ 엔진에 슈퍼차저를 조합시켰을 때의 연비율 맵이다. 이것도 이튼에서의 실험결과이다. 100km/h에서의 주행부하(Road Load)는 2.8ℓ 기본 엔진의 18kW/2000rpm에서 가속 여유의 출력이 29kW인 것에 대하여 2.0ℓ의 슈퍼차저 엔진은 엔진의 회전속도를 200rpm 내려도 동일한 가속 여유의 출력을 얻을 수 있다. 그 결과, 그 때의 연비율(BSFC=Brake Specific Fuel Consumption)은 265g/kWh가 된다. 연비의 개선율은 14.1% 이다.

엔진의 크랭크축 출력을 사용하여 작동하는 기계식 과급기가 슈퍼차저이다. 현재 애프터 마켓(after market)을 포함한 전 세계의 자동차 시장에서, 과급기의 약 90% 이상이 터보차저이고 슈퍼차저의 점유율은 6~7%정도 라고 한다. 슈퍼차저의 역사는 터보차저보다 오래되고 자동차에서는 1921년 발매한 메르세데스 벤츠의 스포츠 왜건이 최초의 양산자동차였다. 항공기용 왕복피스톤 엔진에 장착하기 시작한 과급기로부터의 기술이전인데 고가의 고성능 자동차가 기를 쓰고 슈퍼차저를 채용하게끔 되었다. 그 후 제2차 세계 대전에서 항공기가 배기터빈식의 터보차저를 장착하게 되자 자동차도 이것을 모방하여 터보차저가 과급기의 주류가 된 것이다.

그러나 미국을 중심으로 슈퍼차저의 인기는 꾸준하였는데 이것이 1980년대에 들어와 세계적인 붐을 이루게 되었다. 당시에는 2로브식의 루트 블로어(용광로용의 송풍기가 원형)가 대부분이었지만 VW이 실용화한 와류식 G-래더, 같은 서독일에서 실용화된 방켈(Wankel)식, KKK(Kuehnle Kopp & Kausch)식, 스위스의 브라운 보베리(Brown Boveri)가 개발한 콤플렉스(Complex)식, IHI가 실용화한 리스홀름(Lysholm)식 등 새로운 슈퍼차저가 계속해서 등장하였다. 현재 가장 주목을 받고 있는 슈퍼차저는 이튼제품의 TVS이다. 4로브 로터를 비튼 독특한 형상은 트위스트 로브 형식이라고 한다. 이 방식은 세대를 초월하여 성능 면에서 진화가 거듭되고 있다.

type ▶▶▶

HYBRID TURBO

컴프레서와 터빈을 체결하는 샤프트를 연장하고 삼상 동기모터를 그 사이에 둔 구조다. 사진이나 그림에 있는 IHI를 예로 설명하면 모터의 두께는 눈대중으로 20~30mm. 샤프트와 일체가 되어 회전하는 로터에는 네오듐계 영구자석을 사용한다. MGU(Motor Generator Unit)의 출력은 1~2kW. 12V 배터리와 조합시킨 경우 DC-DC 컨버터에서 승압하고 흐르는 전류를 작게 한다(그러면 전선은 가늘고 가벼워진다). 배기 에너지가 작은 저속 회전 영역에서 과급의 시작을 빨리 하는 것이 주 목적이므로 터보의 최고 회전속도까지 모터를 지원하는 것은 생각하지 않는다. 빈번하게 사용하면 비축한 에너지를 곧 모두 사용하게 되고 회생에 주력하면 배터리가 곧 가득 충전된다. 차량 시스템의 상태에 맞는 최적의 시스템을 모색 중이다.

하이브리드 터보의 제어 계통

12V 배터리를 전로로 한 시스템의 구성도이다. 예를 들면, 42V 배터리를 사용하면 DC-DC 컨버터는 필요 없게 된다. 고전압·대용량 배터리를 탑재한 하이브리드 시스템과 조합시킨 경우에도 구성은 변화된다.

용량이 다른 2기(基)의 터보를 직렬로 배치하고 유량에 따라 구분해서 사용하는 2단 터보의 기능을 만족시키면서 비용을 저감하는 것이 하이브리드 터보의 목적이다. 2단 과제인 좌우 양쪽 핸들 자동차에 대한 적용면에서도 유리하다.

Electric Charger

「일렉트릭 차저」

과급 지연에 대한 최적의 해답이 될 수 있을까?

회전 시작 직후부터 즉각 큰 토크를 발휘하는 전기모터는 과급기술에 있어서도 매우 커다란 장점을 갖는다. 어떻게 사용할지, 어떻게 설치할지. 여러 가지 방법을 검토하면서 차세대의 이상적인 모델을 모색하고 있다.

글 : 세라 코타(Kota Sera)　그림 : IHI/미쓰비시중공업/쿠마가이 토시나오(Toshinao Kumagai)

type ▶▶

ELECTRIC COMPRESSOR

저속회전 영역에서 커다란 토크의 요구가 있어도 배기 에너지가 즉시 증가되지 않아 터보의 응답 지연이 발생한다. 그래서 터보의 높은 응답의 특성을 살리고 배기 에너지에 의지하지 않고 컴프레서를 구동하는 형식이 전동 컴프레서이다. 하이브리드 터보의 경우, 모터는 과도기에 사용하는 것으로 상정되어 있지만 배기를 사용하지 않는 전동 컴프레서는 모든 영역에서 운전한다. 또한 2단 터보의 저압 단계에 이용하여 응답성의 향상을 시도하는 적용법도 생각해 볼 수 있다. 미쓰비시중공업이 개발 중인 전동 컴프레서는 정격 출력 2kW, 정격 회전속도 140000rpm의 3상 영구자석 동기모터로서 12V 전원을 사용한다. 목표 토크에 대한 응답성이 높다는 것은 확인할 수 있지만 소형화, 저비용화, 그 밖의 차량용 전장품과의 공존이 과제로 남아 있다.

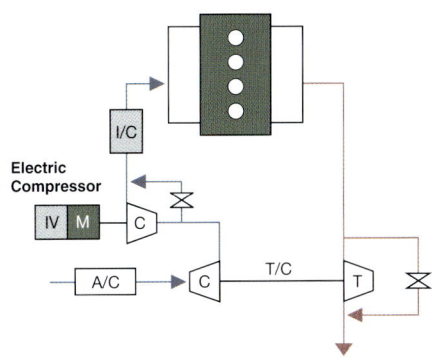

사진 좌측의 컴프레서에 고속 모터와 인버터가 직접 연결되어 모터의 회전 속도를 제어함으로서 컴프레서의 토출 압력을 제어한다. 모터 및 인버터의 냉각에는 컴프레서의 흡입 공기를 이용한다.

2단 터보의 저압 단계를 전동 컴프레서로 바꾸어 놓은 한 예이다. 싱글터보인 경우보다 상대적으로 커다란 터보를 고압 단계로 이용하여 고출력을 확보, 터보의 대형화로 불리하게 되는 응답성을 전동 컴프레서로 보완한다.

type ▶▶

TURBO GENERATOR

엔진과 모터를 조합한 하이브리드 시스템은 엔진이 한 일의 일부를 제동시에 회생시키는 구조이기 때문에 전기 에너지가 간헐적으로 발생한다. 한편 배기 에너지의 회생은 엔진이 운전되고 있는 한 연속적으로 실행하는 것이 가능하여 거기에 착안한 시스템이다. 배기 에너지로 터빈을 회전시켜 직결된 발전기가 회전하게 된다. 하이브리드 터보에서 컴프레서를 없애 회생에 특화된 시스템이라고 볼 수도 있다. 버려지던 배기 에너지를 효율성 있게 회수하는 목적은 종래의 터보와 다름이 없지만 「보다 많은 공기를 실린더 내로 넣는다.」는 점이 아니라,「전기로 변환하여 이용한다.」는 점이 다르다. 남은 배기 에너지를 웨이스트 게이트를 통해 버리는 고속 정상 주행시의 에너지 회생에 적합하다.

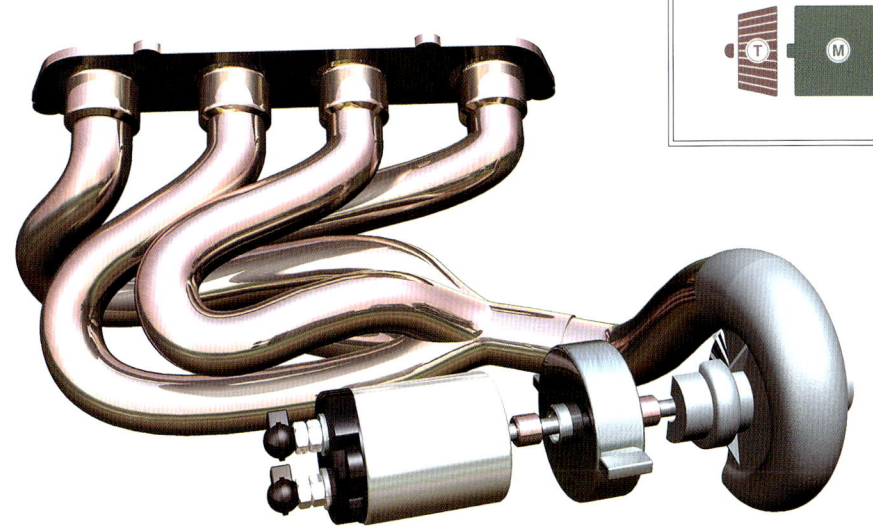

토카이(東海) 대학·하야시 요시마사(林義正) 교수가 고안한 시스템은 운전자의 요구 토크를 충족시키는 데에 필요한 엔진의 출력과 모터 출력의 배분을 통합 컨트롤러가 결정하는 것을 상정하고 있다. 회생한 전기에너지는 「곧바로 사용한다.」는 생각이기 때문에 배터리는 작은 용량으로 가능하다.

모터/제너레이터(MGU)를 조합시킨 터보차저를 편의상「일렉트릭 차저」라고 부르기로 한다. 이 일렉트릭 차저는 주로 3종류로 분류할 수 있다. 첫 번째는 터빈과 컴프레서의 사이에 MGU를 배치한 「하이브리드 터보」 배기 에너지가 부족한 저속회전 영역에서 컴프레서를 모터로 지원하여 터보 래그를 해소. 웨이스트 게이트를 열어 배기를 버리는 영역에서는 발전기로 사용하는 방법도 가능하다.

두 번째는 터빈을 모터로 바꾸어 놓은 「전동 컴프레서」. 배기에 일절 의지하지 않고 전기의 힘으로 모두를 커버하는 방식이다. 세 번째는 컴프레서를 제너레이터로 바꾸어 놓은 「터보 제너레이터」. 하이브리드 터보는 잉여분에 한해서 배기 에너지를 회생하는 방식이지만 이것은 배기 에너지 회생을 특화한 시스템이다.

고속 정상 주행하는 기회가 많은 유럽에서는 제동시의 운동에너지를 회생하여 전기에너지로 변환하는 하이브리드 시스템의 효과는 한정적이다. 그래서 하이브리드 터보나 터보 제너레이터에 의한 배기 에너지 회생(배기 에너지를 전기에너지로 변환)이 주목을 받고 있다. 엔진을 운전하고 있는 동안은 상시 회생이 가능한 것이 장점이다. 일본 공급자를 취재한 바로는 「그것도 가능하다」라는 정도의 반응이었지만 유럽 메이커의 안테나는 오히려 이쪽을 향하고 있는 듯하다. 앞으로의 동향에 주목하고 있다.

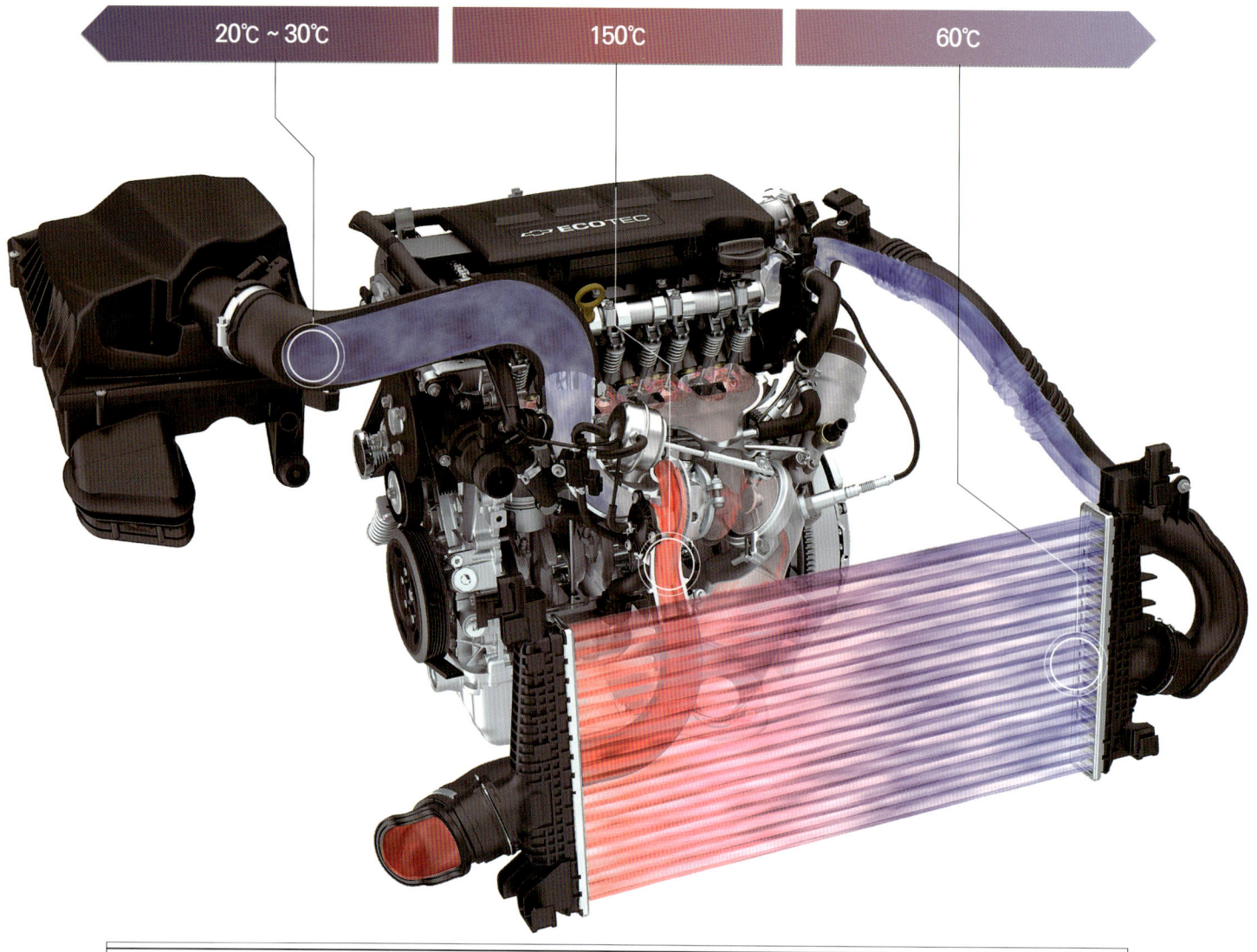

▶ 인터 쿨러란 무엇인가?

엔진의 냉각수 온도를 조절하는 라디에이터의 구조와 마찬가지이며, 과급기에 의하여 고온 팽창된 공기를 냉각하는 장치가 인터 쿨러이다. 요건이 허용된다면 얇고 큰 구조로 하고 자동차의 제일 전면에 배치할 수 있다면 이상적이다. 그러나 자동차 앞부분의 디자인이나 과밀도에서 여러 가지 제약 때문에 예를 들면 좁고 길게, 두껍고 작게, 2개로 나누어 작게, 등의 연구가 되어있다. 라디에이터나 에어컨 콘덴서와는 열 교환의 온도대가 다르기 때문에(인터 쿨러가 출구 온도가 낮다) 각각의 통과되는 바람이 서로 영향을 주지 않도록 배치를 고려할 필요가 있다. 그리고 배관이 길어지면 그만큼 압력을 높이는 공기의 용적도 커지므로 응답의 지연에도 신경을 쓰지 않으면 안 된다.

Intercooler

「인터쿨러」

효율적인 과급에 꼭 필요한 냉각장치

현대의 과급 엔진에는 거의 예외 없이 장착된 인터쿨러.
열교환을 시킴으로써 과급에는 어떠한 장점이 얻어지는지 그 메커니즘을 소개한다.

글 : MFi   그림 : GM/Volkswagen

왜 냉각시키는 것일까?

▼

산소

냉각　　가열

공기는 과급기에 의하여 압축되면 고온으로 되어 같은 압력에서는 체적이 증가하지만 그 속에 함유된 분자량에는 변화가 일어나지 않으므로 엔진이 연소를 위하여 필요한 산소를 생각해 보면 상대적으로 「밀도가 낮은 공기」가 된다. 따라서 그 상태에서 공기를 실린더에 밀어 넣는 것보다 저온의 상태로 한 후 실린더에 밀어 넣는 것이 보다 많은 공기를 밀어 넣을 수 있게 된다. 또한, 저온의 공기를 흡입하는 것이 가솔린 엔진에서의 노킹 발생을 억제할 수 있기 때문에 흡기 냉각은 필수적이다.

어떻게 냉각시킬까?

▼

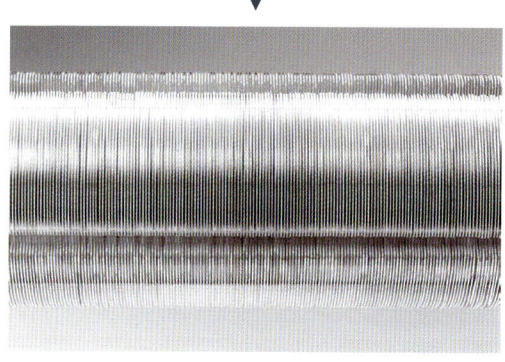

공랭식의 경우, 커다란 판 형상의 인터쿨러는 긴 파이프에 겹겹이 적층하여 긴 통로를 만든 구조이며, 그 내부를 공기가 통과하는 사이에 냉각이 이루어진다. 외부로부터는 밀폐된 사이클로 열 교환이 이루어진다. 파이프의 외측에는 얇은 판들이 촘촘히 설치되어 한층 두터워진 듯 한 외관에 의하여 표면적이 증가되어 냉각성을 높이고 있다. 당연히 파이프의 길이와 표면적이 클수록 성능은 높아지지만 사이즈가 확대되기 때문에 성능을 만족시키기 위한 크기의 선정이 요구된다.

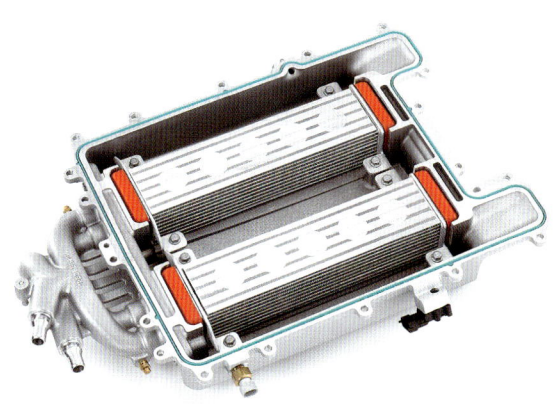

◆ 슈퍼차저의 예

"흡기에서 급기까지"의 거리가 매우 짧은 슈퍼차저에서는 인터쿨러를 보디 내에 포함시키는 방법을 생각할 수 있다. 사진은 쉐보레·콜벳에 장착된 슈퍼차저인데 뒤쪽(즉 토출측)에서 본 것이다. V8 엔진에 이용되기 때문에 각각의 뱅크에 급기하는 수냉 인터쿨러 2개가 장착되어 있는 것이 보인다.

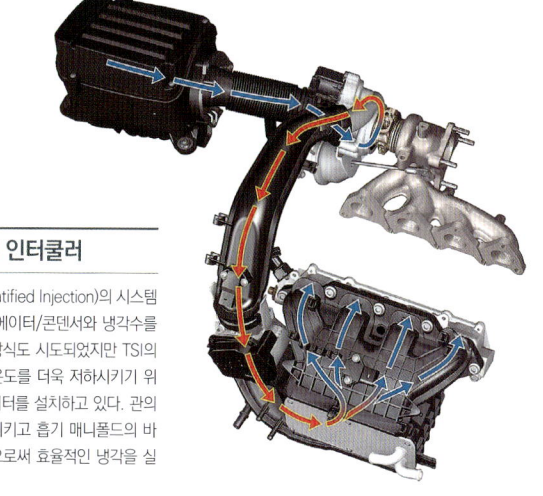

◆ 수냉식 인터쿨러

VW·TSI(Turbo Stratified Injection)의 시스템이다. 예전에는 라디에이터/콘덴서와 냉각수를 공용하여 냉각하는 방식도 시도되었지만 TSI의 시스템에서는 냉각 온도를 더욱 저하시키기 위하여 전용의 라디에이터를 설치하고 있다. 관의 길이를 최대한 단축시키고 흡기 매니폴드의 바로 앞에서 냉각시킴으로써 효율적인 냉각을 실현하고 있다.

터보차저나 슈퍼차저를 경유한 공기는 매우 뜨거워진다. 그대로 실린더에 넣으면 노킹이 발생할 가능성이 높기 때문에 온도를 저하시키기 위한 기구로서 과급 엔진에는 인터쿨러가 배치된다. 원래 「인터」라는 명칭이 가리키듯이 인터쿨러는 복수 과급기의 사이에 설치되고 있지만 배치되는 장소가 변화되어 정착한 현재도 이 명칭으로 자리 잡고 있다(역할에서 생각하면 「애프터 쿨러」이다).

냉매로서 현재 주류가 된 것은 대기이며, 주행 시에 통과되는 바람 또는 전동 팬에 의한 적극적인 송풍 등에 의하여 인터쿨러 내부를 통과하는 흡기의 온도를 저하시키는데 노력한다. 따라서 주행 시에는 바람이 닿기 쉬운 곳에 인터쿨러를 설치할 필요가 있다. 경기용 자동차 등에서는 인터쿨러의 표면에 물을 분무하여 기화잠열에 의한 강제 냉각 방법도 있다. 이외에 냉각수를 이용하는 수냉식도 있지만 인터쿨러를 통과한 냉각수를 냉각시키기 위한 라디에이터나 워터 펌프 등을 배치하는 시스템으로 구축할 필요가 있기 때문에 공랭식에 비해서 대규모의 구조가 되기 쉽다.

외부 공기에 닿아서 인터쿨러 내부를 흐르는 흡기의 열교환을 실행하는 것이므로 재질에는 열전도율이 높은 금속이 사용된다. 현재는 소재의 조달이나 가공성 등을 고려해 알루미늄 합금제가 주류가 되었다. 한편 좌우(혹은 상하)로 설치되는 탱크(흡기 호스의 연결 부분)의 재료에는 수지가 사용되는 경우도 많다.

Illustration Feature
ALL ABOUT SUPERCHARGING

CHAPTER 2

[EFFICIENT]
과급기의 구조

디젤 엔진이 이미 그러하듯이 한층 고효율을 목표로 하는 가솔린 엔진에서는
과급을 전제로 한 새로운 시스템으로서의 디자인이 추구될지도 모르겠다.
이에 필요한 기능과 성능을 실현하기 위한 과제에는 어떠한 것들이 있을까?
앞으로의 과급시스템과 과급 엔진의 방향에 대하여 정리해 본다.

과급 엔진의 영원한 최대의 과제
「과급 응답 지연의 대책」

터보차저에서의 최대의 난점은 「터보 래그」이다.
그 경감을 위하여 사용되는 기술을 정리해 본다.
글 : 마츠다 유지(Yuji Matsuda)   그림 : BMW/Opel/Volkswagen/Volvo

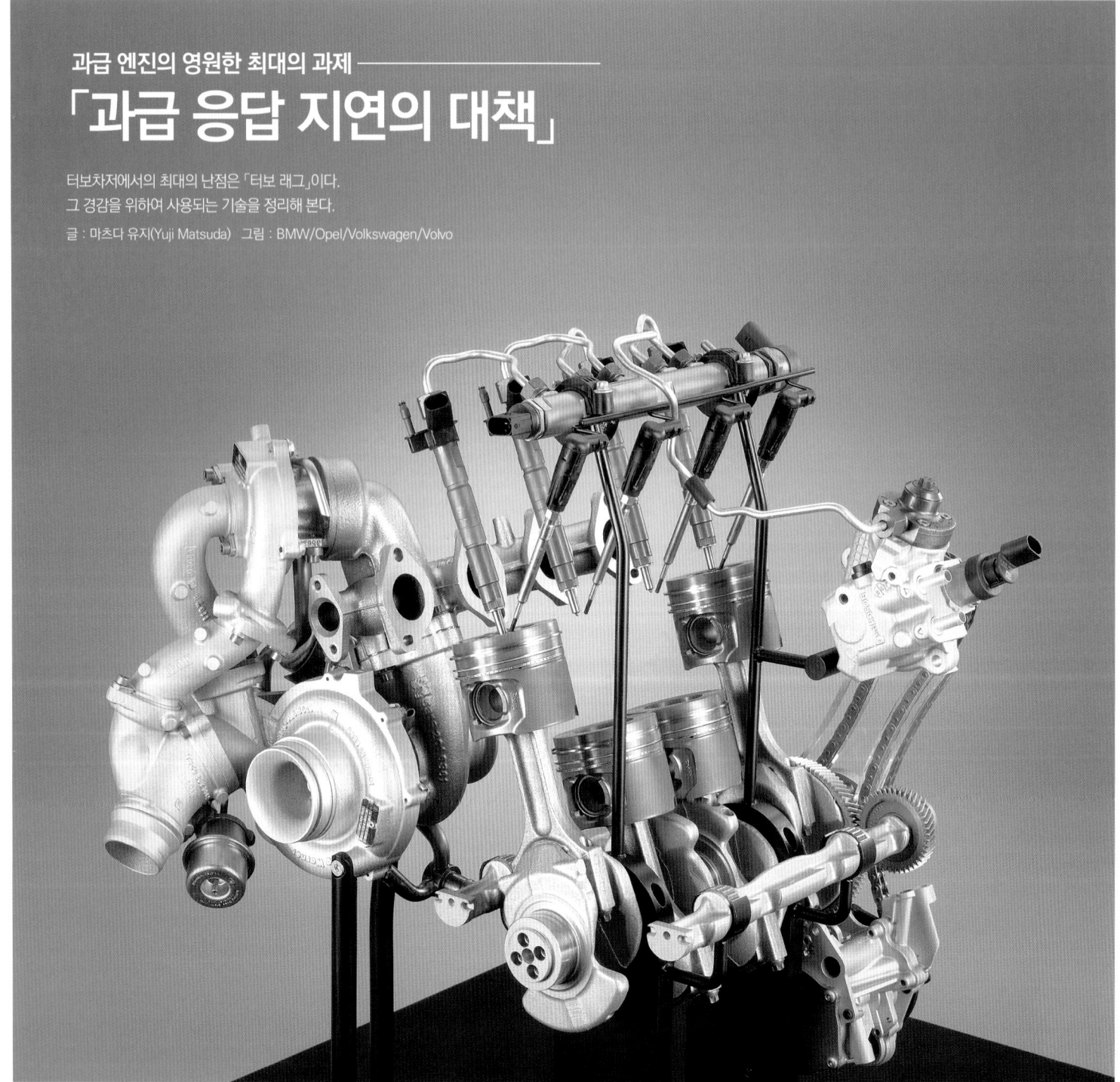

과급 응답의 지연, 소위 「터보 래그(Turbo lag)」란 가속 페달을 조작한 후에 실제로 유효한 토크가 생성될 때까지의 시간차를 가리키는 말이다. 자동차용 엔진은 운전상황이 어지럽게 변화하는 것은 항상 있는 일이기 때문에 상황에 따라 회전 속도와 배기 유량도 변화된다. 하지만 터빈은 그 변화에 따라서 항상 직선적으로 추종되지는 않는다. 감속상태에서, 급가속이 되는 상황에서는 터빈이 유효한 과급 압력을 만들어 낼 수 있는 회전속도에 달할 때까지 사이에 운전자의 조작에 대하여 엔진측이 「반응하지 못하는」 상태가 계속된다. 이것은 구동능력(Drivability) 측면 뿐만 아니라 위험의 회피 측면 등에서도 바람직하지 못하다.

응답 지연을 해소하기 위한 기본은 가능한 한 「회전하기 쉬운」 터보차저를 사용하는 것이다. 이를 위한 대전제로 컴프레서 휠이나 샤프트를 포함하여 회전 부분의 관성모멘트(회전질량)와 베어링 부분의 저항을 가능한 한 경감시키는 것이다. 또한, 같은 배기의 유량에서 보다 많은 에너지를 받아들일 수 있는 터빈의 디자인이 필요하다.

필요에 따라 반경이 다른 복수의 터빈을 배기의 유량에 맞도록 구별하여 사용하고 터빈 하우징 측에 유속제어 기능을 갖도록 하는 방법도 이용된다. 그리고 직접분사 엔진의 경우는 기화 잠열에 의하여 혼합기 온도가 낮아질 수 있기 때문에 낮은 과급 압력에서도 흡입 공기량이 증가하므로 노킹 방지와 더불어 응답 지연을 단축할 수 있게 된다.

응답 지연의 단축 및 과급 효율의 개선을 위한 방법 (참고문헌 : 아사즈마(淺妻金平)저 [터보차저의 성능과 설계] 그랑프리 출판)

복수 과급기의 조합	• 여러 개를 병렬로 운용(트윈 터보 등) • 직렬로 연결(2단 터보) • 용적형 과급기를 병용(슈퍼 터보)	외부에서의 에너지 보급	• 유체를 이용한 지원(압축공기, 윤활유 분류(噴流)) • 플라이 휠 저장 에너지를 이용한 지원 • 전력을 이용한 지원
가변 용량 기구의 채용	• 가변 터빈 노즐날개(VNT, VG) 터보 • 가변 용량 터보	배기가스 통로의 연구	• 배기가스 유로 절체형(切替型, twin entry식) • twin scroll turbo

구성부품의 개량에 의한 성능 개선

터빈 휠에 의한 개선
- 터빈 블레이드 매수(枚數)의 삭감
- 사류(斜流) 터빈의 채용
- 직경을 작게
- 저 밀도 재료(신소재)의 채용
- 터빈 블레이드의 중공화

베어링부 저항의 저감
- 볼 베어링의 채용 등

컴프레서 측의 개선
- 컴프레서 휠의 고효율화
- 하우징 형상의 최적화
- 디퓨저(defuser)부의 고효율화

응답 지연의 단축을 위하여 구성부품 측에 가능한 대책을 정리하였다. 「회전하기 쉬운 터빈」을 실현하기 위한 기본은 회전부분의 관성모멘트와 저항의 경감이다. 소재나 구조 측면에서 여러 가지 시도를 하고 있다.

볼베어링 채용의 효능

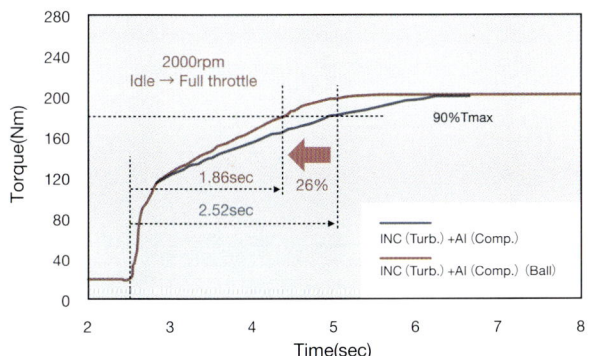

우측의 것을 포함하여 그래프는 미쓰비시중공업이 제공한 것이다. 베어링부에 볼 베어링을 채용하면 공전에서부터 전개 조작에 의한 목표 토크까지의 도달하는 시간을 26% 단축시킬 수 있다.

터빈 휠의 티탄 알루미늄화에 따른 효과

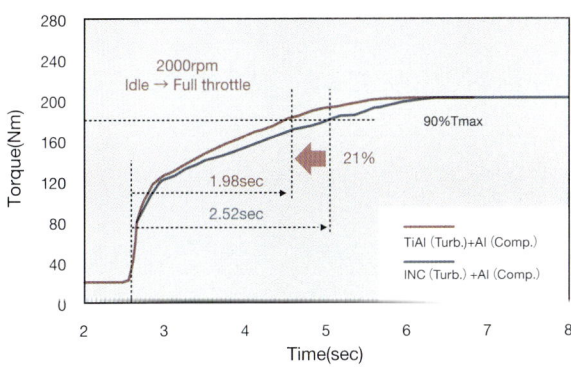

터빈 휠에 티탄알루미늄을 사용하여 관성모멘트를 경감시킨 경우의 효능을 나타낸 그래프이다. 좌측과 마찬가지 시험에 의하여 목표 토크까지의 도달하는 시간을 21% 단축시킬 수 있다.

▶ 복수 과급기의 조합 운용에 의한 개선

2단 터보 ─── 「절체식」에서 「유로 용량 가변식」으로 ▶▶ P104

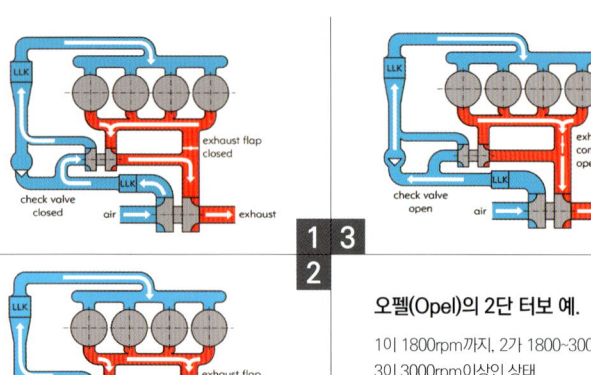

오펠(Opel)의 2단 터보 예.
1이 1800rpm까지, 2가 1800~3000rpm, 3이 3000rpm이상인 상태.
1과 2는 2개의 터빈이 일을 하는 2단 과급, 3은 어느 한쪽만이 일을 하는 싱글 단(stage)과급.

보그 워너(Borg Warner)가 BMW에 공급하는 디젤 엔진용 2단 터보 시스템으로 왼쪽 그림의 오펠과 마찬가지이다. 2개의 터빈을 직렬로 배치하여 저압측 터빈(하)의 과급 압력을 고압측 터빈(상)으로 이끌어 더욱 압축하는 2단의 과급을 이용하며, 또한 터빈을 구분해서 이용하는 비율을 변화시킴으로써 과급 압력을 자유자재로 조절할 수 있도록 하고 있다. 고압 측 터빈에는 전동 액추에이터에 의하여 제어되는 바이패스 기구가 설치되어 있다.

트윈 터보 ─── 6기통 이상의 성능 추구형에 장착한다.

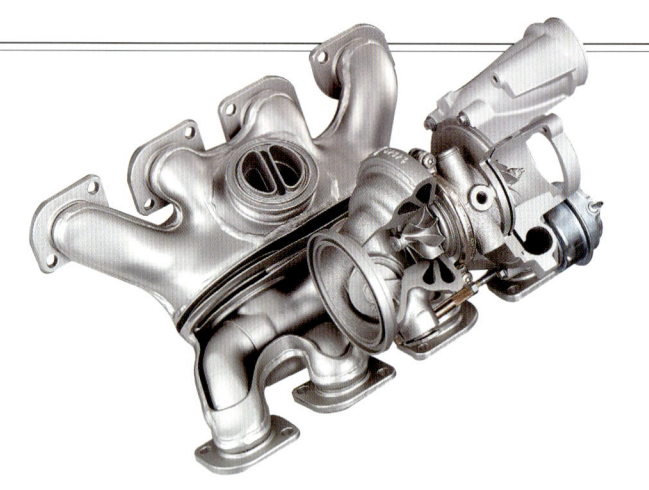

BMW제 V8 트윈 터보 엔진으로 터보 래그의 저감을 시도한 예이다. 왼쪽은 V뱅크 안에 터빈을 장착하고 배기 포트에서 터빈까지의 배관을 최소한의 거리로 한 예이다. 위는 그 배기관을 떼어낸 것이다. 좌우 뱅크의 배기관을 교차 시키면서 2기통마다 집합시켜 저속회전의 응답성이 뛰어난 트윈 터보 시스템을 성립시키고 있다.

슈퍼 터보 ─── 효과는 크지만 채용된 사례는 적다.

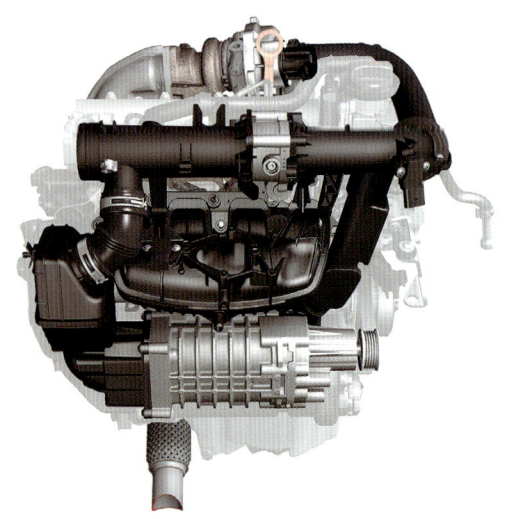

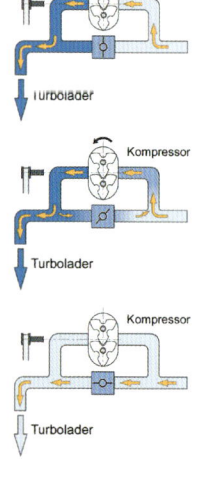

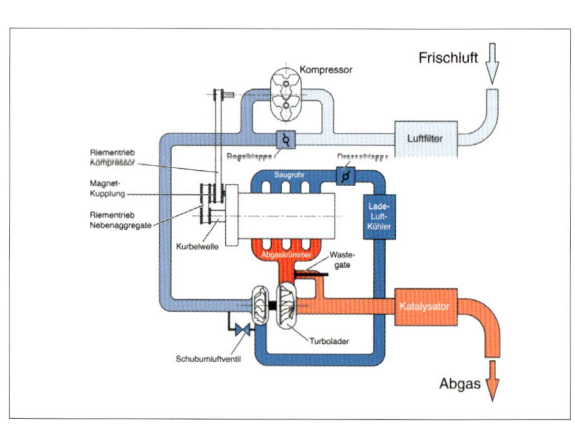

저·중속회전 영역의 과급에 슈퍼차저를 병용하여 터보 래그의 해결을 시도하는 슈퍼 터보이다. 이 예로는 Volkswagen의 TSI 엔진인데 세계 최초로 양산한 슈퍼 터보는 1989년에 등장한 Nissan의 마치·슈퍼 터보이다. 시대적인 차이는 있지만 터보 래그의 개선이라는 목적은 같다.

▶ 단독 과급기의 구조를 개선

트윈 스크롤 터보 —— 배기의 「공기기둥(air column)」을 이용하여 효율 향상 ▶▶ P102

터빈 안에 설치된 이중의 배기가스 통로이다. 여기에는 2개의 배기밸브가 동시에 열리지 않도록 그룹으로 나누어진 배기관으로 되어있다. 배기가스의 움직임은 복잡하지만 배기관에 갇혀있는 공기의 기둥(기주)이라고 생각하면 알기 쉽다. 배기관 앞쪽의 배기밸브가 닫혀 있으면 기주가 나갈 곳이 없으므로 배기가스의 에너지는 터빈에 직접적으로 전달된다. 이렇게 함으로써 터보 래그를 단축시키는 것이 트윈 스크롤의 원리이다.

가변 터빈 노즐 용량 터보 —— 가변이 되는 작은 날개로 배기 유속을 제어 ▶▶ P106

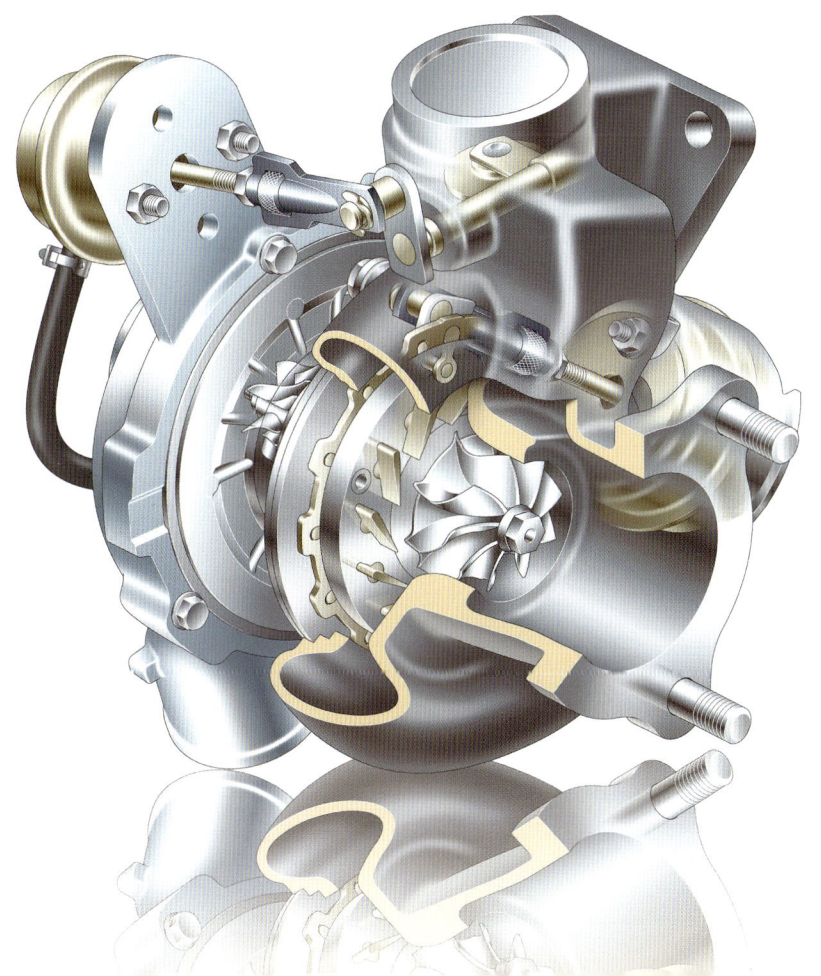

가변 베인의 각도를 바꿈으로써 가변 베인 사이의 최단 거리가 변화되는 배기가스 통로의 단면적을 가변시키는 것이 가변 터빈 노즐의 작동 원리이다. 배기가스 통로의 단면적이 작아지면 저속회전 영역에서 응답성이 향상되고 반대로 이 부분의 단면적이 커지면 고속회전에서 효율적으로 터빈을 회전시킬 수 있다. 이렇게 폭넓은 범위에서의 성능 확보가 가능하다.

과급 다운사이징, 다음의 한 수

「가변 밸브 계통과 과급은 조합이 잘 이루어진다.」

현재의 과급 다운사이징 엔진은 저속토크가 두텁고 중·고속 회전에서도 토크가 증가됨이 없이 일정하다.
이 성능은 직경이 작은 터보와 가변 밸브 계통의 조합이 가져온 것이다.
20년 전에는 존재하지 않았던 응답성이 좋은 「상용영역 중심」의 과급 엔진의 실현에는 가변 밸브 계통이 필수불가결이다.
글 : 마키노 시게오(Shigeo Makino)   사진 & 그림 : BMW/Ford/만자와 코토미(Kotomi Manzawa)/ 마키노 시게오

가변 밸브 & 과급에 의한 냉동 사이클

과급 & 인터쿨러와 흡기밸브가 늦게 닫힘으로 얻어지는 밀러 사이클 효과는 단순히 펌핑 손실의 저감만이 아니다. 엔진 내부에서의 압축이 적은 만큼을 과급에 의한 외부에서의 압축으로 보충하고 고온으로 된 공기를 인터쿨러로 외부 냉각시키면 냉동 사이클이 완성 된다.

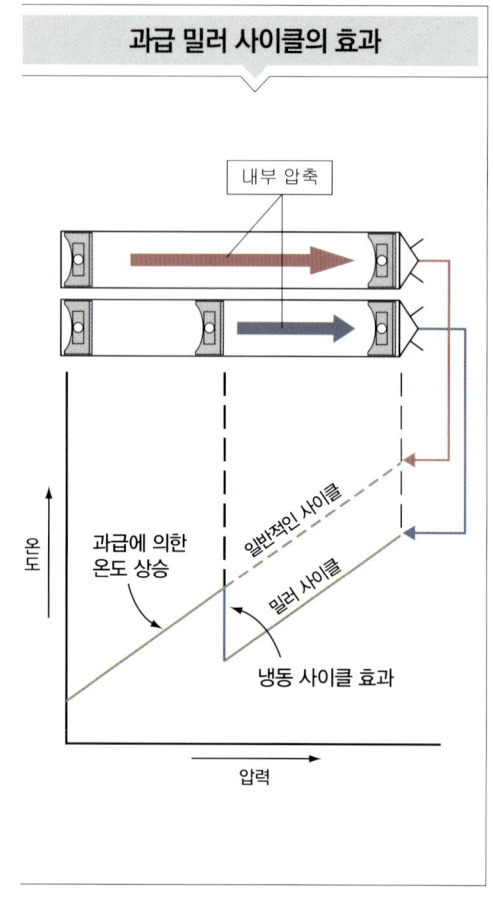

과급 밀러 사이클의 효과

1980년대에 일본에서 터보차저가 유행하였을 때 엔진 측의 흡배기 밸브는 아무것도 하지 않았다. 터보 자동차의 대부분이 스포티한 사양이었기 때문에 캠은 소위 하이리프트 형이고 개폐 타이밍과 오버랩도 고정되었다. 형편에 따라서 과급하고 배기 압력이 너무 높을 때는 웨이스트 게이트에서 배기가스를 우회 시키고 상당한 운전 영역에서 연료의 공급량을 증가시켜서 연료를 냉각 하는 엔진이었다.

현재의 과급 엔진은 사고방식이 전혀 다르다. 연료효율을 최우선으로 하고 모든 운전 영역에서 가장 좋은 효율을 얻는 엔진이다. 이것은 치밀한 연소 제어, 실린더 내에 직접분사, 작은 직경의 터보차저, 트윈 스크롤화, 그리고 가변 밸브라는, 말하자면 최신 엔진 기술의 협업(collaboration)에 의하여 가능하게 되었다. 특히 가변 밸브 계통의 진보가 가져온 효과는 크다.

그 하나가 과급 밀러 사이클 효과이다. 가변 밸브 기구를 사용하면 흡기밸브를 늦게 닫음으로서 팽창비(기하학적 압축비)와는 관계없이 압축비를 낮추는 것이 가능하다. 이것이 밀러 사이클의 효과이지만 이것에 과급기를 조합시키면 압축비가 감소하는 분량만큼 혼합기의 온도가 내려가고 과급하더라도 팽창비를 높이는 것이 가능하게 된다. 더욱이 인터쿨러에서 냉각한다면 압축비가 작기 때문에 엔진에 흡입된 후 혼합기의 온도 상승이 억제되어 외기 온도보다도 온도가 낮은 공기를 흡입한 것과 같은 효과를 얻을 수 있다. 이것이 「냉동 사이클」이고 원래의 밀러 사이클이다. 직접분사 과급 엔진이라면 연료를 실린더 내에 분사하였을 때의 기화 잠열을 사용하여 실린더 내의 온도를 더 낮출 수 있다.

흡배기를 모두 가변 타이밍기구로 하면 과급 지연의 개선이 가능하다. 가속 페달을 밟은 가속 초기에는 흡기 압력보다도 배기 압력이 높다. 여기서 배기밸브를 일찍 열고 & 일찍 닫는다면 배기 에너지가 승기함과 동시에 실린더 내에 남아있는 잔류 가스가 감소한다.

그리고 노킹을 방지하기 위하여 점화 타이밍을 늦춘다면 배기가스의 온도가 상승하고 터보차저의 터빈 휠로 가는 배기가스의 압력은 상승한다. 연소효율이 약간 떨어지게 되지만 밸브 개폐 타이밍의 제어에 의하여 과급 지연을 줄이는 방향으로의 도움이 가능하다. 한편 언덕길을 오르는 등의 저속 고부하 운전에서는 흡기 압력이 배기 압력보다 높아지므로 흡배기 밸브의 오버랩을 확대한다면 소기의 효과가 얻어지고 흡입 공기량의 증가와 노킹의 제어효과에 의하여 저속토크를 크게 증대시킬 수 있다.

그리고 흡기 측에 가변 리프트 기구를 사용하면 저속회전 영역에서 하사점 직후 20°를 지난 부근에서 흡기밸브를 닫고 동시에 상사점 전에서 흡기밸브를 여는 것도 가능하다. 그 결과 소기효과를 얻는 것과 함께 관성을 갖는 흡기가 실린더 내에 완전히 들어온 상태에서 흡기행정을 끝낼 수 있다. 이것으로 체적효율을 수% 개선시킬 수 있음은 물론 이 수%의 새로운 공기에 함유된 산소를 연소에 사용할 수 있으므로 그만큼 많은 연료를 연소시키기 때문에 터보차저의 터빈 휠에 부딪히는 배기 에너지가 상승한다. 이 프로세스가 회전마다 거듭되어 과급 지연의 시간을 단축하는 효과를 얻을 수 있다. 정상 운전의 토크를 효과적으로 증가시킬 수 있는 것은 말할 것도 없다.

그리고 흡기밸브에 리프트 제어와 위상 제어(VVT)를 사용하면 시동 직후 저부하 시에 상사점을 지나 흡기밸브를 늦게 여는 것과 동시에 하사점 부근에서 닫을 수 있다. 그 결과 실린더 내의 유동과 혼합기의 온도가 높아지므로 연소의 안정성이 향상된다. 이것은 난기 중의 배기가스 대책에 효과적이다. 흡기밸브를 조기에 폐쇄한 후 논 스로틀 운전을 하면 펌핑 손실을 큰 폭으로 감소시킬 수 있다. 배기밸브의 위상 제어와 조합하면 배기가스를 가둬두거나 재 흡입 등의 EGR 제어와 소기 효과에 의한 토크 증가를 운전 상태에 맞게 최적으로 실시할 수 있다. 가변 밸브 계통에는 많은 가능성이 있다고 하는 일례이다.

▶ 과급 엔진과 가변 밸브 계통의 협력(Collaboration)

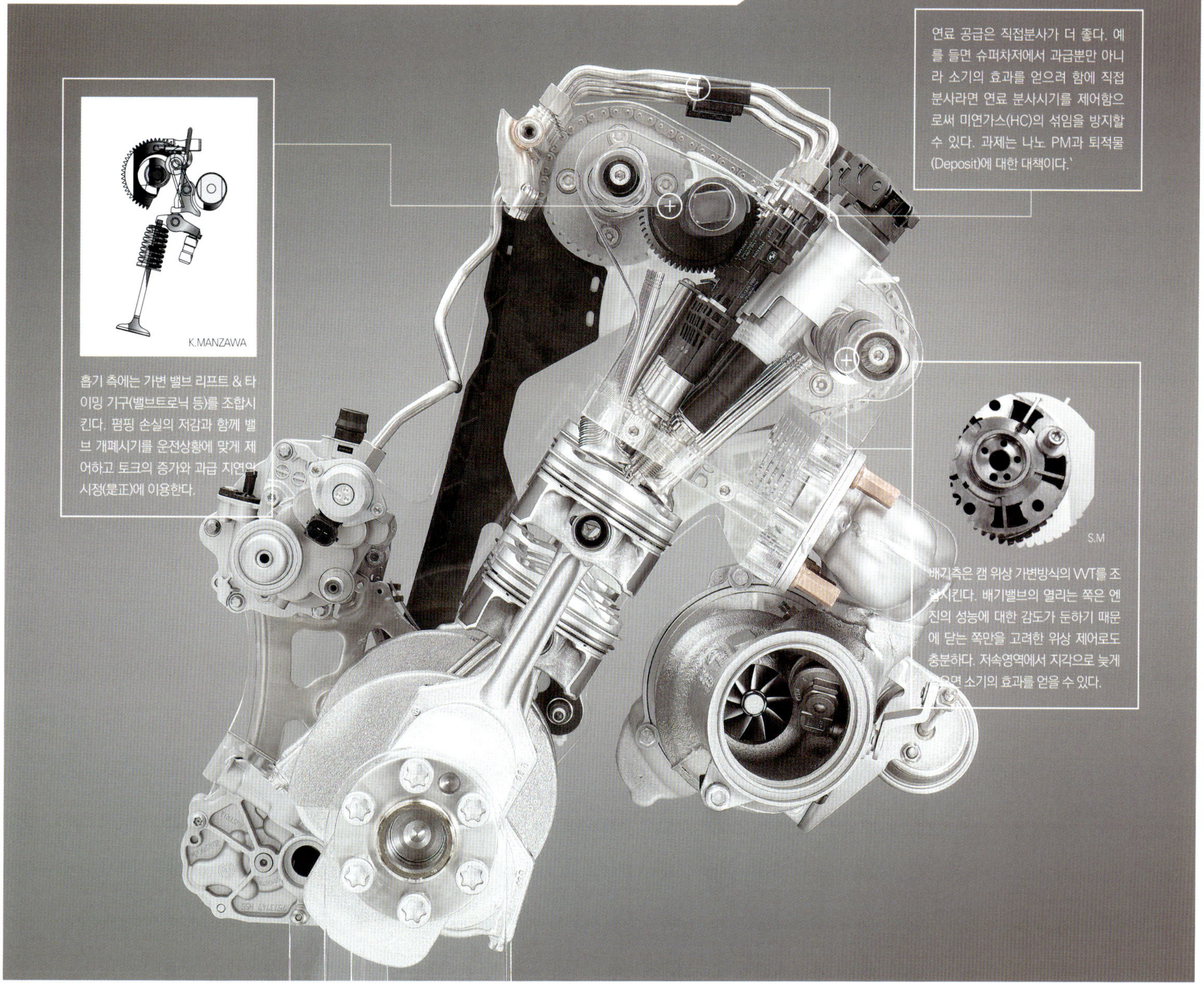

연료 공급은 직접분사가 더 좋다. 예를 들면 슈퍼차저에서 과급분만 아니라 소기의 효과를 얻으려 함에 직접 분사라면 연료 분사시기를 제어함으로써 미연가스(HC)의 섞임을 방지할 수 있다. 과제는 나노 PM과 퇴적물(Deposit)에 대한 대책이다.'

흡기 측에는 가변 밸브 리프트 & 타이밍 기구(밸브트로닉 등)를 조합시킨다. 펌핑 손실의 저감과 함께 밸브 개폐시기를 운전상황에 맞게 제어하고 토크의 증가와 과급 지연의 시정(是正)에 이용한다.

배기측은 캠 위상 가변방식의 VVT를 조합시킨다. 배기밸브의 열리는 쪽은 엔진의 성능에 대한 감도가 둔하기 때문에 닫는 쪽만을 고려한 위상 제어로도 충분하다. 저속영역에서 지각으로 늦게 하면 소기의 효과를 얻을 수 있다.

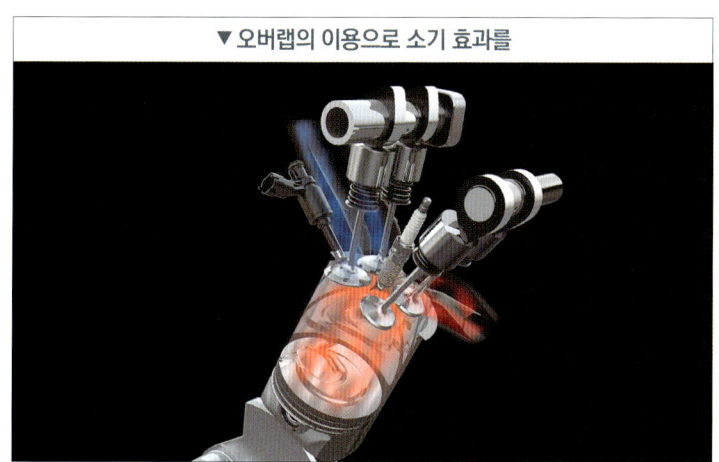

▼ 오버랩의 이용으로 소기 효과를

흡기밸브와 배기밸브의 양쪽이 동시에 열려 있는 상태가 오버랩이다. 이 제어는 배기측 VVT와 흡기 VVT에서 실시하며, 배기측의 VVT만으로도 가능하다. 배기행정의 후반 상사점 전에 흡기밸브를 열고 흡기행정에 들어가서 배기밸브를 닫는 것으로, 유입하는 새로운 공기의 압력을 사용하여 배기를 추출한다. 그러나 흡기압력이 배기 압력보다도 높을 때에만 소기 효과를 얻을 수 있으므로 과급 압력의 생성, 배기의 맥동 이용, 흡기밸브가 열리는 시기와 닫는 시기(흡기 체적) 등을 각각 어떻게 조화롭게 균형을 맞출 수 있을까 하는 것이 제어상의 핵심요소가 될 것이다.

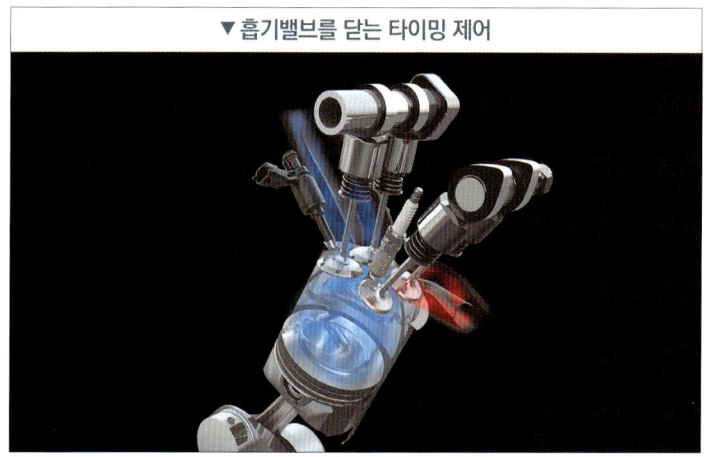

▼ 흡기밸브를 닫는 타이밍 제어

노킹이 없는 상태에서는 흡기밸브를 닫는 타이밍은 「새로운 공기를 아주 대량으로 흡입할 때」에 맞추려고 한다. 노킹이 발생된다면 흡기밸브를 닫는 타이밍을 진각/지각하여 「빠르게 폐쇄/늦게 폐쇄를 밀러 사이클」로 하고 흡기량을 억제한다. 노크 센서 및 밸브 계통의 가변 감도가 좋은 현재 상태의 점화시기 지각(Retard)을 순간적으로 끝낸다. 점화시기를 지각하면 배기온도가 상승하여 연비가 악화되기 때문에 노킹이 해소되면 곧바로 지각을 멈추어야 한다.

판금 100%의 배기 매니폴드 + 트윈 스크롤을 목표로

「신세대 배기 매니폴드를 향한 도전」

터보차저는 「고가의 부품」이다.
과급 엔진의 보급 촉진과 더불어 최대의 난관이 되고 있는 부분이다.
이를 돌파하기 위한 최신 기술의 일부분을 소개하기로 한다.

글 : 마츠다 유지(Yuji Matsuda)　그래픽 : MFi/만자와 코토미(Kotomi Manzawa)

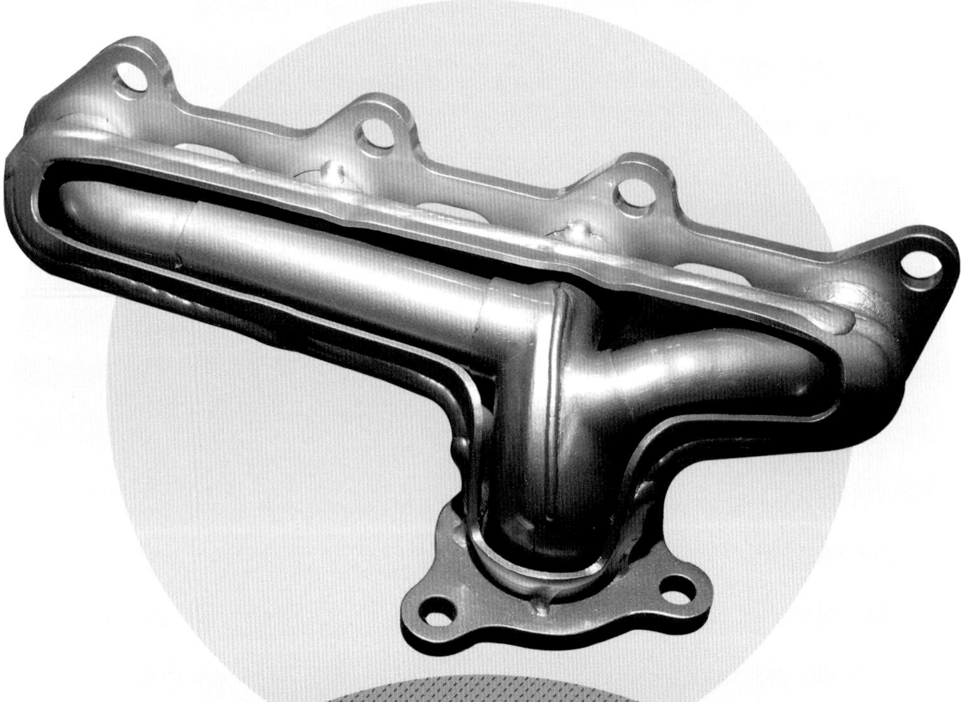

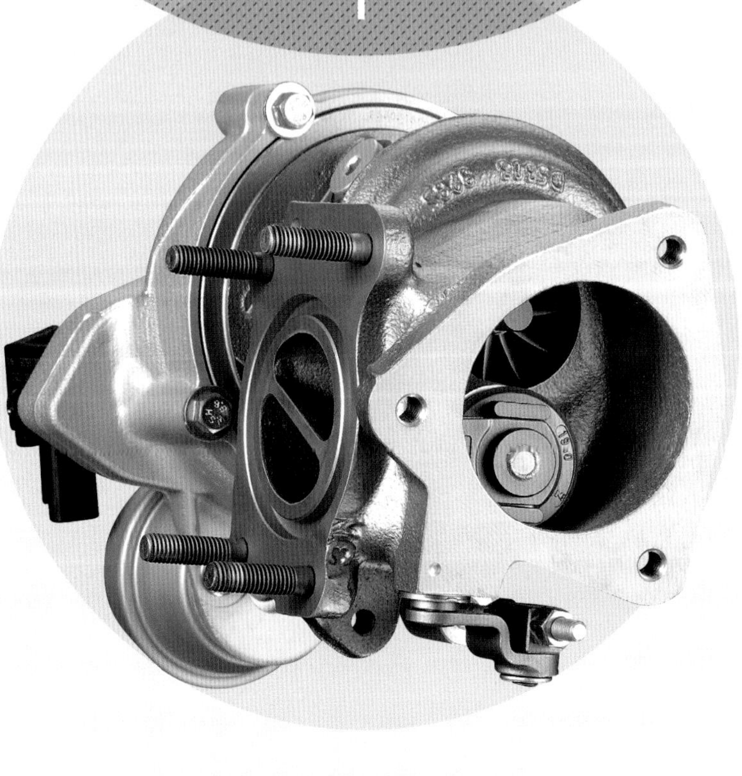

트윈 스크롤 터보와 일체화?

터빈 하우징 내의 스크롤(와류실)을 2계통으로 분할한 트윈 스크롤형 터보는 실린더 사이의 배기 간섭을 없애기 위한 목적으로 개발되었다. 4기통 엔진은 크랭크축의 위상이 180°로 다르고 점화순서가 연속되지 않는 1번 & 4번 실린더, 2번 & 3번 실린더를 짝으로 하여 각각 별도의 스크롤로 이끈다.

각 실린더의 배기행정 중에 다른 실린더에서의 압력 간섭이 발생되지 않으므로 배기밸브가 열린 직후에 생기는 블로우 다운의 압력파가 감쇠되는 일없이 터빈 휠로 유입되기 때문에 배기가스 유량이 적은 상태에서도 좋은 효율로 터빈에 에너지를 줄 수 있다. 판금화가 실현된다면 스크롤부 형상의 자유도가 높아지므로 성능 면에서의 향상도 기대할 수 있다.

▶ 포드 에코 부스터의 사례

터보 과급 엔진은 배기의 열을 터보차저가 흡수하기 때문에 무과급 엔진에 비하여 촉매의 활성화에 시간이 소요된다. 다시 말하면 냉시동 직후는 유해배출물 성능에 불리하게 된다. 대책으로서 배기 매니폴드부 전체를 덮는 구조인 슈라우드를 설치하는 것으로 공기층을 만들고 촉매의 조기 활성화의 촉진과 더불어 주위에 열의 영향을 저감시키는 예가 적지 않다.

그러나 앞으로 더욱 강화되는 규제에 대응하기 위해서는 하우징이 주물이기 때문에 열용량의 크기를 무시할 수 없게 되었다. 이것을 판금화 할 수 있다면 열용량을 크게 낮출 수 있기 때문에 촉매 활성화의 촉진 효과가 높아지고, 더욱이 고가의 주강을 사용할 필요가 없기 때문에 비용저감 효과도 기대할 수 있다.

각 회사 사양의 벤치마크

판금제품의 촉매 상류부가 조기에 고온화. 난기의 특성이 유리.

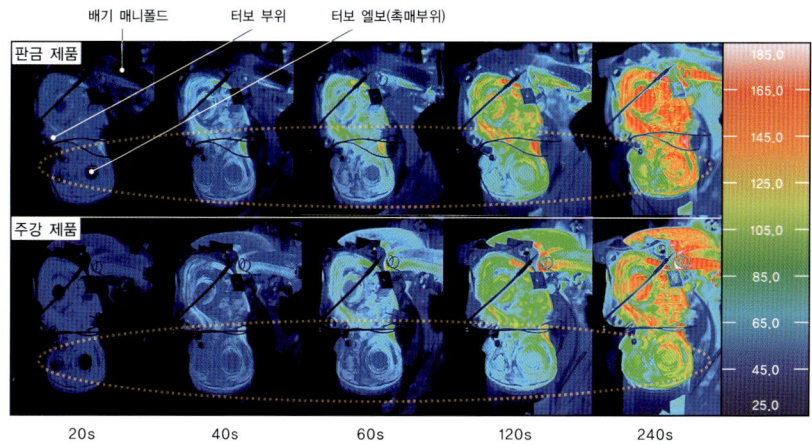

Sango(三五)가 실시한 촉매 난기 성능시험. 위가 판금 제품, 아래가 주강 제품에 의한 배기매니폴드~터빈 하우징을 갖는 엔진의 온도 그래프이다. 판금 제품의 경우는 촉매 상류부가 조기에 고온화 되고 있는 것을 파악할 수 있다.

에코 부스터의 판금 100%인 배기 매니폴드

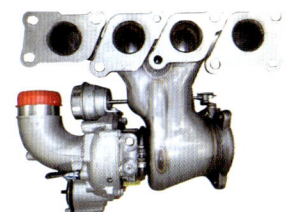

포드의 에코 부스터 엔진은 이미 배기 매니폴드에서 터빈 하우징까지를 모두 판금 공법으로 제조한다. 촉매의 조기 활성, 비용저감과 더불어 경량화에도 기여할 수 있는 등 장점이 매우 많은 시도이다.

촉매의 난기성 향상효과

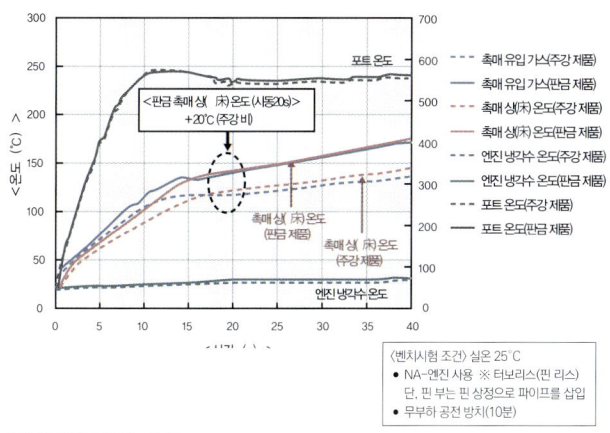

판금화에 의한 장점

촉매에 대한 난기의 성능 평가시험 결과를 그래프화한 것이다. 시험조건은 글상자 안에 표시한 대로이다. 판금 제품은 엔진의 시동 20초 경과한 시점에서 주강 제품과 비교하여 촉매 상(床) 온도가 20°C 높아지는 등의 결과가 나왔다.

여러 가지 과급 엔진의 배기 매니폴드로부터 터빈 하우징 부위에 걸쳐서 구조를 조사한 결과의 일람표이다. 보통급 가격대의 차종에서 배기 매니폴드의 주물화가 추세인 경향을 파악할 수 있는 것이 흥미롭다.

VW의 트윈 차저 TSI 엔진의 등장 이후 변화의 조짐을 느낄 수 있지만 현재도 과급 엔진의 대부분은 무과급 기본 엔진에 과급기를 부속으로 장착하는 형태로 구성되어 있다. 그러나 앞으로는 「과급기」 기본의 엔진 설계가 서서히 증가할 것이다.

그렇게 되는 경우 엔진을 구성하는 여러 부위가 철저히 「과급을 위한 디자인」으로 될 것이다. 배기 매니폴드의 구조를 예로 들면 마쯔다의 스카이 액티브 D가 좋은 예인데 이미 과급기의 설계가 상식화되고 있는 디젤 엔진에서는 과급 효율을 최우선으로 한 구조가 지극히 당연시 되고 있다. 아마도 멀지 않은 미래에 가솔린 엔진에서도 마찬가지의 구조가 일반화 될 것이다.

배기계통의 전문회사인 'Sango'에 앞으로의 전망을 취재한 바로는 대응해야할 문제의 하나로서 「판금화」가 제시되었다. 현재의 터보 하우징이 주물인데 비해 과급의 효율을 높이는 목적에서 닛산의 GT-R과 같이 배기 매니폴드와 하우징을 일체화한 구조도 보급의 조짐을 보이고 있다.

그러나 하우징의 소재인 스텐리스 주강이 매우 고가인 점과 더불어 주물이 갖는 열용량의 크기가 문제이다. 앞으로 예정되어 있는 배기가스 규제에는 -7°C에서의 냉시동 요건이 포함되어 있다. 촉매의 조기 활성화를 촉진함과 더불어 배기 매니폴드나 하우징도 가능한 한 열용량을 저감시켜야 한다.

그래서 발상을 전환하여 배기 매니폴드로부터 터보 하우징까지를 판금으로 제작하는 구상을 하게 된 것이다.

생각해 보면 배기계통의 진화의 역사에서 「주물에서 판금으로의 전환」이 항상 촉진되어져 왔다. 그리고 과급 다운사이징을 B 세그먼트 이하의 보통급 가격대 차종으로 까지 폭넓게 보급시키기 위해서는 비용 측면을 고려한 구조가 필요하다. 그런 점에서도 판금화는 도전할 만 한 가치가 있다.

사실은 이미 완전 판금에 의한 과급시스템을 탑재한 예가 존재하지만 구조는 싱글 스크롤식이다. Sango에서는 트윈 스크롤하를 목표로 연구와 개발을 진행하고 있다. 응답 지연의 경감에 효과가 크고 구조적으로도 간소하면서 견고한 트윈 스크롤 터보가 판금에 의하여 낮은 비용으로 만드는 것이 가능해진다면 과급 다운사이징의 본격적인 보급에 한층 탄력이 생기는 것은 상상하기 어렵지 않다.

치바 대학의 모리요시 교수를 방문하였다. 과급에 대하여 고견을 듣기 위해서이다. 과거에 본지는 「과급 엔진(번역판 Vol 3 085P)」을 취급한 적이 있는데 이번에는 「과급기」만을 클로즈업하는 시도이며, 지금 「과급」이라는 수단의 주변에서 어떠한 연구가 이루어지고 있는지에 대해 알고 싶었다. 그리고 현재의 시장에서 입수할 수 있는 엔진에 대해서는 각 방면에서 취재를 통하여 여러 가지 정보를 입수하고 있지만 아직 해명되지 않은 수수께끼 같은 부분 및 앞으로 양산 제품으로까지 될 수 있을지 없을지는 아직 모르지만 그래도 연구가 진행 중인 분야를 접할 수 있는 기회는 그리 많지 않다. 과급의 주변에도 분명히 그런 분야가 있는 것은 아닐까하는 생각에 연구실을 방문하였다.

「과급하면 어떤 문제가 생기는 것입니까?」
직구 승부로 단도직입적으로 물었다. 문외한이기에 허용될 질문이고 이것이 문외한의 특권이다.
「과급이란 실린더 안에 공기를 많이 주입하는 것을 말한다. 초기 압력이 높고 연소 압력도 높아진다. 근래의 다운사이징 과급 가솔린 엔진은 고과급이므로 커다란 연구주제는 프리 이그니션이다」
막바로 본론으로 들어갔다.
노킹은 스파크 플러그에서 점화한 뒤에 발생되며, 화염이 도달하기 전에 국소적으로 불꽃이 발생한다. 프리 이그니션은 그 이름대로 스파크 플러그에서 점화보다도 전에 일어난다. 나는 이렇게만 알고 있었다.

「완전히 잘못 알고 있군요(웃음). 예를 들면, 직접분사 엔진에서는 연료가 실린더 안의 벽면이나 갈라진 틈(crevice)에 달라 붙는다. 압축행정에서 이 연료와 오일의 성분이 핵으로 되어 연소되는 경우가 있으며, 퇴적물(실린더 안에 남아있는 연료가 연소되는 가스)이 벗겨져서 연소되는 경우도 있다. 또는 터보 부근의 오일 미스트(안개 상태의 오일)가 실린더 안으로 들어가 연소되기도 한다.
무엇인가 부유물이 프리 이그니션의 원인일 것이라고 하지만 여러 가지 설이 있다. 그 어느 것도 가능성이 있는 설이다. 독립적인 원인이 있을지도 모르고 복합적인 것일지도 모르겠다. 알지 못하기 때문에 연구하고 있다」

ILLUSTRATION FEATURE : ALL ABOUT SUPERCHARGING
SPECIAL INTERVIEW

연소의 메커니즘이 더욱 해명된다면 과급 엔진은 더욱 재미있어진다

연소실 내에서 무엇이 일어나고 있을까··········여기에는 아직 수수께끼가 많다.
어느 현상에 대한 이유가 추측이 가능하더라도 또는 경험상 대응은 가능하더라도 원인을 특징지을 수 없는 현상은 아직 많이 있다.
그렇다고 해서 내연기관의 연구를 게을리 할 수는 없는 노릇이다.

인터뷰 & 글 : 마키노 시게오(Shigeo Makino)   사진 : 세야 마사히로(Masahiro Seya)/Ford

모리요시 야스키(森吉泰生)
치바대학 대학원 공학연구과
인공시스템과학전공

정말 그렇다. 우리만이 알지 못하는 것은 아닌 것 같다. 모리요시 교수는 「연소에 대해서는 알지 못하는 것이 많다」라고 말한다.

「예를 들면 가솔린 엔진의 보통 연소는 등량비 1 또는 약간의 희박일 때에도 푸른 불꽃이지만 노킹이 발생되면 발간 불꽃으로 되며, 디젤 엔진의 확산 연소와 같이 빛을 낸다. 이 이유도 아직 알지 못한다.」

이것은 어쩌면 연소를 직접 보는 것이 가능한 가시화 기술의 덕택일 것이다. 실린더 안에서 연료가 어떻게 연소되고 있는지 그 자초지종을 통상의 운전 상태와 같이 연속적으로 본 적이 있는 사람이 있을까? 모리요시 교수는 「근래의 가시화 기술의 진보는 대단하다」라고 말한다. 「프리 이그니션과 노킹은 지금 가장 뜨거운 연구과제이다. 알지 못하는 점에 나중에 이유를 붙이는 듯 하는 느낌도 있지만 왜 일어나는지를 알게 되면 가솔린 엔진은 비약적으로 진보된다.」

그렇게 들으니 즐거워지지만 나 개인은 프리 이그니션이나 노킹과 같이 「예기(豫期)없이」 착화된다., 라는 것보다 「연소되지 않는다.」, 「연소되기 어렵다」라는 것에 흥미를 품고 있다. 근래의 다운사이징 과급 엔진은 대량의 EGR(배기가스 재순환)를 사용하는 예가 많은데 그렇다면 「연소되지 않는다.」라는 것은 아닐까 라고.

「대량의 EGR을 사용하여 산소 농도가 저하되면 연소하기 어렵게 된다. 게다가 실린더 내의 압력이 높아지면 스파크 플러그는 방전하기 어려워진다. 현재는 점화에너지를 증가시키거나 멀티 스파크로 하여 어떻게든 점화시키고 있지만 완전연소되기 어려운 상태가 있다.」

혼합기가 연소되지 않으면 내연기관은 성립하지 않는다. 나에게는 「너무 연소되는 것」보다도 「연소되지 않는 것」이 마음에 걸린다.

「거기에도 여러 가지로 새로운 것이 있는데 일례로 저온 플라즈마가 있으며, 비평형 플라즈마라고도 한다. 물리적으로 높은 온도에서 분자의 진동 및 회전의 온도가 같게 된 상태가 아크이다. 그 앞에 물리적인 온도는 낮지만 전자(電子)의 온도가 높은 상태에 있고, 전자가 높은 에너지를 갖고 있어도 온도가 상승되지 않는다. 이것이 저온 플라즈마이다.」

이러한 화학 이야기가 나오면 과연 내가 여기에 써 넣는 문장의 내용이 틀리지는 않을까 조심스러워 지는데 모리요시 교수님 양해 바랍니다.

「보통은 분자가 다른 분자에 부딪치면 에너지를 방출한다. 에너지를 전달하는 쪽의 분자가 화학반응을 일으킨다. HCCI(Homogeneous charge compression ignition)와 마찬가지로 화학반응에 의하여 자기착화가 발생된다. 그리고 보통의 점화는 고온에서 이루어지기 때문에 자기착화가 발생되지만 저온이라면 반대로 분자가 달라붙어 반응이 시작되는 경우도 있다.」

그것은 알고 있다. 혼합기를 압축하여 온도가 상승된 시점에서 스파크 플러그의 불꽃이 발생되고 연료 분자가 분해되어 HC(탄화수소)가 잇달아 산소에 공격을 당한다. 저온에서는 분해되지 않고 달라붙어 반응이 시작된다고....

「연소되기 어렵다는 것에 대해 말하자면 스파크 플러그에서 공급하고 있는 에너지는 50mJ 정도이다. 국소적으로는 온도가 수천 켈빈(K)이 되므로 스파크 플러그의 간극 안에 우연히 연료 분자가 있으면 1밀리 정도의 간극으로도 착화할 수 있다. 그 「우연히」의 기회를 증가시키기 위하여 스파크 플러그는 일정 시간의 방전을 실행한다. 대략 1ms 정도 방전을 계속한다. 이것에 의하여 초기의 화염을 확대하고 있으며, 한번 착화된 불이 꺼지지 않도록 하기 위해서이다. 가령 스파크 플러그의 간극 안에서 착화되더라도 그 부근에 연료가 없으면 화염은 확산되지 않는다. 그런데 저온 플라즈마인 경우는 간극을 떼어놓을 수 있다. 빗자루 모양으로 넓게 방전하는 것으로 체적착화를 할 수 있다.」

이 설명을 듣고 나니 고과급 엔진에서 대량의 EGR을 사용하여도 착화시키는 것은 간단히 가능하겠구나 하는 인상을 받았다.

「고과급은 착화하기 쉽다. 고압이 어렵다. 레이저 착화라는 방법도 있다. 빛을 사용하여 초점 위치에 에너지를 주는 방법이다. 가스 엔진으로 시험하고 있다. 블루 계통의 파장이 짧은 레이저 빛이 최적이다. 점화는 저온 플라즈마라든지 레이저로 하고 있다.」

전혀 알지 못했지만 점화계통에서도 새로운 연구가 진행되고 있는 것 같다. 내연기관의 진보는 벌써 끝났다고 누가 말했는가!

하나 더, 연료에 대해서이다. 지금 전세계에서 유통되고 있는 가솔린은 100년 이상 전의 연료이다. 현재라면 고과급 엔진에 어울리는 연료를 설계할 수 있을 것이다. 연료의 유통을 어떻게 할지의 문제는 별도로 치고 이상을 추구한다면......

「연료 설계라고 하는 사고방식이 있다. 가솔린을 자동차 엔진에 사용하면 연료 중의 2%정도가 불완전 연소가 된다. 프로판도 가솔린과 비슷하다. 수소는 100% 연소가 된다. 가솔린 혼합기의 경우 실린더 벽까지 불꽃이 도달하면 벽면을 통과하여 열이 방출되어 열량손실이 발생한다. 벽에 부착되어 있던 1밀리 정도의 얇은 가스층에서는 가솔린이 연소되지 않기 때문에 연소 후에 남게 되는데 산소 분자보다 가볍거나 무겁다. 산소보다 무거운 가솔린이나 프로판, GTL(Gas to liquids)은 약간 농후하게 하는 것이 출력이 나오며, 밀도가 낮으면 좀처럼 연소되지 않는다. 희박하더라도 연소되는 것은 산소보다 가벼운 메탄, 수소 등이며, 약간 희박한 상태에서 잘 연소되고 출력도 나온다.」

가솔린이 2%가 연소되지 않고 남는다는 말에 아깝다는 생각이 들었다. 어떻게 할 수 없는 것일까. 그리고 일본에서 유통되고 있는 가솔린이 RON91 레귤러와 RON98 프리미엄뿐이라는 것이 엔진의 진보를 저해하고 있는 듯 해 정말로 안타깝다. 모리요시 교수나 이번의 인터뷰에 같이 동석한 하타무라(畑村耕一) 박사도 「RON95가 필요하다」라고 찬동하여 주었다.

「그런데 프리 이그니션이라는 것은 말야……」라고 하타무라 박사가 화제를 바꿨다.

「저속 고부하에서 일어난단 말이야. 그러나 프리 이그니션이라는 연소 방식은 조금씩 연소되지 않고 왕창 연소된단 말이야. HCCI와 똑같다. 지금은 노킹 전용으로 천천히 연소시켜서 압력을 낮추고 있는데 프리 이그니션이라는 것은 현 상태에서는 귀찮은 놈이지만, 연구해가다보면 「혹, 사용할 수 있을지도 모르는 존재」가 되었으며, 3년 전부터 연구가 활발해졌다. 프리 이그니션의 제어가 가솔린 엔진의 연구과제인 셈이지」

이것이 화제로 되자 모리요시 교수와 하타무라 박사가 열을 올렸으며, 두 사람 모두 과급 엔진의 개량에 심혈을 쏟고 있다. 그런 연구자들과 교류할 수 있는 입장이 정말 기쁘다.

「미래에는 액체 연료를 설계하고, 태양 에너지를 사용하여 그 연료를 만들게 될지도 모르겠지만 유통은 별도로 하고, 고과급에 아주 적합한 연료의 조성이 있다. 우리의 목전에는 여러 가지의 과제가 있어서 해명해야할 수수께끼가 많이 있다. 원래라면 힘을 모아서 공동 연구를 해야 할 주제들이다.」

마지막으로 모리요시 교수는 이렇게 말하였다. 나도 완전히 동감한다. 이 건에서는 나에게는 잊지 못할 일이 있다. 버블 경제가 한창일 때 기업에 풍부한 연구 개발비가 있었던 시대, 내가 취재한 몇 개의 기업이 위탁 연구비의 거의 전부를 유럽과 미국의 대학과 엔지니어링 회사에 지불하고 있었다. MIT(매사추세츠 공과대학)이나 베를린 공과대학이나 일본에서도 유명한 엔지니어링 회사이다. 「국내의 대학은?」이라고 물으니 「몇 건은 있지만 전체의 예산 중에서 위탁비는 미미한 수준이다」, 라는 대답이 돌아왔다.

내연기관에는 아직 무한한 가능성이 있다. 모리요시 교수의 설명에서 그것이 느껴져 왔다. 그러므로 「내연기관의 진보는 멈추었다」는 등 그런 말은 하지 말라!」라고 다시 한번 말해두고 싶다. 그런 말이야 말로 거짓말이다.

Illustration Feature
ALL ABOUT SUPERCHARGING

CHAPTER 3

[CATALOGUE]

과급기 시스템의 구성

과급의 방법에는 여러 가지의 종류가 있다.
엔진 실린더의 배치구조, 요구 성능, 비용, 공간 요건 등을 고려하여 과급기의 수 및 종류가 나뉘어 사용되며,
과급 엔진을 형성하고 있다.
이 책에서는 여러 갈래로 갈려 복잡한 과급기 시스템 구성에 대하여 그림과 사진을 통해 소개하고자 한다.

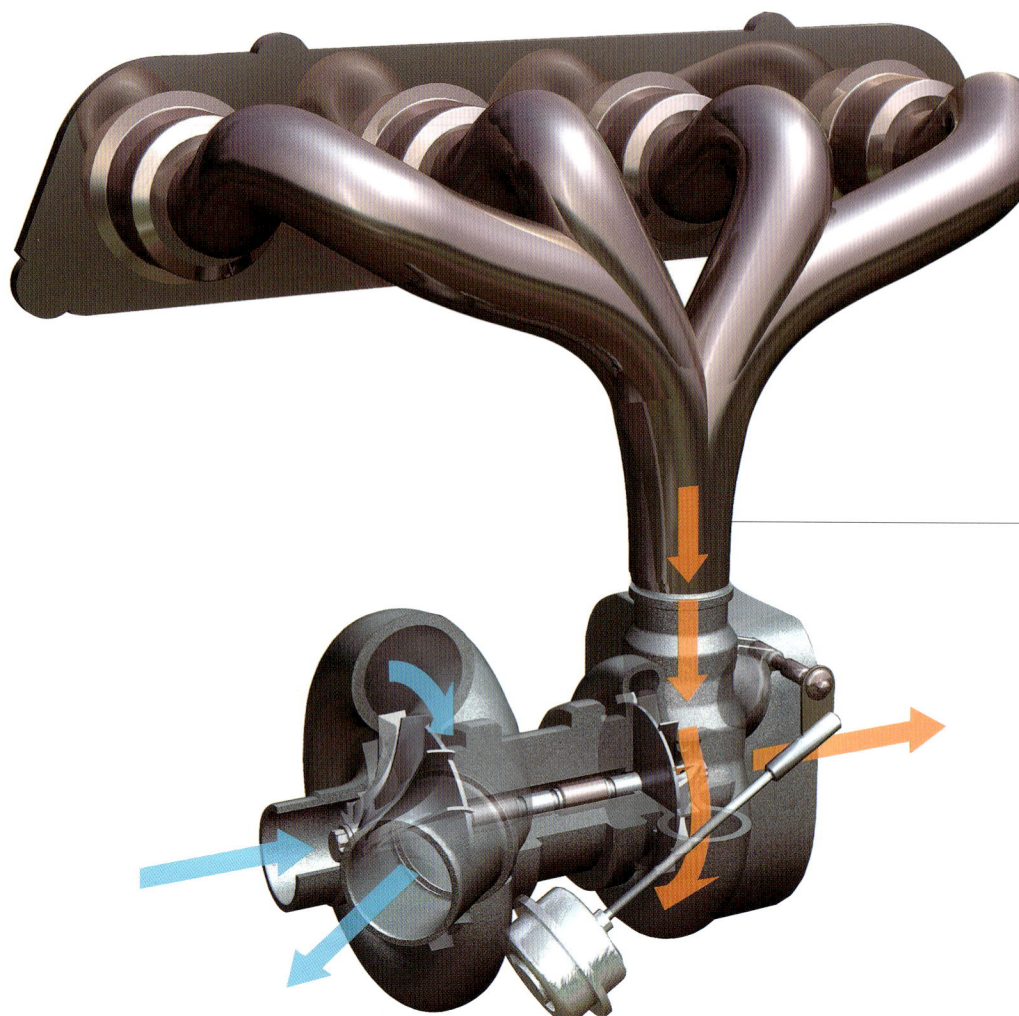

싱글 스크롤 터보 시스템의 구성

배기가스가 갖는 열에너지를 운동에너지로 바꾸어 터빈에서 회수하고 터빈과 같은 축 위에 직결된 컴프레서로 공기를 압축하는 것이 터보차저의 가장 기본적인 형태이다. 배기 매니폴드의 집합부에서 터빈 하우징 입구에 있어서는 통로의 단면적이 서서히 작아지는 집중형(convergent) 노즐을 형성하고 있으며, 이 부분에서 배기가스의 흐름을 가속시켜 운동에너지의 회수효율을 높이고 있다.
엔진에 공급되는 공기의 최대량은 터보차저의 송풍 능력에 의존하므로 터보차저가 클수록 고출력이 얻어지지만 엔진과의 기계적인 접속을 갖지 않는 유체 구동이기 때문에 터빈/컴프레서 휠의 관성모멘트(회전 질량) 크기에 비례하는 형태로 회전속도상승의 응답 지연(터보 래그)이 발생한다. 싱글 터보에 있어서는 이들 요소를 양립시키는 것이 어렵기 때문에 어느 정도 응답 지연도 허용 범위 내에 있게 중용을 취하도록 설정하는 것이 일반적이다.

Single Scroll Turbo
터보차저 ×1

▶ **간단한 구성, 터보 과급의 기본형**

모든 실린더로부터의 배기를 하나의 통로로 유도하여 터빈을 구동하는 간단한 구조가 가장 큰 특징이다.
극히 적은 추가 부품으로 커다란 효과를 얻을 수 있다는 것이 터보차저 본래의 취지이다.

글 : 타카하시 잇페이(Ippei Takahashi)   그림 : 쿠마가이 토시나오(Toshinao Kumagai)/세야 마사히로(Masahiro Seya)/Volkswagen/BMW

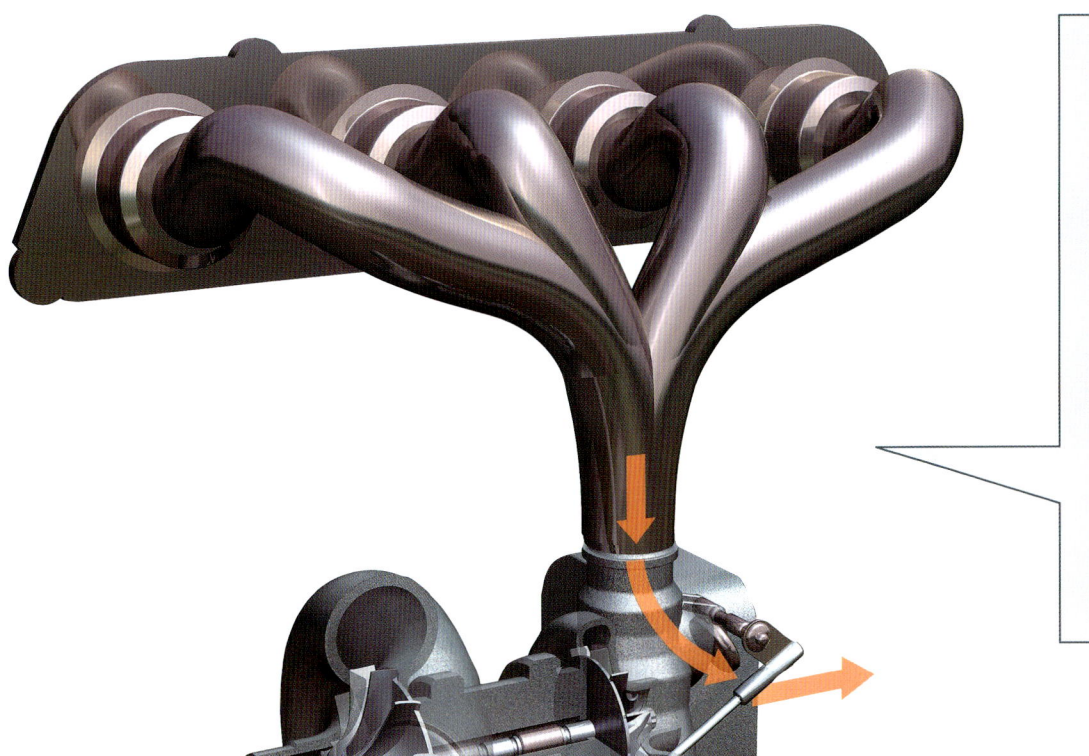

웨이스트 게이트 작동 시

여분의 과급 압력과 터빈의 지나친 회전을 방지하기 위한 제어는 터빈 바로 앞에 설치된 웨이스트 게이트 밸브의 개폐에 의해서 이루어진다. 이 그림은 웨이스트 게이트 밸브가 열려 있는 상태를 나타낸 것으로 터빈 입구(상류)와 터빈 출구(하류)를 우회하여 배기가스의 대부분이 터빈의 구동에 활용되지 않고 터빈의 출구로 곧바로 빠져 나간다.
반대로 웨이스트 게이트 밸브가 닫혀 있는 상태를 나타내는 것이 왼쪽 페이지의 그림이다. 모든 배기가스가 터빈을 통과한다. 소위 터보차저의 전개 운전 상태이다. 한편 이 그림들은 웨이스트 게이트 밸브의 구동에 공압식 액추에이터를 사용한 예이다. 제어 대상인 과급 압력(흡기 매니폴드 압력)으로 액추에이터를 작동시키는 합리적이면서 간단한 것으로 현재 가장 일반적인 구조로서 많이 이용되고 있다.

● **웨이스트 게이트 밸브의 구동에 전동 액추에이터를 사용한 예**

설정 압력에 이르기 전부터 서서히 열리는 공압식 액추에이터의 결점을 보완하고 더욱 적극적인 제어를 실시하기 위해 등장한 전동 액추에이터. 설정 압력에 도달하기까지 웨이스트 게이트 밸브를 단단히 닫아두고 밸브가 열릴 때에는 한꺼번에 완전히 열리는 디지털적인 동작을 가능하게 하고 터보 래그의 저감에도 효과를 발휘한다. 사진은 Volkswagen의 1.2TSI 엔진의 예이다.

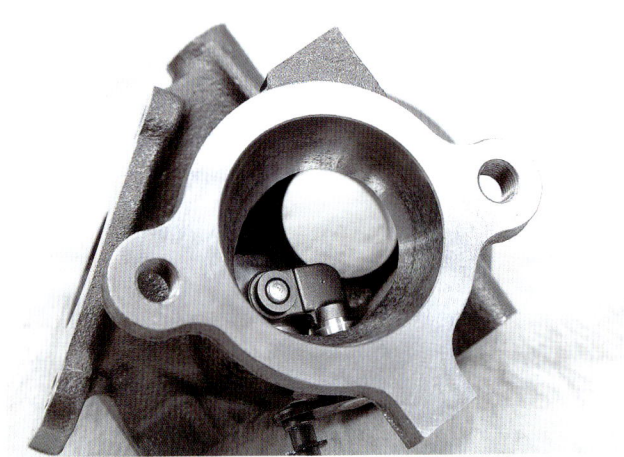

● **터빈 하우징 내의 웨이스트 게이트**

터빈 하우징을 출구 측에서 들여다 본 것이다. 속에 보이는 L자형 암 좌측 끝에 장착된 원반 형상이 웨이스트 게이트 밸브이다. 운전 상태에 따라서 열팽창과 수축을 반복하는 장소에서 최대한의 민폐도를 얻기 위해 원반 형상의 밸브는 형태를 유지하는 상태에서 암에 설치되어 있다. 그 움직임에 근거해서 스윙 밸브식이라고도 부른다.

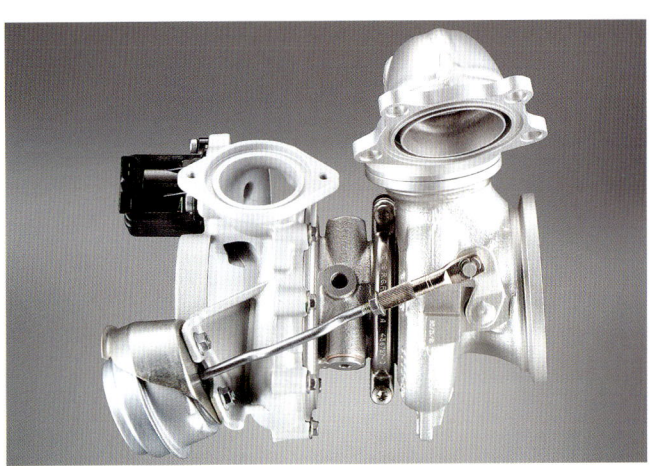

● **공압식 액추에이터를 이용하는 웨이스트 게이트**

액추에이터 안에는 다이어프램과 스프링이 배치되어 있고 과급 압력(흡기 매니폴드 압)에 의해 다이어프램을 움직이는 힘이 스프링의 작력을 상회하며 작동하여 웨이스트 게이트 밸브가 열리기 시작한다. 예전에는 과급 압력이 액추에이터에 직접 작용하는 형식이었지만 현재는 압력을 해제시키는 전자식 솔레노이드 밸브가 도중에 설치되어 있는 경우가 많고 이것에 의한 전자제어도 병용되고 있다.

Twin Scroll Turbo
터보차저 ×1

▶ 통로를 둘로 나누어 효율을 현저하게 향상

스크롤이란 터빈에서 배기가스의 통로가 되는 「와류」부분을 나타낸 것이다.
이 부분이 겹치는 형태로 두 개가 설치되어 있는 것이 트윈 스크롤 터보이다.

글 : 타카하시 잇페이(Ippei Takahashi)　그림 : 쿠마가이 토시나오(Toshinao Kumagai)/세야 마사히로(Masahiro Seya)/GM/MFi

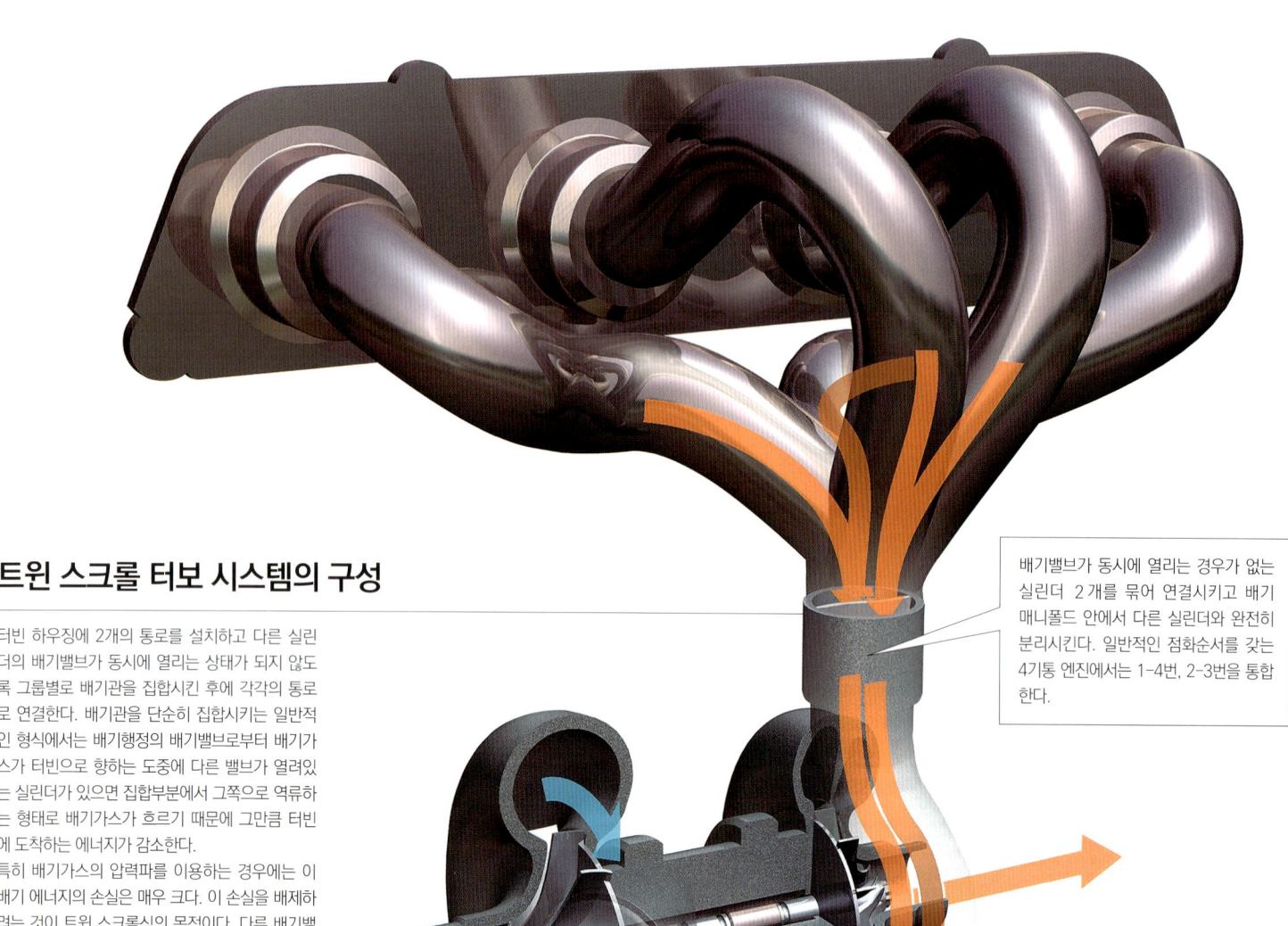

트윈 스크롤 터보 시스템의 구성

터빈 하우징에 2개의 통로를 설치하고 다른 실린더의 배기밸브가 동시에 열리는 상태가 되지 않도록 그룹별로 배기관을 집합시킨 후에 각각의 통로로 연결한다. 배기관을 단순히 집합시키는 일반적인 형식에서는 배기행정의 배기밸브로부터 배기가스가 터빈으로 향하는 도중에 다른 밸브가 열려있는 실린더가 있으면 집합부분에서 그쪽으로 역류하는 형태로 배기가스가 흐르기 때문에 그만큼 터빈에 도착하는 에너지가 감소한다.

특히 배기가스의 압력파를 이용하는 경우에는 이 배기 에너지의 손실은 매우 크다. 이 손실을 배제하려는 것이 트윈 스크롤식의 목적이다. 다른 배기밸브가 이미 닫혀 더 이상 갈 수 없는 상태이면 역류는 발생되지 않는다. 정확하게는 배기가스 속에서 전달되는 압력파 등 복잡한 요소가 존재하지만 이렇게 생각하면 알기 쉽다. 특히 배기 압력이 낮은 저속회전 영역에서 그 효과를 발휘하며, 간단한 구조이면서도 터보 래그를 저감시키는 것이 가능하다.

배기밸브가 동시에 열리는 경우가 없는 실린더 2개를 묶어 연결시키고 배기 매니폴드 안에서 다른 실린더와 완전히 분리시킨다. 일반적인 점화순서를 갖는 4기통 엔진에서는 1-4번, 2-3번을 통합한다.

배기 매니폴드 안에서 분리된 통로는 각각 독립된 스크롤(와류 부분)로 유도된다. 고속 회전하는 터빈 안에 흘러들어간 배기가스는 그 구조 때문에 다른 통로(스크롤)로 역류하는 경우는 거의 없다.

● **터빈 하우징 내의 구조**

터빈 휠을 둘러싸는 스크롤이 독립된 형태로 이중으로 배치되어 있는 것을 알 수가 있다. 배기가스의 속도를 높여야 하기 때문에 터빈 휠로 향하는 유로가 좁혀져 있다. 또한 스크롤 사이에 역류가 발생되는 경우는 거의 없다. 어느 스크롤이나 터빈 블레이드 날개의 평평한 부분을 향하여 배기가스를 분출하고 있다.

● **터빈 측의 유입구**

1-4번, 2-3번을 분리하는 형태로 배기 매니폴드 내에 설치된 칸막이가 터빈 하우징 내에까지 계속되어 내부에서 두 개의 스크롤을 형성한다. 웨이스트 게이트는 하나이지만 양쪽의 스크롤에 연결되어 있다.

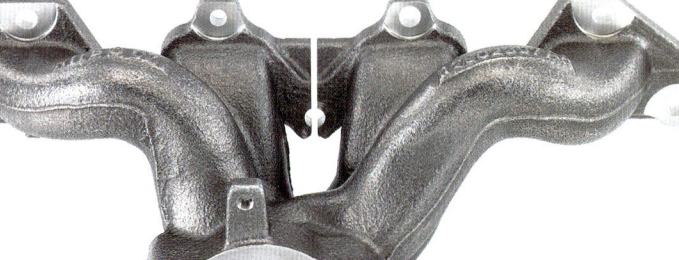

● **배기 매니폴드**

내부에 칸막이를 설치하여 2실린더씩 독립된 출구를 갖고 있는 것을 알 수 있다. 사진의 예에서는 출구의 위쪽이 1-4번, 아래쪽이 2-3번 실린더로 연결되어 있다. 무과급엔진의 4-2-1 배기계통과 같은 구조로 배기의 간섭을 없애고 흡배기 오버랩에서 소기효과도 기대할 수 있다.

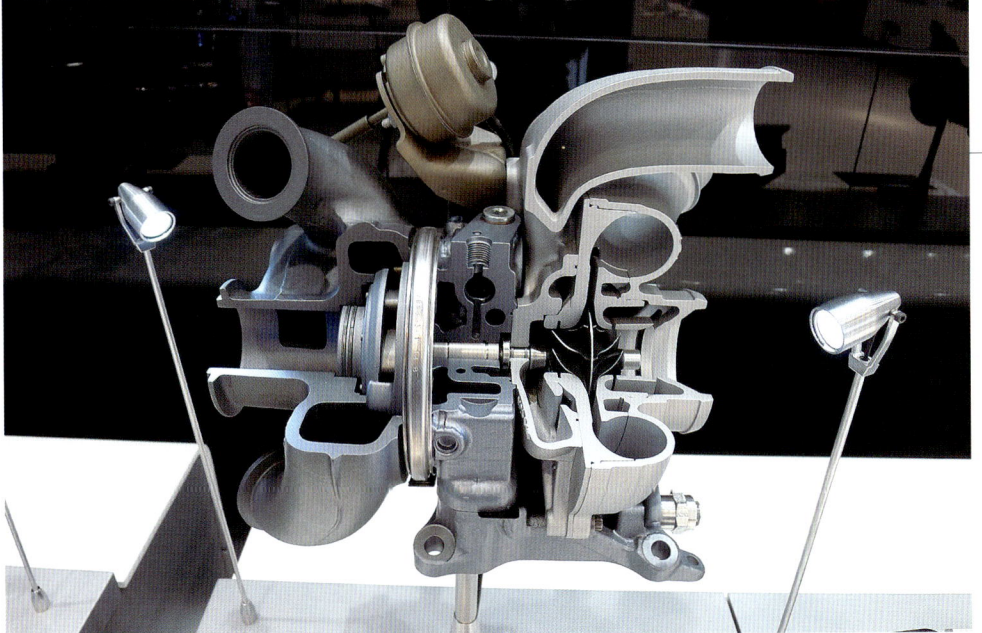

● **색다른 "트윈 스크롤"**

포드의 F 시리즈에 탑재된 6.7 V8 디젤 엔진에 장착된 터보차저이다. 좌우 뱅크의 실린더를 담당하고 플랜지부까지 독립시킨 트윈 스크롤에 VG 기구를 조합시켜 컴프레서 측에는 2개의 컴프레서 휠이 서로 등을 맞대고 반대방향을 향하도록 연결한 구성의 트윈 스크롤 구조를 갖고 있다.

Two Stage Turbo (Sequential Turbo)
터보차저 ×2

▶ **역할을 분담하는 것으로 시너지 효과를 얻는다.**

2개의 터빈을 병렬로 배치한 시퀀셜 터보, 그 사용방법에서 2단 터보라고도 한다.
폭넓은 영역에 대응해야 하기 때문에 크고 작은 2개의 터보를 그 특성에 맞는 운전상황에 따라 조합시켜 사용한다.

글 : 타카하시 잇페이(Ippei Takahashi) 그림 : 쿠마가이 토시나오(Toshinao Kumagai)/세야 마사히로(Masahiro Seya)/미쓰비시중공업

시퀀셜 터보 시스템

저속회전 시에는 하나의 터빈을 구동하고 중·고속회전 시에는 터빈을 하나 더 추가하여 2개의 터빈을 단계적으로 사용하는 형식으로 주로 저속회전 시 터보 래그의 저감과 고속회전 시의 출력을 양립시키는 시스템이다. 말로 표현하는 것은 간단하지만 실제로 구축하려면 그림과 같이 복잡하게 뒤얽힌 배관과 배관을 전환하기 위한 밸브시스템이 필요하기 때문에 확실한 효과를 얻을 수는 있지만 시스템이 대규모로 되는 것은 피할 수 없다.

자동차에 터보가 사용되던 시절부터 구상은 하고 있었지만 운전상황에 맞는 흡배기 경로의 전환에 컴퓨터 제어가 필요해지면서부터 그 실현에는 전자제어 기술의 발전을 기다릴 필요가 있었다. 일반적인 대량 생산 모델에 장착한 것은 1990년의 마쯔다 유노스 코스모가 최초이고 그 후 1990년대의 일본 자동차에 몇 개 채용된 예가 있지만 근래에는 해외를 포함해 가솔린 엔진에서는 거의 자취를 감추었다.

2단 터보의 전체를 대략적으로 살펴보자.

미쓰비시중공업이 연구 하고 있는 디젤 엔진용의 시스템. 시퀀셜 트윈 터보는 2개의 터빈을 직렬로 배치하여 고압 터보의 바이패스를 설치하기 위해 복잡한 배관으로 되어있다. 저압측 터보에서 압축한 공기를 고압측 터보에서 더욱 압축하고 2개의 터보 작용을 조정하여 압력비(≒과급 압력)를 목적에 맞추어 순식간에 변화시키는 것이 가능하다.

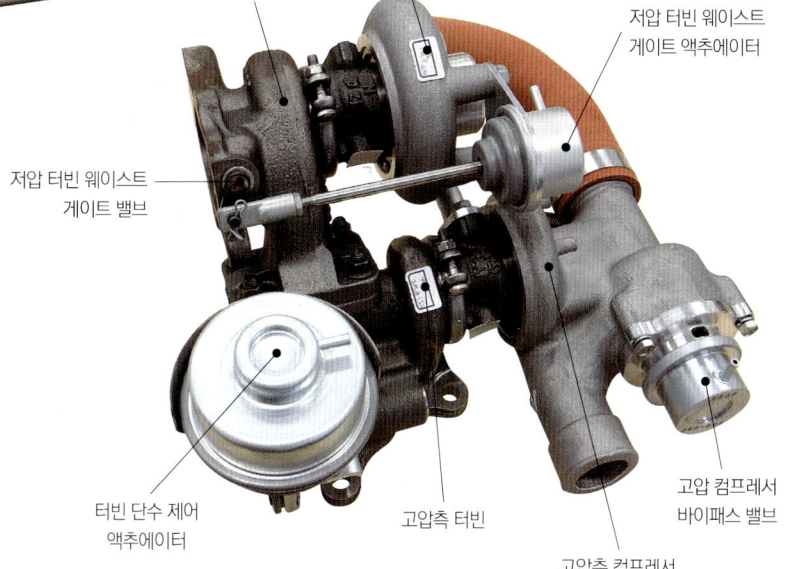

저압 터보의 작동 시

2개의 터빈을 구동하고 있는 왼쪽 페이지의 그림에 대해 이쪽의 그림은 고속회전 영역을 담당하는 저압 터보만을 구동하고 있는 모습이다. 배기가스와 공기의 흐름을 표시하는 화살표의 분포가 크게 달라졌음을 잘 알 수 있다. 저속회전 영역용의 고압 터보는 밸브시스템에 의하여 입구와 출구가 연결되어 터빈의 배기가스 흐름은 물론 저압 터보에서 발생한 과급 압력을 사용하여 대량의 공기를 보내는 것이 방해되지 않도록 고압 터보의 컴프레서도 바이패스 하도록 되어있다.

터보의 싱글 구동에서 트윈 구동으로 이행 시에는 이행에 앞서 고압 터빈으로 배기가스를 흐르게 하여 미리 터빈 휠을 회전시켜 두는데 단계적으로 작동된다는 감각을 느끼지 않게 하기 위한 제어도 실시된다.

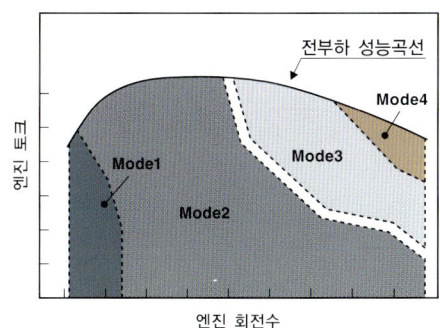

4개 모드에 의한 동작

Mode 1 : 저압측(대), 고압측(소) 터빈이 동시에 작동하는 완전한 2단 과급영역.
Mode 2 : 고압측의 터빈의 유량을 배기유량 제어밸브로 조정하여 과급 압력을 제어하는 영역.
Mode 3 : 저압측만의 1단 과급영역. (고압측은 아이들링 상태)
Mode 4 : 과급 압력이 상한 값에 달하고 저압측의 웨이스트 게이트를 연 상태.

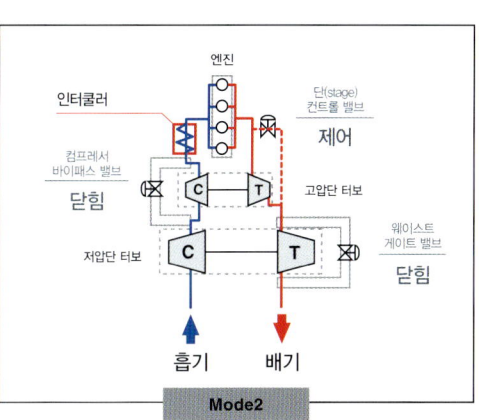

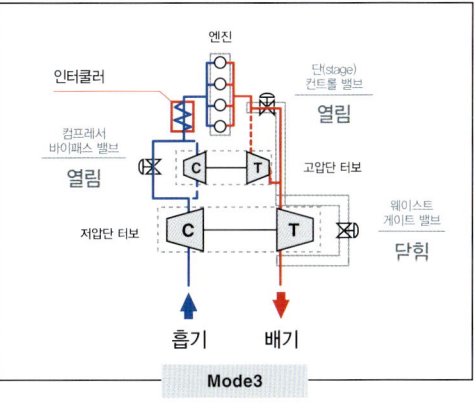

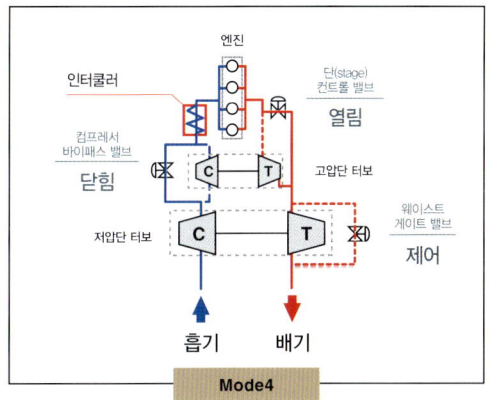

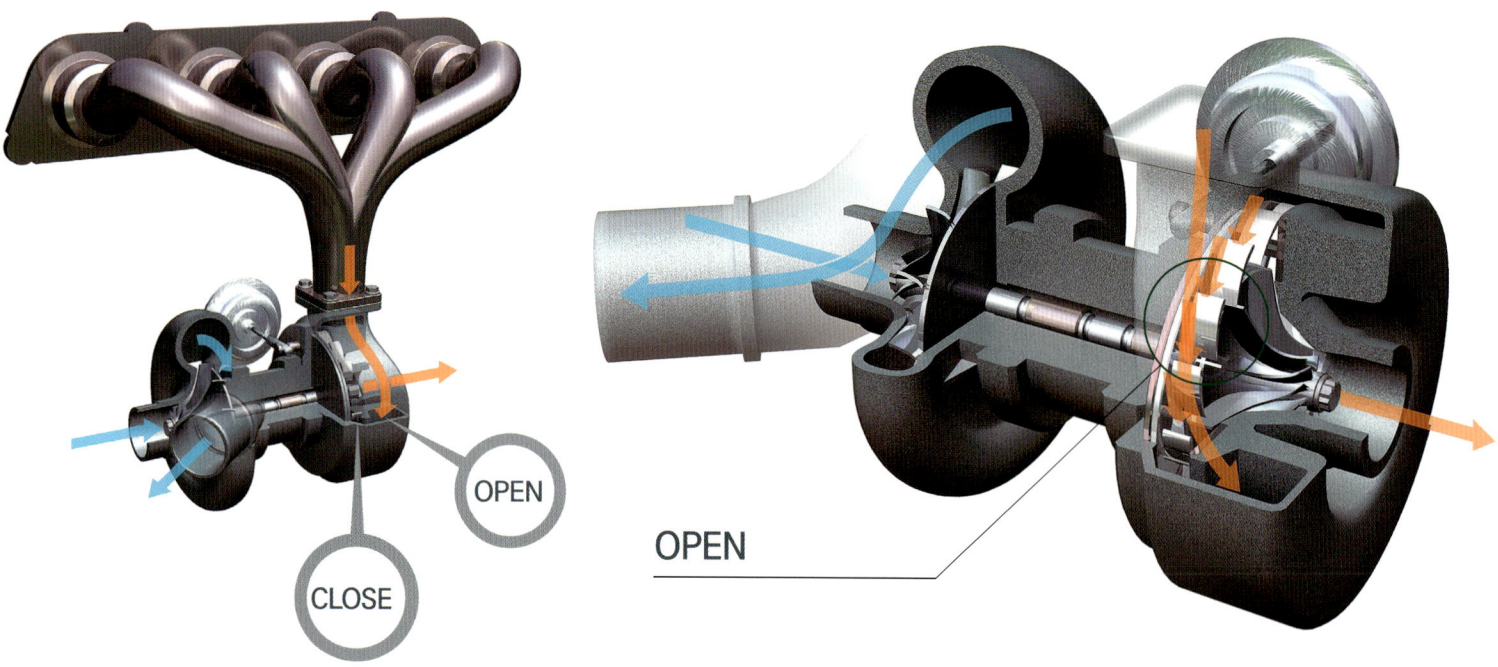

OPEN

CLOSE

OPEN

CLOSE

VG 터보의 가변 동작

VGT(Variable Geometry Turbo)는 터빈 하우징 내에 「가변 노즐」이라고 하는 기구를 설치하고 터빈으로 배기가스의 도입 각도와 통로의 단면적을 가변 시키는 형식이다. 일반적으로 통로의 단면적이 작게 좁혀져 있는 것은 저속 회전용, 통로의 면적이 큰 것은 고속 회전용인데 저속 회전용은 응답성이 뛰어나지만 고속회전에서 가스의 흐름이 너무 강해지고(choke), 고속 회전용은 저속회전에서 배기가스의 유속이 빠르지 않아 터보 래그가 발생하기 쉽다.

터빈 주변의 크기를 결정하는 요소를 가변으로 하고 이것들의 상반되는 요소를 양립시켜 고속회전 영역에서 출력을 희생시키지 않고 터보 래그의 저감을 시도하는 것이 VGT의 목적이다. 가솔린 엔진에서는 고가의 내열 합금을 필요로 하기 때문에 현 시점에서는 극히 일부에 장착 하고 있지만 디젤 엔진에서는 배기가스의 온도가 낮은 점 및 터보 래그의 저감에 효과적인 배기가스(PM)의 대책이기 때문에 트럭용 등을 중심으로 주류적인 존재로 자리를 잡아가고 있다.

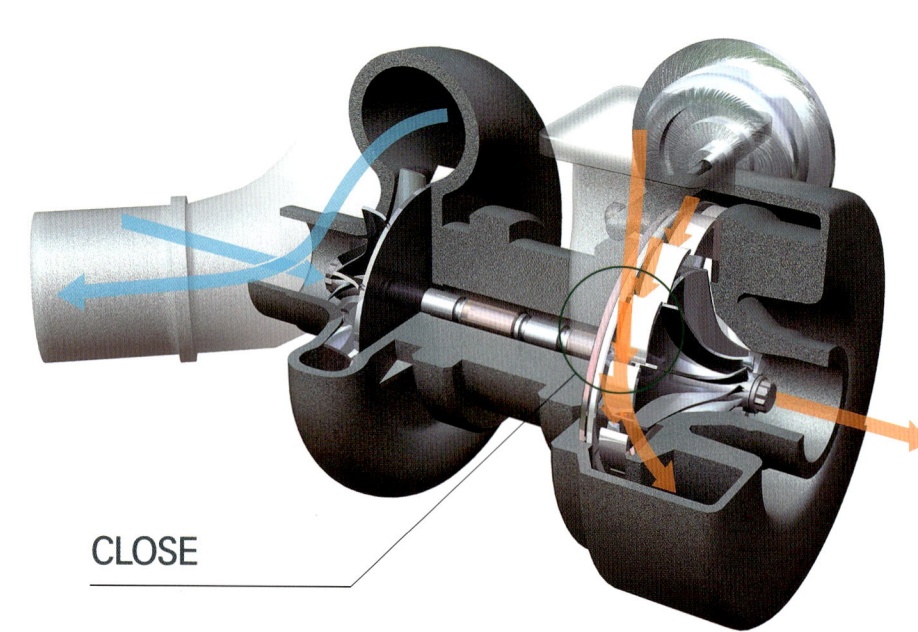

Variable Geometry Turbo
가변 용량 터보차저 ×1

▶ 터빈 휠에 가스의 유입 각도를 제어

터보차저의 성격을 결정하는데 중요한 요소가 되는 터빈 주변의 크기를
결정하는 요소를 가변으로 하여 상충되는(trade off)인 조건을 양립시킨다.

글 : 타카하시 잇페이(Ippei Takahashi)　그림 : 쿠마가이 토시나오(Toshinao Kumagai)/Ford/Porsche/Honda

좌 : 가변 노즐과 터빈 휠

VGT의 핵심이 되는 가변 노즐은 터빈 휠을 에워싸는 형태로 배치된 「가변 베인」이라고 하는 다수의 도풍판(導風板)으로 구성된다. 가변 베인은 전체가 동기화 되면서 각도를 바꾸어 배기가스의 도입 각도와 통로의 단면적을 변화시킨다. 이렇게 함으로써 터빈의 구동력도 제어할 수 있으므로 웨이스트 게이트가 불필요하게 되는 점도 VGT가 갖는 장점의 하나이다.

우 : 가변 제어 기구

트럭용 디젤 엔진에 사용되는 VGT에는 일반적인 터보의 웨이스트 게이트에 사용되고 있는 것과 같은 과급 압력에 의하여 구동되는 공압식 액추에이터가 주로 사용되지만 사진과 같이 전동식 액추에이터가 사용되는 예도 있다. 과급 압력에 의존하지 않기 때문에 온갖 조건에 대응하는 자유도가 높은 제어가 가능하게 된다.

가솔린 엔진으로의 전개

디젤 엔진과 비교하여 배기가스의 온도가 높은 가솔린 엔진에서는 VGT의 가변 노즐 기구에 내열성이 높은 금속이 필요한 것이 보급에 있어서 커다란 장벽이 되고 있으며, 현재의 시점에서 포르쉐 911 터보(997)에 채용된 예를 볼 수 있는 것에 불과하다. 그중에서도 가변 베인은 열을 방출하는 경로가 거의 존재하지 않는데다가 매우 작고 배기가스의 온도가 1000℃를 상회하는 것도 드물지 않은 현재의 가솔린 엔진과 조합에 있어서 이 부분의 형상과 성능을 장기간에 걸쳐서 유지하기 위해서는 고온에 견디는 것만 아니라 고온 하에서의 내식성도 필요하다. 상당한 고가의 합금 이외에는 선택 사항이 발견되지 않는 상황이다. 터보 래그에 대하여 상당한 효과를 보이는 만큼 저비용으로 실현이 요망된다.

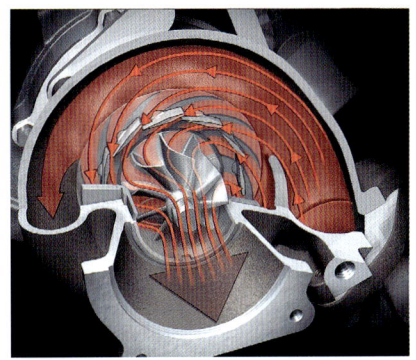 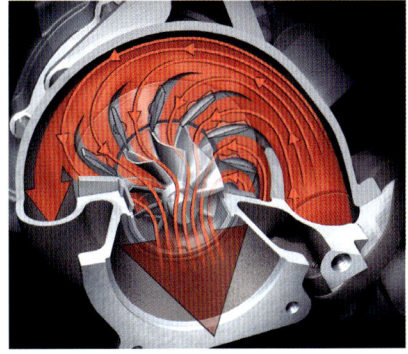

● 포르쉐의 예

가솔린 엔진의 양산 자동차로서는 현재 유일하게 VGT가 채용된 예이다. 가변 베인의 각도를 바꾸어 배기가스 통로의 단면적을 변화시킨다. 저속회전 영역에서는 통로를 좁혀서 유속을 높이고 고속회전 영역에서는 통로의 단면적을 크게 하여 유량을 증가시킨다. 내열 합금을 많이 사용함으로써 상당한 비용이 소요되는 터보차저는 보그워너 제품이다. 초 고급 자동차이기 때문에 실현된 시스템이다.

● 혼다 · 윙 터보

마치 비행기의 날개와 같은 고정 베인과 가변 베인의 4개를 서로 마주보도록 배치된 가변 기구에 의하여 터보 래그의 해소를 시도한 VGT의 선구적인 존재이다. 혼다 · 레전드의 V6 엔진(2)에 조합되어 1988년에 등장하였다. 획기적인 메커니즘이지만 1대를 끝으로 자취를 감추었다. 다시 말해 이 터보차저는 IHI에 의한 것이었다.

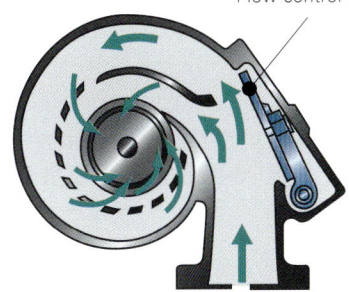

● 혼다 · VFT

고정 베인의 대열에 의하여 나누어진 내측과 외측 2개의 스크롤과 외측 스크롤로의 통로를 개폐하는 밸브에 의하여 구성되는 「간이형 VGT」라고도 할 수 있는 시스템이다. 유체의 성질을 교묘하게 이용한 간단한 구조에 의하여 VGT와 같은 고가의 재료를 사용하지 않고 VGT에 가까운 효과를 실현하고 있다.

Twin Turbo (Parallel Twin Turbo)
터보차저 ×2

▶ 다기통 엔진의 최적인 해법

주로 6기통 이상의 배기량이 큰 다기통 엔진에서 주류가 되고 있는 시스템의 구성이다.
필요한 풍량을 2개의 터빈에 분담시킴으로써 한개 당 관성모멘트(회전 질량)를 억제할 수 있다.

글 : 타카하시 잇페이(Ippei Takahashi) 그림 : 쿠마가이 토시나오(Toshinao Kumagai)/BMW

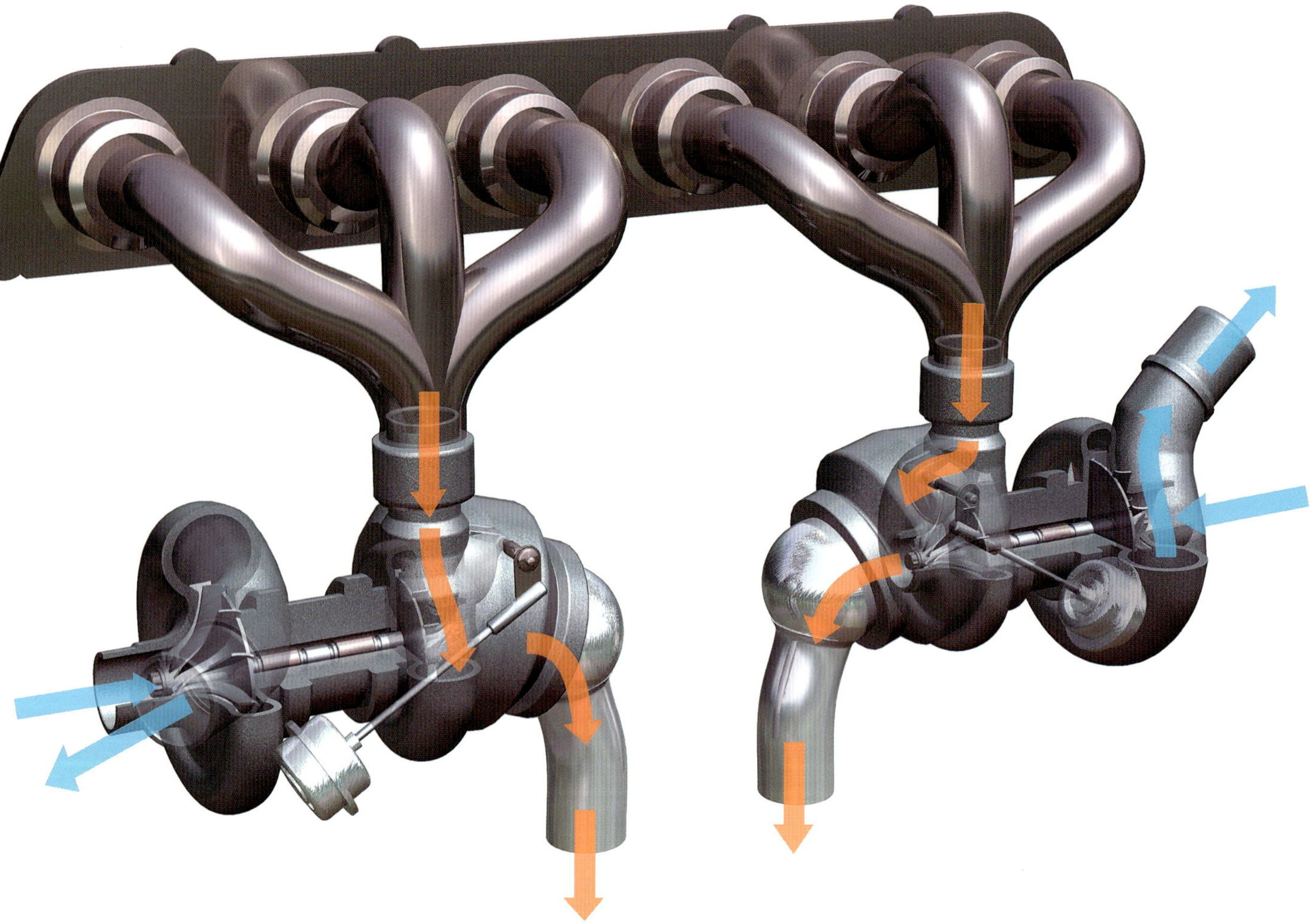

병렬 터보의 과급 구성

6기통 이상의 배기량이 큰 엔진에 터보를 조합시킬 때 그에 알맞은 풍량을 하나의 터빈으로 조달하려고 하면 터빈의 대형화에 동반하여 터빈/컴프레서 휠이라는 회전부분의 관성모멘트도 증대되며, 커다란 터보 래그를 초래하게 된다. 이 문제를 회피하기 위하여 필요한 풍량을 2개의 소형 터빈에 분담시켜서 회전부분의 관성 모멘트(길이의 5승에 비례)를 작게 억제시킨 병렬 트윈터보라고 하는 구성이다.

직렬 6기통의 경우를 예로 들면 1~3번과 4~6번 실린더를 3개씩 통합한 배기 매니폴드에 각각 독립된 터빈을 배치한다. 앞에서 말한 것 같이 싱글 터빈으로 한 경우와 비교하여 한개 당 터빈은 소형이 되므로 터보 래그를 최소한으로 억제하면서 2개의 컴프레서로부터 풍량을 합계하여 대용량을 확보하는 것도 가능하게 된다. 배기관의 수가 늘어나 번잡하게 되기 쉬운 배기 매니폴드의 배치 구조를 간략화 할 수 있다는 장점도 놓칠 수 없다.

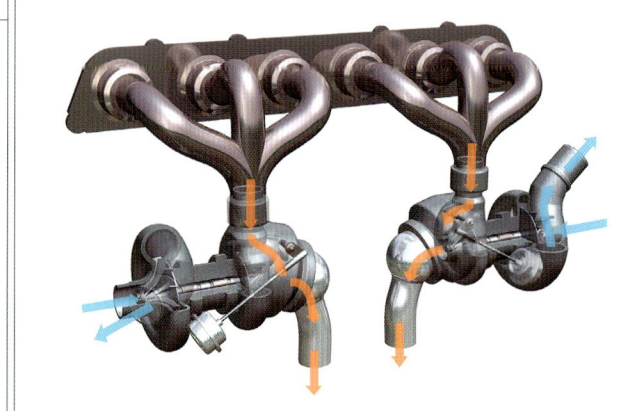

웨이스트 게이트의 작동

2개의 터빈에 각각 독립적으로 배치되어 있는 액추에이터로 웨이스트 게이트를 작동시킨다. 공압식의 액추에이터에 작용하는 과급 압력은 두 쪽이 모두 같지만 액추에이터를 구성하는 다이어프램과 스프링의 개체 차이로 인하여 정확히는 2개의 웨이스트 게이트가 작동하는 타이밍이 다르다. 물론 이 차이는 아주 작아 문제가 되지는 않는다.

● 직렬 6기통의 예/BMW · N54

2979cc의 직렬 6기통에 2기의 터빈을 조합시킨 BMW의 N54형 엔진이다. 밸브 트로닉(valvetronic)과 연료를 실린더 내에 직접분사 하는 시스템을 갖추고 240kW의 출력을 발휘한다. 터빈의 출구 측을 마주본 터빈의 배치와 판금 성형에 의한 2중 구조의 배기 매니폴드가 특징이다. 웨이스트 게이트의 구동은 정통적인 공압식 액추에이터에 의한다.

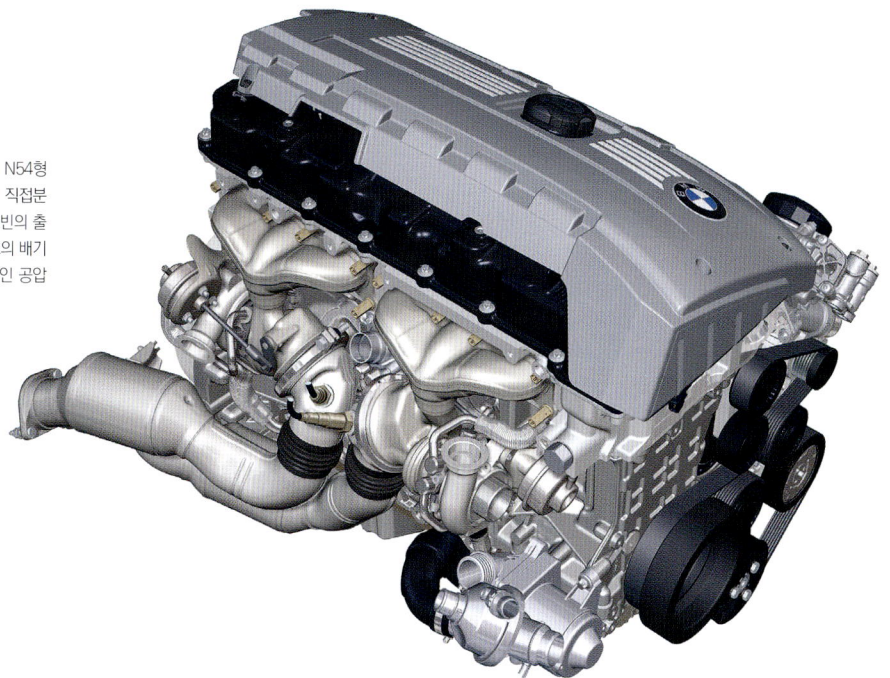

● V형의 예①/BMW · S63

4394cc V형 8기통의 양 뱅크에 트윈 스크롤 터빈을 조합시킨 것으로 터보 래그의 저감과 고출력을 양립시킨 S63형 엔진이다. 일반적인 V형 8기통 엔진과는 달리 흡기 다기관을 엔진의 양측에 배치하는 리버스(Reverse) 배치구조로 되어있으며, V뱅크 내에 2기의 가레트(Garrett)제품의 터빈이 배치되어 있다.

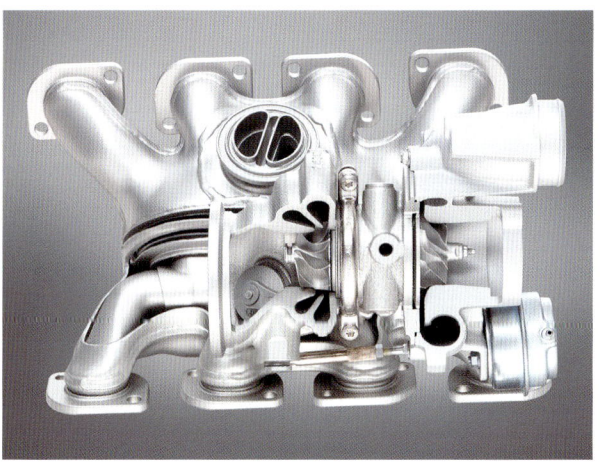

● V형의 예①/BMW · N74

5972cc의 배기량을 갖는 V형 12기통의 양 뱅크의 각각에 터빈을 배치하는 것으로 병렬 트윈 터보로 한 BMW · N74형 엔진이다. 배기 매니폴드는 앞에 설명한 N54와 마찬가지의 판금 성형이지만 2분할식으로 되어 있는 점이 흥미롭다. 배기 매니폴드와 터빈은 G 밴드로 체결되는 구조를 갖는다.

● S63의 트윈 스크롤×2 구성

S63형 엔진의 터빈과 배기 매니폴드를 위에서 바라본 것이다. 배기의 간섭을 피하기 위하여 우측 뱅크로부터의 배기관이 좌측의 터빈으로, 그리고 좌측에서 우측으로 배기관이 엇갈리는 모양이 압권이다. 배기 매니폴드 좌우로 2분할되어 있다. 액추에이터는 조정식인 로드로 웨이스트 게이트에 연결되어 있다.

Supercharger
슈퍼차저 ×1

▶ 과급 지연과는 무관한 과급 장치

자동차용 과급기에서 터보차저와 대적하는 다른 하나가 슈퍼차저이다.
항상 엔진과 함께 회전하고 있기 때문에 얻어지는 장점과 단점이란?

글 : MFi   그림 : 쿠마가이 토시나오(Toshinao Kumagai)/GM/Nissan/Audi/FHI/Daimler

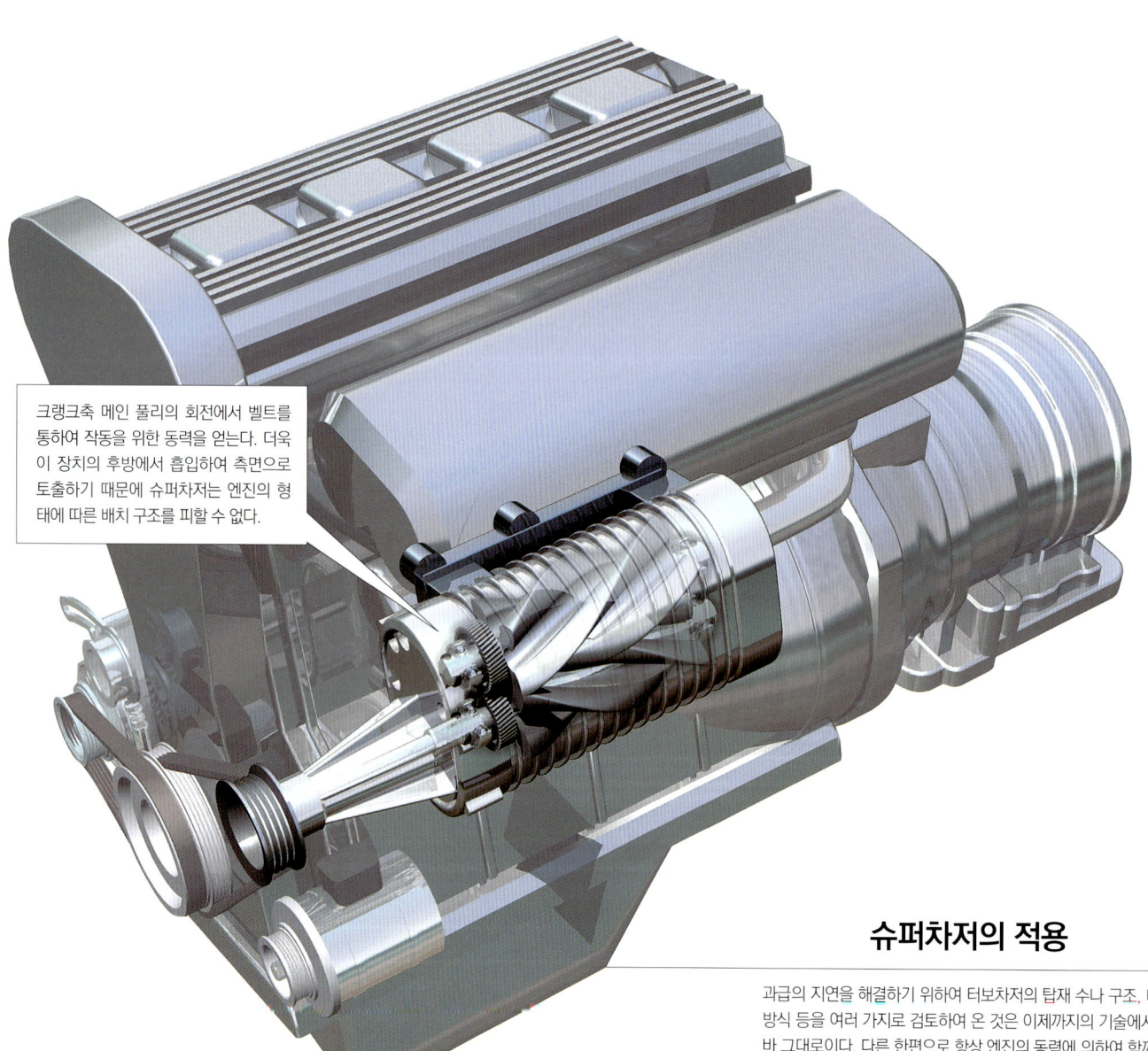

크랭크축 메인 풀리의 회전에서 벨트를 통하여 작동을 위한 동력을 얻는다. 더욱이 장치의 후방에서 흡입하여 측면으로 토출하기 때문에 슈퍼차저는 엔진의 형태에 따른 배치 구조를 피할 수 없다.

슈퍼차저의 적용

과급의 지연을 해결하기 위하여 터보차저의 탑재 수나 구조, 배치 방식 등을 여러 가지로 검토하여 온 것은 이제까지의 기술에서 본 바 그대로이다. 다른 한편으로 항상 엔진의 동력에 의하여 함께 회전하는 슈퍼차저는 과급의 지연에 대한 부정적인 면이 거의 없으며, 토크의 생성도 자연스럽다. 그러한 장점이 선호되어 주로 배기량이 큰 엔진에 탑재되는 것이 대부분이었다.

다른 한편「항상 함께 회전하고 있다」는 것은 당연히 엔진에 항상 부하가 걸리고 있는 것이므로「과급이 필요 없을 때에는 동작하지 않게」하거나「효율이 나쁠 때는 동작하지 않게」하는 구조의 도입이 진행되고 있다. 여담이지만 북미 시장에서는 애프터 마켓의 부품으로서 추가적으로 장착되는「슈퍼차저 키트」의 인기가 높다. 터보차저와 같은 대규모의 구조변경이 필요 없이 비교적 용이하고 값싸게 시스템을 구축할 수 있으며, 큰 토크를 얻을 수 있는 방법이기 때문이다.

과급 공기의 흐름

왼쪽 끝부분의 풀리는 기어를 통하여 케이스 내부의 로터를 구동한다. 그림의 우측 방향에서 유입된 공기는 회전하는 트위스트 로터에 의하여 좌측 방향으로 차례로 보내지며, 하부로 차출된다. 그림에 표시된 루츠(roots)식(이튼 제품)에서는 슈퍼차저 안에서 내부의 압축은 없으며, 이른바 송풍기로서 과급을 실시하고 있다. 그러므로 출구 부근에서는 역류가 발생되기 쉽고 그에 동반하는 소음이 발생하기 쉽다. 고과급이 어려운 것도 과제이다. 한편, 예전의 마쯔다 유노스 800이나 메르세데스 AMG에 이용되던 IHI제인 리스홀름식 컴프레서에서는 회전에 의해 로터 사이의 체적을 변화시킴으로써 공기를 압축하는 구조이다.

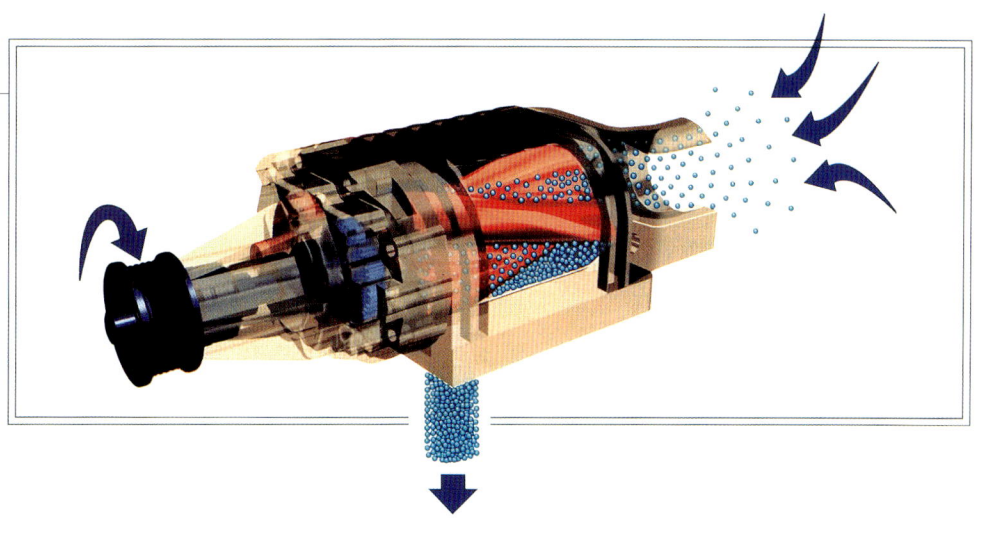

● Nissan · HR12DDT

마치(March)에 3기통 엔진을 탑재하여 시장을 놀라게 한 닛산의 「차기 수」이다. 가변 밸브 타이밍 기구로 흡기밸브를 늦게 닫는 밀러 사이클로 하면 절대적으로 흡기량이 적기 때문에 과급 압력이 없으면 토크가 부족해진다. 터보차저 과급에서는 응답성에 어려움이 있기 때문에 닛산은 슈퍼차저를 선택하였다. 저부하 영역에서는 동작을 OFF시켜 저연비에도 기여한다.

● Audi · 3.0 V6 TFSI

2009년에 데뷔한 아우디의 다운사이징 과급 엔진이다. 종래의 V8-4.2 엔진의 대체품으로서 토크는 같지만 연비는 V6-3.2를 상회하는 사양으로 투입되었다. 90°의 뱅크 각을 갖는 엔진이므로 설치공간은 충분하다. 더욱이 로터 좌우의 외측에 인터쿨러를 배치하는 구조로 슈퍼차저를 뱅크 내에 설치한다.

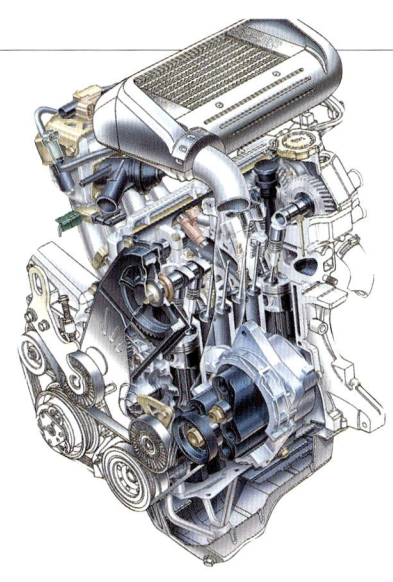

● Subaru · EN07

위의 HR12DDT가 나타나기 전까지는 일본 제품의 유일한 슈퍼차저를 갖춘 엔진이었다. Subaru · Samba/Justy를 시작으로 이 회사의 경자동차 라인업에 사용되는 유닛이었으며, 더욱이 4기통인 것도 하나의 특징이다(다른 회사의 660cc 엔진은 3기통이 대세). 그림 우측 아래쪽에 2로브 루츠식 블로어가 배치된 것을 볼 수 있다.

● Mercedes-Benz · M271

KOMPRESSOR의 badge와 함께 2002년에 등장한 M271은 1.8의 4기통 엔진으로 슈퍼차저의 과급 유닛이다. 선대의 M111 엔진에도 슈퍼차저 과급 사양이었는데 메르세데스는 일찍부터 슈퍼차저의 가능성에 주목하고 있었다. 그러나 현재는 BlueEFFICIENCY로서의 터보차저 과급 사양이 가장 신예(新銳)가 되고 있다.

슈퍼 터보 시스템의 구성

과급 토크의 생성이 뛰어난 슈퍼차저를 터보의 골칫거리인 저속회전 고부하 영역에서 이용하고 배기 에너지를 충분히 확보할 수 있는 영역이 되면 터보차저와 병용하며, 더욱 더 고속회전 영역으로 들어가면 터보차저 과급만으로 전환한다. 각각의 과급기 단점을 보완하고 장점들은 조합시키는 것이 슈퍼 터보이다.

예전에는 란치아(Lancia)의 그룹B 랠리머신ㆍ델타 S4를 비롯하여 생산 자동차로는 닛산ㆍ마치에도 탑재된 적이 있는 시스템이지만 완전하게 시장에 정착시킨 최대의 공로자는 역시 Volkswagen의 TSI일 것이다. 2.0의 대체품으로서 1.4의 슈퍼터보가 2005년에 데뷔하였다. 이상적인 토크의 특성을 얻을 수 있기 때문에 상당한 호평을 받았지만 2012년에는 같은 시스템을 갖춘 추종자는 아직 나타나고 있지 않다.

2종류의 과급기를 배치하여야 하는 시스템과 제어의 복잡화, 비용 등이 원인일까? Volkswagen 자신은 엔진의 모듈화를 현저하게 진화시킴으로써 TSI시스템의 대량생산에 성공하였다.

터보차저

중~고속회전 영역에서 과급을 담당하는 것이 터보차저이다. 배기 에너지가 높아져 터빈의 회전속도를 높일 수 있을 때까지는 슈퍼차저에게 맡기면서 준비를 해두는 사용 방식이다. 따라서 단일 시스템과 비교하여 큰 사이즈를 사용할 수 있다.

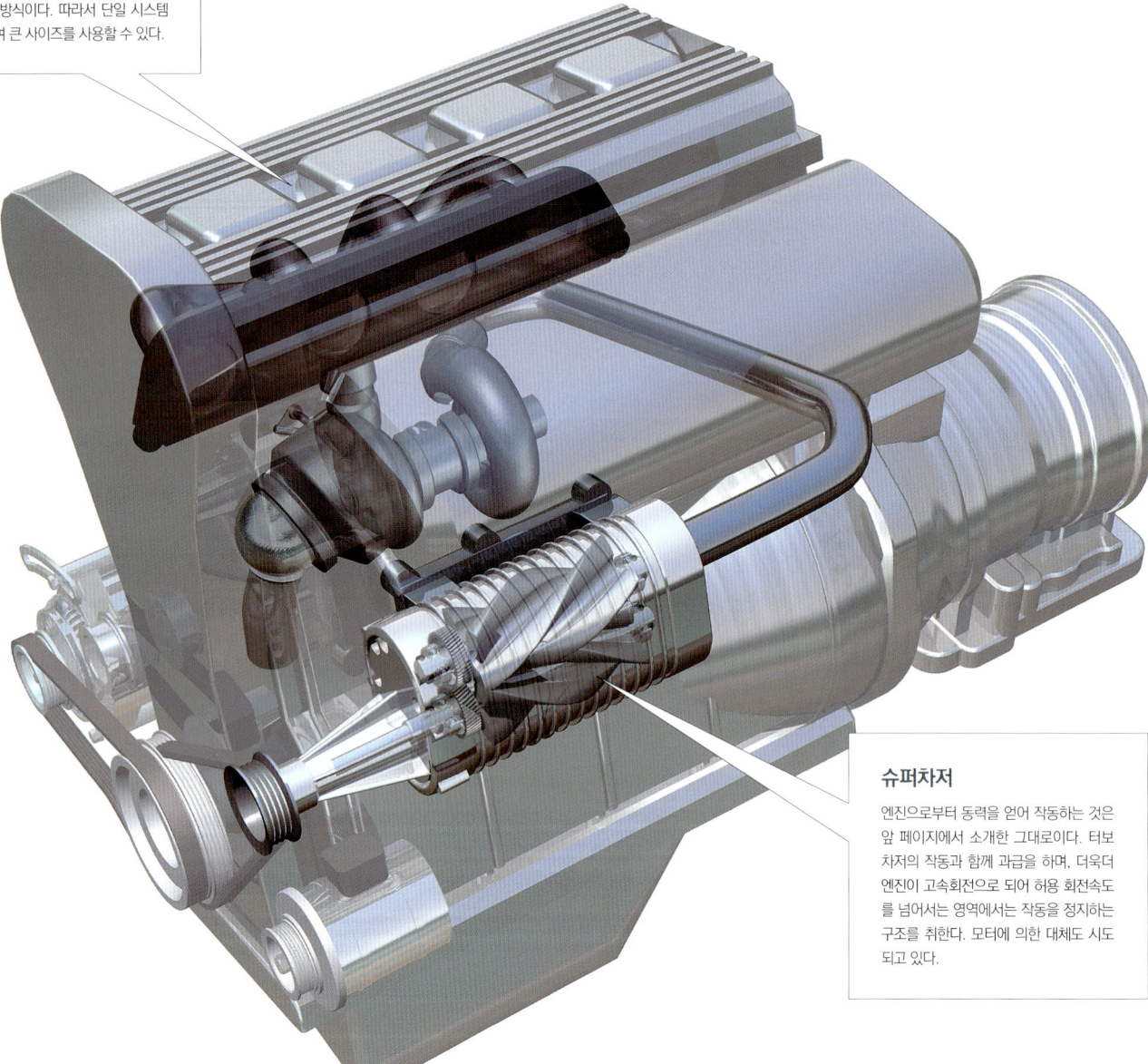

슈퍼차저

엔진으로부터 동력을 얻어 작동하는 것은 앞 페이지에서 소개한 그대로이다. 터보차저의 작동과 함께 과급을 하며, 더욱더 엔진이 고속회전으로 되어 허용 회전속도를 넘어서는 영역에서는 작동을 정지하는 구조를 취한다. 모터에 의한 대체도 시도되고 있다.

Super Turbo
터보차저 + 슈퍼차저

▶ 단점의 상호 보완에 가장 적합한 해결 방법이 될 수 있을까?

슈퍼차저와 터보차저 각각의 특징을 살려서 하나의 과급시스템으로 만든 슈퍼 터보이다.
Volkswagen의 TSI가 성공시킨 이 방식이 과급기술에 있어서 하나의 최종 지표가 되고 있다.

글 : MFi　그림 : 쿠마가이 토시나오(Toshinao Kumagai)/Volkswagen

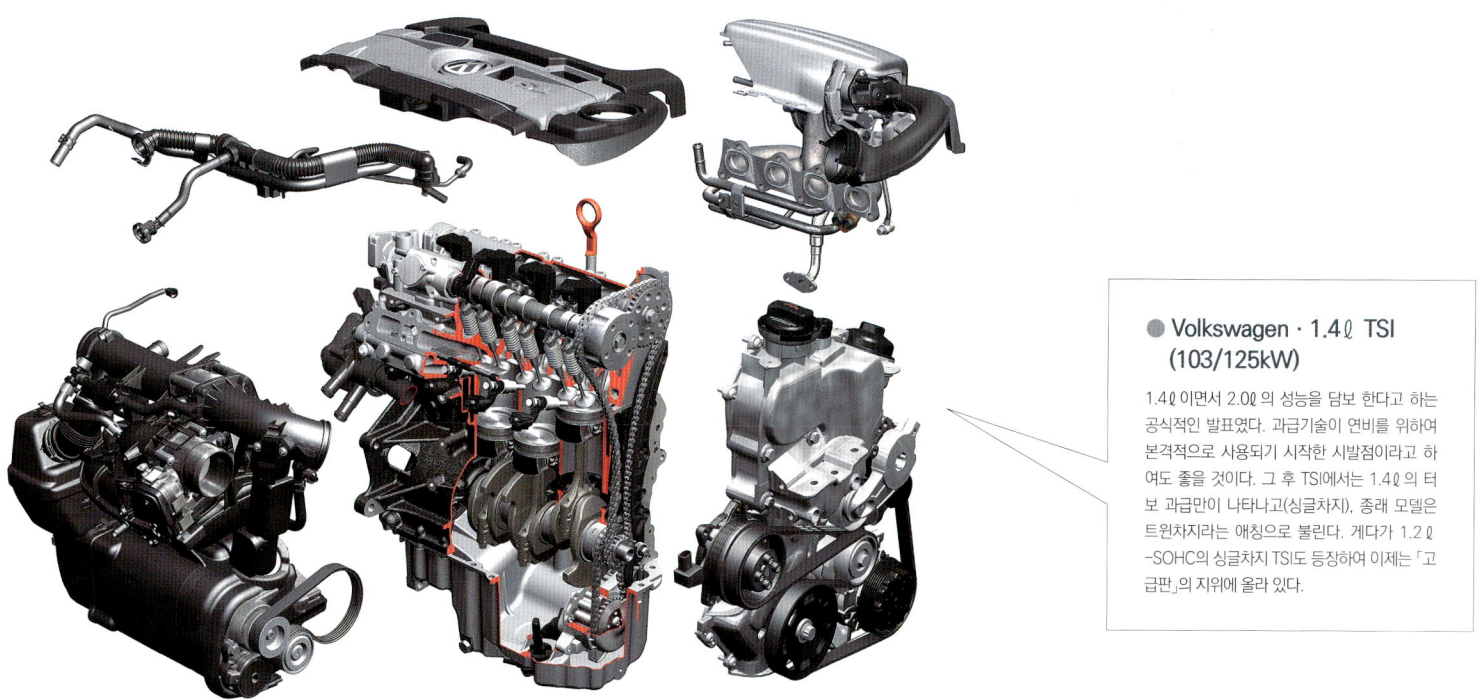

● Volkswagen · 1.4ℓ TSI (103/125kW)

1.4ℓ 이면서 2.0ℓ의 성능을 담보 한다고 하는 공식적인 발표였다. 과급기술이 연비를 위하여 본격적으로 사용되기 시작한 시발점이라고 하여도 좋을 것이다. 그 후 TSI에서는 1.4ℓ의 터보 과급만이 나타나고(싱글차지), 종래 모델은 트윈차지라는 애칭으로 불린다. 게다가 1.2ℓ -SOHC의 싱글차지 TSI도 등장하여 이제는 「고급판」의 지위에 올라 있다.

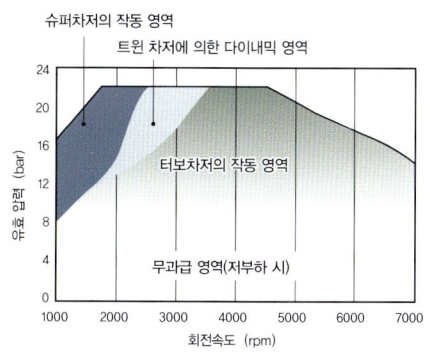

TSI의 작동 과정

오른쪽 일러스트 왼쪽 위는 무과급 영역에서의 운전상황이다. 슈퍼차저 병설(倂設)의 컨트롤 플랩을 열어 배기 압력을 높지 않으므로 터보차저도 약하게 작동하는 상태이다. 오른쪽 위는 슈퍼차저+터보차저에 의한 고부하 2400rpm까지의 운전 상태이다. 컨트롤 플랩은 닫히고 슈퍼차저가 작동하여 컴프레서 휠을 통하여 더욱 더 과급이 실시된다.

과급 압력은 흡기 매니폴드에서 2.5bar(abs)정도. 왼쪽 아래는 슈퍼차저+터보차저에 의한 고부하 2400~3500rpm의 운전 상태이다. 배기 에너지도 충분하므로 터보가 정상 작동하고 과급 압력을 제어하기 위하여 플랩을 제어하여 슈퍼차저를 작동시킨다. 오른쪽 아래는 터보차저에 의한 운전으로 3500rpm 부근이다. 플랩을 열어 전자 클러치를 OFF시키고 슈퍼차저를 정지시켜 과급은 터보차저만을 사용하는 상태이다. 과급 압력은 흡기 매니폴드에서 2.0bar(abs)정도이다.

저부하 영역 · 무과급 모드

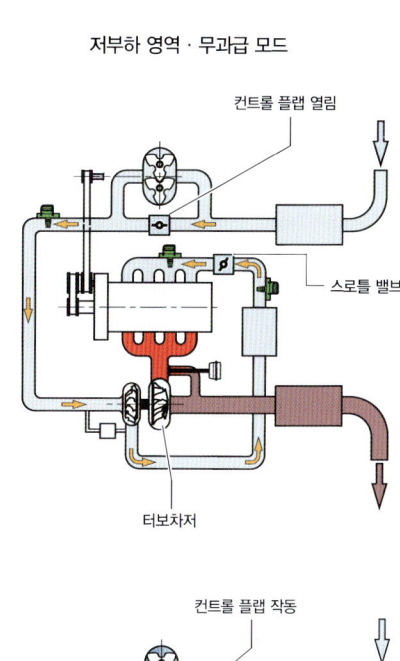

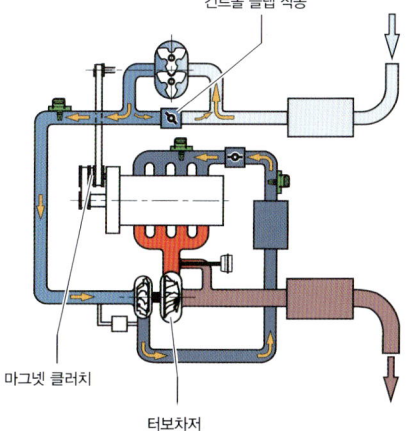

터보차저+슈퍼차저 모드(고부하 영역 : ~2400rpm)

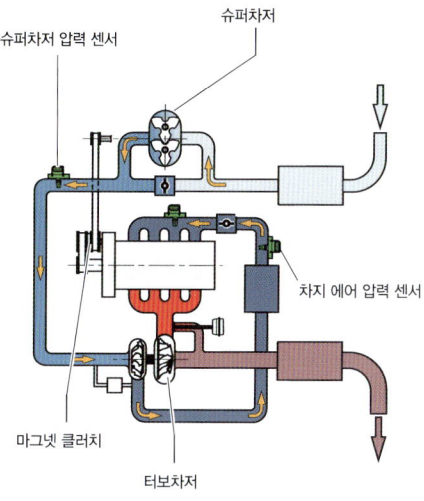

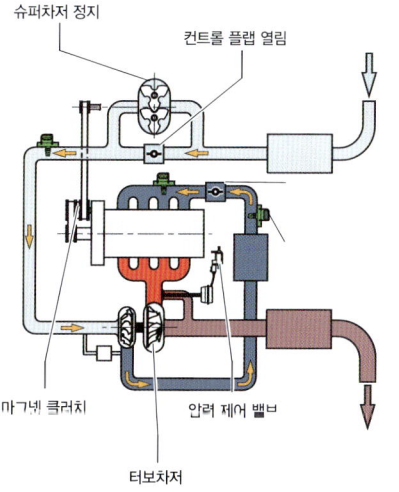

터보차저를 조립하다.

카트리지의 제조 현장

▶ 미쓰비시중공업 사가미하라 제작소

터보차저의 센터 코어 유닛은 양측에 터빈 휠과 컴프레서의 휠이 조립된 글자 그대로 핵심 부품이다. 매우 빠르게 회전만 하는 부분이지만 그 제조는 상당히 정밀하다. 어떻게 제조하고 있는지 그 제조 현장을 방문하였다.

글 : 마키노 시게오(Shigeo Makino) 사진 : 세야 마사히로(Masahiro Seya)

터보차저는 고속으로 회전한다. 그 회전속도가 높은 것은 23만rpm에 달한다. F1 엔진의 약 20배이다. 마치 공예품과 같이 치밀하고 정교한 가공을 실시하는 부품으로 구성되며, 세심한 주의를 기울이면서 시간을 들여 조립되는 F1 엔진도 겨우 1만 수천rpm이지만 터보차저는 그 20배의 속도로 회전한다. 어떻게 하면 20만rpm을 견디어 낼 수 있을까? 우선 필수적인 것은 터빈 휠/컴프레서 휠이라는 회전체의 밸런스를 매우 높은 정밀도로 확보하는 것이다.

위의 사진은 엔진의 실린더에서 배출된 고온의 연소가스를 받아들이는 터빈 휠이다. 얼핏 보면 풍차처럼 설치되어 있는 날개의 각 1장씩은 거의 완전히 같은 형태를 하고 있으며, 중량도 1000분의 1g 단위의 근소한 오차가 있을 뿐이다. 그리고 중심을 통과하는 선에서 케이크와 같이 부채 모양으로 잘라내면, 예를 들어 전체를 1°씩 360등분했을 때

터빈 로터의 조립 공정

▼ 소재의 투입 공정

주조된 터빈 휠을 카트리지 조립 라인으로 보낸다. 이대로도 정밀도가 충분한 것처럼 보이지만 20만rpm의 세계에서 지장이 없도록 사용될 수 있는 형상으로 가공된다.

▼ 샤프트 선삭 공정

터빈 휠 축의 거친 가공이다. 이와 같이 휠의 머리와 축 부분을 단단히 고정시키고 냉각제를 사용하여 절삭가공을 실시한다. 세정된 후에 고주파 열 담금질이 실시된다.

▼ 세정 공정

초고속의 회전체인 만큼 가공과 연마의 공정도 매우 까다롭다. 몇 번이고 미세한 가공을 한 뒤에는 그 때마다 세정과 건조를 반복하는데 다음 공정에 대한 준비라고 할 수 있다.

▼ 외관 검사

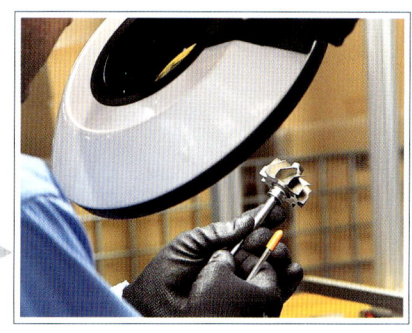

균형 잡기와 측정을 끝낸 터빈 휠과 축의 조립품이다. 마지막으로 검사원이 하나씩 육안검사를 통해 날개의 형상을 체크하고 표면에 작은 상처의 유무를 확인한다.

「케이크 한 조각」마다의 무게를 이것도 1000분의 1g 단위의 오차로 억제하고 있다. 컴프레서 휠 측은 오차의 허용범위가 더욱 엄격하다.

만약 터빈 휠의 외주 부근에 다른 부분보다 3mg(1000분의 3g) 무거운 부분이 있다고 가정하자. 그 터빈 휠을 조립한 터보는 진동을 일으키며, 회전음이 시끄러워지고 진동이 더욱 커지면서 파손된다. 자동차 엔진에 사용되는 크랭크샤프트에는 이만큼의 정밀도가 요구되지 않는다. 보다 더 크다. 1000배의 오차(즉 3g)가 있어도 문제가 없다. 그러나 터빈 휠은 다르다.

* * *

터보차저의 생산현장을 취재하기 위하여 미쓰비시중공업 사가미하라 제작소를 방문하였다. 터빈의 직경 31.5mm인 자동차용 최소 클래스의 터보차저로부터 240mm직경의 산업용 엔진 터보차저까지 도맡아 생산하고 있는 공장이다. 특징은 이 공장부지 안에 연구개발 부문이 있어 개발ㆍ설계ㆍ시험제작ㆍ양산까지를 일관적으로 실시하는 체제인 것이다.

설계측이 「이러한 터보차저로 하고 싶다」라고 생각했을 때 그것이 양산 가능할지를 곧 생산기술부문이 검토할 수 있고 제조 면에서 납갑의 돌파구가 필요한 경우라도 긴밀히 연락을 취하면서 과정을 진행시킬 수가 있다. 이것은 일본 기업에서 자연히 몸에 배어있는 일하는 방식이다.

사가미하라 제작소가 담당하는 부분은 컴프레서 휠, 터빈 휠을 축으로 일체화한 회전부분과 그 받침대가 되는 센터 코어 부분 및 양측에 수차의 날개를 갖는 원통부분이며, 이것을 카트리지 어셈블리라고 한다. 흡입한 공기를 압축하는 스크롤 부분을 갖는 컴프레서 커버와 엔진의 배기가스를 터빈 휠로 이끄는 터빈 하우징 측은 사외(社外) 부품 메이커가 담당한다.

그 카트리지의 제조공정을 차례로 설명하고자 한다.

우선은 컴프레서 휠, 터빈 휠, 터빈 샤프트(축)의 기계가공으로부터 시작된다. 터빈 휠은 복잡한 형상을 인베스트먼트 주조 방식으로 제조한다. 컴프레서 휠은 고온에 접촉되지 않기 때문에 알루미늄 합금으로 제조되지만 900℃를 넘어서는 가솔린 엔진의 배기가스가 직접 접촉되는 터빈 휠은 인코넬이라고 하는 특수한 합금으로 제조한다. 샤프트는 S45계의 합금이다.

근래의 터보차저는 특히 컴프레서 휠의 형상이 복잡하다.

컴프레서 휠의 조립 공정

▼ 소재 상태

막 주조가 끝난 컴프레서 휠. 고온에 접촉되는 터빈 휠은 인코넬 제품이지만 컴프레서 휠은 그만큼 고온에서 사용되지 않으므로 알루미늄 합금제품이다. 날개는 매우 얇으며 더욱이 형상은 복잡한 3차원 곡면이다.

▼ 브러시에 의한 디버링

휠의 꼭대기 부분에 밸런스를 취하기 위하여 깎아낸 것을 알 수 있다. 절삭은 불과 수 밀리그램이고 그 레벨에서 회전 밸런스의 정밀도가 요구된다. 터보차저는 정말 정밀도가 아주 높은 초정밀 회전부품이다.

▼ 숏(Shot) 처리에 의한 디버링(deburring)

전단계의 가공에서 휠의 머리 부분이 잘라 내지며, 뒤쪽을 선반에 의한 절삭가공 후 나사 구멍을 낸 상태가 왼쪽이다. 날개의 R을 깨끗하게 챔퍼 가공하여 소정의 설계 치수가 된 상태가 오른쪽이다. 잘 보면 날개의 가장자리 부분에 새로 생긴 금속표면을 확인할 수 있다. 이후에 세정·건조를 거쳐서 밸런스를 잡고 자동으로 재료 결손의 확인 및 내경 검사가 이루어진다. 육안검사 이외의 공정은 반입/반출도 포함하여 전자동이다.

1장씩의 날개는 3차 곡면을 그리고 있고 휠 원주에 대하여 전진각(rake angle)을 갖게 한다. 이것을 주조로 만들기 위해서는 분할 주형의 고도의 기술이 필요하지만 그것은 일본의 장기이고 주형에서 갓 빼어낸 그대로라도 보아서 매우 멋진 컴프레서 휠이다. 소량 생산품이나 특수한 제품은 5축 NC 절삭기를 사용하여 금속 덩어리에서 깎아낸다.

터빈 휠은 우선, 날개가 붙어있지 않은 뒤쪽을 아주 평평하게 되도록 연마된다. 꾀이낸 부스리기를 제거하는 세칭과 세정액의 건조를 실시한 후에 터빈 휠과 샤프트가 전자빔으로 용접된다. 이 단계에서 용접부분의 미세한 결함의 유무를 광학검사기로 확인하고 축과 터빈 휠의 용접부분에 대한 인장강도를 확인한다. 회전체라고 하지만 회전과는 직각 방향의 인장력도 작용하므로 접합 강도도 필요하다. 그리고 터빈 휠의 정상 부분에 작은 구멍의 가공이 실시된다. 이 구멍은 다음의 공정에서 가공의 기준이 되는 구멍이다.

뒤이어 날개의 가공이다. 정밀한 중력 주조이므로 언뜻 보기에 「이대로도 충분하지 않을까?」라고 할 정도의 제품이지만 냉각제를 뿌리면서 표면을 깨끗하게 깎는 거친 가공이 실시된 후 샤프트를 고주파 경화에 의해 외형의 경도를 높인다.

그 다음이 본 연마이다. 뒤쪽과 날개의 R 부분을 지석으로 연마한다. 그 다음은 축의 연마로 20만rpm이라는 고속회전에서 중요한 것은 날개만이 아니며, 우선은 축의 진원도이다.

직경이 40cm정도의 커다란 지석을 가느다란 축에 대고 전자동으로 연마한다.

이 후에, 축에 윤활 홈을 만든다. 컴프레서 휠을 고정하기 위해 터빈 휠의 반대 측에 나사산을 가공하고 다시 축을 연마한다. 축 부분의 마무리 공정으로 여기서는 필름 래핑이 이루어지는데 표면이 초미세 요철로 된 얇은 필름으로 연마한다. 이 가공이 끝나면 축은 금속의 「반들반들」「매끈매끈」함을 넘어서 손가락 끝이 냉기에 닿는 것 같은 뭐라고 표현하기 어려운 「매끄러운」 감촉으로 된다. 금속인데도 우아하다. 일상 생활 속에서는 이 정도로 정밀도가 높은 표면 가공은 좀처럼 눈에 띄지 않는다.

한쪽 면에 터빈 휠이 있는 상태에서 이번에는 균형 맞추기가 이루어진다. 타이어를 교환할 때, 올바른 회전 밸런스를 얻기 위하여 중량의 언밸런스를 수정하기 위한 작은 「추」를 휠에 장착하는데 그것과 같은 것이다. 다만 터보의 경우에는 무엇인가를 부가하는 것이 아니고 본체를 절삭하여 밸런스를 맞춘다. 깨끗하게 세정하여 건조시킨 후 먼저 측정하는데 어느 부분에 중량의 언밸런스가 있는지를 측정하는 것이다.

이후에 날개의 일부분을 조금 절삭한다.

가공 기준을 위한 마킹이다. 펜으로 마킹을 하는 것일까라고 생각했는데 「절삭」이었다. 이유를 물어보니 「각도의 취하는 방법을 보다 엄격하게, 밸런스를 맞추는 정밀도도 엄격하게 하기 위하여」라고 말한다.

가공의 기준을 위하여 절삭한 뒤에도 세정·건조를 실시한다. 사이클 타임이 허용하는 한 철저히 세정하는 것이 사가미하라 방식인 듯하다. 이후에 다시 측정을 하고 밸런스를 맞추기 위하여 절삭을 실시한다. 그리고 세정·건조하여 또 측정. 이 과정에서 전체의 밸런스가 규정 값에 들어가면 합격이 된다.

컴프레서 휠도 완전히 같은 순서로 가공되는데 우선 뒤쪽을 깨끗이 고르게 하고 축과 체결하기 위하여 구멍을 가공한다. 즉시 외형의 확인. 하나 추가되는 것은 숏 블라스트(shot blast)로 미세한 경질 입자를 표면에 분사하여 디버링(deburring)을 실시한다.

이것이 완료되면 에어 블로우, 세정, 건조. 그리고 터빈 휠

카트리지 조립 공정

▼ 컴프레서 휠의 조립

베어링 하우징에 세트된 컴프레서 휠. 맨 위의 나사 부분이 축이고 이 연장선 상의 바로 아래에 터빈 휠이 위치하지만 이 상태에서는 보이지 않는다. 이미 내부에는 베어링과 스냅 링(snap ring)이 조립되어 있다.

▼ 밸런스 검사 작업

컴프레서 휠의 꼭대기 부분에 너트가 체결되어 어셈블리로서 완성된 카트리지. 이 너트를 단단히 죄는 데에는 많은 노하우가 들어가 있다. 하우징에서 기계 가공된 면과 그렇지 않은 면의 차이를 볼 수 있다.

▼ 카트리지의 완성품

이 카트리지 어셈블리의 상태로 사가미하라 제작소에서 출하된다. 컴프레서 휠과 터빈 휠에 하우징이 씌워지고 웨이스트 게이트 등의 부품이 설치된 후 자동차 메이커에서 엔진에 장착된다.

▼ 외관 검사

수 만rpm으로 운전하여 진동의 계측을 끝내고 그 결과와 시리얼 넘버가 2차원 코드로 찍어진 어셈블리는 포장하기 전에 육안 검사를 받는다. 부품의 금속 주조로부터 시작하여 여기까지는 수많은 공정을 통과하여 왔지만 마지막은 사람의 눈으로 확인한다.

과 마찬가지로 날개 1개소를 작게 절삭하는 측정. 밸런스 맞추기를 실시하고 날개의 「구부러짐」을 검사하고 다시 계측하고 합격품은 카트리지를 조립하는 공정으로 보낸다.

터빈 휠과 컴프레서 휠을 축으로 연결한 것을 지지하는 부분이 베어링 하우징이다. 축을 단단히 지지하며, 측압(thrust)을 흡수하고 초고속 회전을 위하여 윤활을 실시하는 부품이다. 이것도 정밀하게 주조가 되며, 정밀한 기계가공이 이루어진다. 날개와 축이 정밀도가 높다고 해도 그것을 지지하는 부분이 엉성해서는 의미가 없다. 동시에 터보의 기능을 담보하기 위하여 의외로 많은 작은 부품이 설치되는 것도 놀랍다.

우선, 하우징에 플로팅 베어링용의 스톱퍼인 스냅 링을 넣는다. 터빈 휠측과 컴프레서 휠측 각각의 날개 가까운 위치에 베어링이 설치되며, 이것은 매우 얇은 유막에 떠있는 상태로 아주 중요한 부분이다. 그러므로 스냅 링을 설치하면 곧 터보 축에 해당하는 샤프트를 넣어 홈에 단단히 들어있는지 확인하고 거기에 플로팅 베어링, 스러스트 링, 스러스트 베어링을 설치하며, 마지막으로 O링과 스냅 링으로 고정한다.

이 상태에서 축이 설치되어 있는 터빈 휠을 넣고 반대쪽에 컴프레서 휠을 부착한다. 축과 컴프레서 휠은 볼트 및 너트로써 체결시킨다. 축에 나있는 홈에 너트를 단단히 죈다.

이 작업도 전자동이지만 작업이 이루어지는 기계 쪽의 제어가 실로 흥미롭다. 너트의 조임은 토크 관리가 아니고 축력으로 꼭 끼워진 위치에서 조임을 중지한다. 여기가 규정 각도이며, 거기로부터 조금 되돌린다. 조임 각도이다.

이유를 물어보니 납득이 된다. 가공면의 면조도(面粗度)나 나사의 품질로 조임 토크는 변화되며, 토크 값을 관리하여도 축력은 관리할 수 없다. 그러므로 조임 각도를 준다고 한다. 「조금 되돌림」은 출하된 터보 시장의 데이터에서 도출된 것으로 노하우가 집약된 각도인 것이다. 몇 도인지는 들었지만 여기에서는 기록할 수 없다.

더욱 더 흥미로운 것은 터빈 휠과 컴프레서 휠을 고정한 후의 작업이다. 하우징을 부드럽게 두드리고 그 소리를 듣는다. 소리에 의한 확인은 예전부터의 검사방법이지만 스냅링이 확실히 들어 있지 않으면 소리가 다르다고 한다. 예전에는 수작업으로 한 검사를 현재는 자동화하고 있다.

그 후 마지막으로 밸런스 체크가 실시된다. 터빈 휠과 축, 컴프레서 휠 단품으로 각각 밸런스 체크가 실시되는데 조립한 후에는 10만rpm 이상의 회전을 하게 하는 최종적인 체크이다.

완성된 카트리지가 측정기에 설치되고 조립된 베어링이 잘 조화되어 회전속도를 서서히 상승시킨다. 약간의 언밸런스가 있으면 먼저 컴프레서 휠의 조임에 사용한 너트의 부분을 절삭한다. 이 정도만으로 조정이 가능하다고 한다.

터빈 휠과 축은 완성품. 컴프레서 휠도 완성품. 마지막에 남는 것은 축의 「흔들림」으로 이것은 컴프레서 휠 설치의 평행도에 의존한다. 평행도가 확보된다면 축 중심에 위치하는 너트를 절삭하여도 전체적으로 악영향은 없다. 바꿔 말하면 카트리지로서 완성된 후의 최종적인 조정은 「너트의 절삭」으로 끝나도록 이제까지의 공정이 설계되어 있다.

사가미하라 공장을 견학하여 깨달은 것은 몇 개의 카트리지 제조 라인이 특정한 자동차 메이커의 「전용」이었다는 것이다. VW의 전용도 있다면 BMW의 전용도 있다. 유럽에서는 과급 엔진에 힘을 쏟고 있으며, 과급 엔진에 정평 있는 자동차 메이커가 일본 기업으로부터 터보차저를 조달하고 있다는 것이 기쁘고 동시에 자랑스러웠다. 유럽에도 과급기 메이커는 있지만 유럽의 최신 과급 엔진을 지탱하고 있는 것이 일본기업이다.

Illustration Feature
ALL ABOUT SUPERCHARGING

EPILOGUE

「과급」의 혜택은 무한대이다

과급이 가져다 주는 효과는 진정한 의미에서 「연비와 주행의 양립」이 아닐까.
엔진의 배기량을 줄이고 엔진 자체를 작게 만들 수 있는 장점은 자동차의 상품성에 커다란 혜택을 준다고 믿고 있다.
차량의 앞부분이 가볍게 되고 무리 없이 조향장치의 배치나 현가장치의 설계가 가능하게 되며,
충돌 안전성에도 적잖이 기여한다. 라고
과급이야말로 자동차 설계의 시야를 넓혀주는 수단이라고 말할 수 있겠다.

글 : 마키노 시게오(Shigeo Makino)   그림 : 만자와 코토미(Kotomi Manzawa)

● 가솔린 과급 엔진의 토크 곡선의 이미지(전개 전부하)

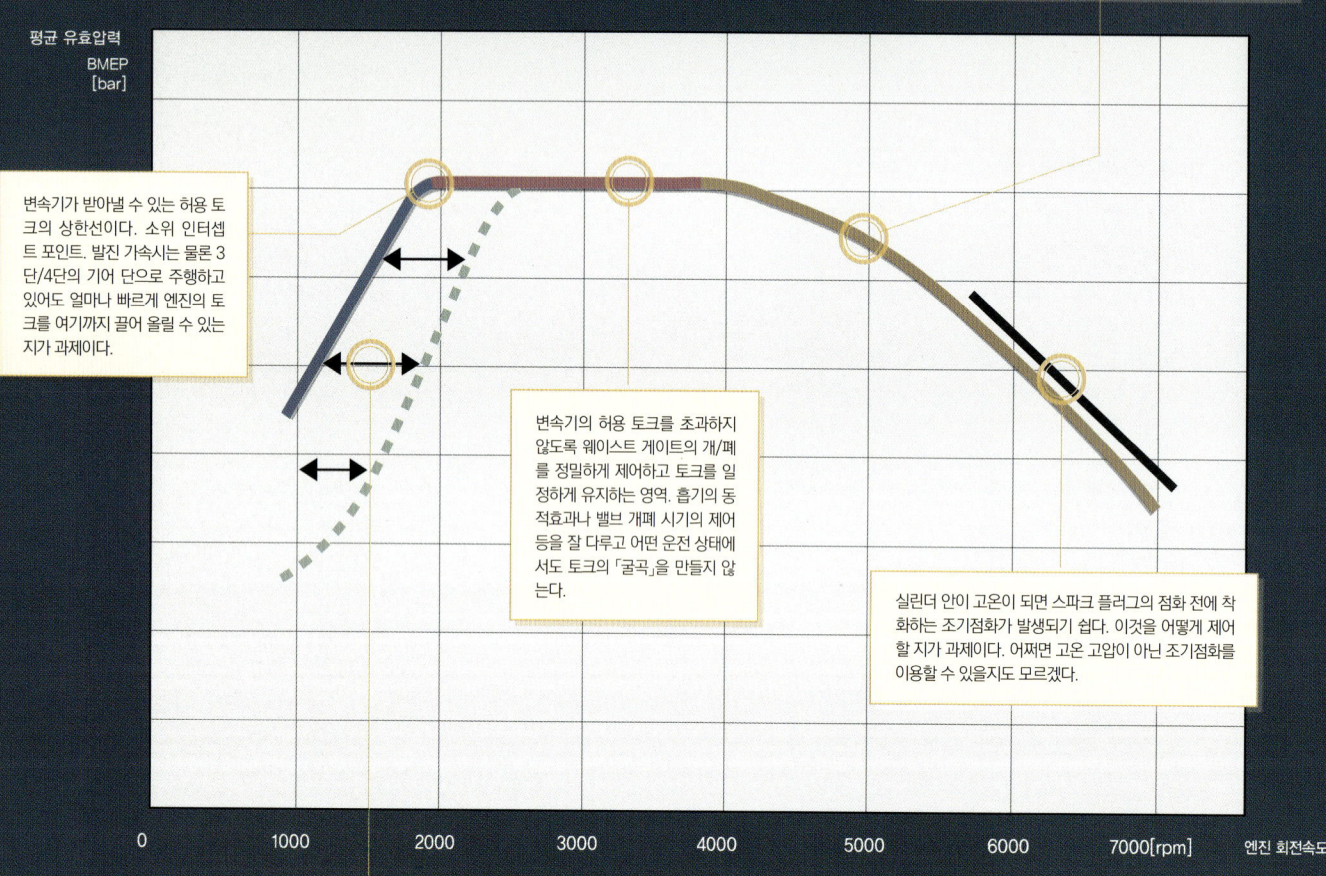

엔진의 회전속도가 상승했을 때 노킹을 일으키지 않고 배기가스의 온도를 상승시키지 않으며, 실린더 압력을 거의 일정하게 유지하기 위해서는 어떻게 하면 좋을까.

변속기가 받아낼 수 있는 허용 토크의 상한선이다. 소위 인터셉트 포인트. 발진 가속시는 물론 3단/4단의 기어 단으로 주행하고 있어도 얼마나 빠르게 엔진의 토크를 여기까지 끌어 올릴 수 있는지가 과제이다.

변속기의 허용 토크를 초과하지 않도록 웨이스트 게이트의 개/폐를 정밀하게 제어하고 토크를 일정하게 유지하는 영역. 흡기의 동적효과나 밸브 개폐 시기의 제어 등을 잘 다루고 어떤 운전 상태에서도 토크의 「굴곡」을 만들지 않는다.

실린더 안이 고온이 되면 스파크 플러그의 점화 전에 착화하는 조기점화가 발생되기 쉽다. 이것을 어떻게 제어할 지가 과제이다. 어쩌면 고온 고압이 아닌 조기점화를 이용할 수 있을지도 모르겠다.

전개 전부차에서는 이 토크 곡선과 같이 토크가 시작되지만 실제로는 이렇게 안 된다. 발진할 때나 과도 영역에서 가속시에도 터보차저의 응답 지연은 반드시 있다. 저속회전 영역에서 토크의 응답성을 어떻게 만들어낼지가 과제이다. 현재의 수단으로는 터보차저의 직경을 소형화하여 관성의 질량을 감소시키는 것, 배기 입력을 최대한으로 이용할 수 있도록 터빈의 입구에서 간섭이 일어나지 않도록 스크롤 형상을 고안하는(혹은 통로 두 개의 트윈 스크롤을 사용하는) 것, 컴프레서 측의 압력을 조금이라도 높이기 위하여 인터쿨러에서 흡기를 냉각시키고 흡기량을 증대시키는 것, 밀러 사이클에 의한 「냉동 사이클」을 이용하는 것 등이 있다. 그리고 저속의 영역을 기계식 슈퍼차저의 과급효과에 맡기는 수단도 있고 더 나아가서는 모터 어시스트, 터보차저의 전동화 등 선택지가 있다.

자동차의 카탈로그에 기재되고 있는 전개 전부하의 토크 곡선이다. 항상 이와 같은 토크가 나오고 있는 것은 아니다. 오히려 이 그래프와 같은 토크 특성은 실제의 주행에서는 거의 있을 수 없다.

● **터보 하이브리드 엔진의 전개 전부하 성능**

AVL이 제공한 이미지이다. 터보 과급 엔진에 전동 모터를 조합시키면 이러한 사용방식이 가능하다는 일례이다. 4기통 엔진에 트윈 스크롤화된 직경이 작은 터보차저를 사용하여도 차단할 수 없는 응답지연을 전동 모터로 해소한다는 것이다. 이미 시스템이 제안되어 있다.

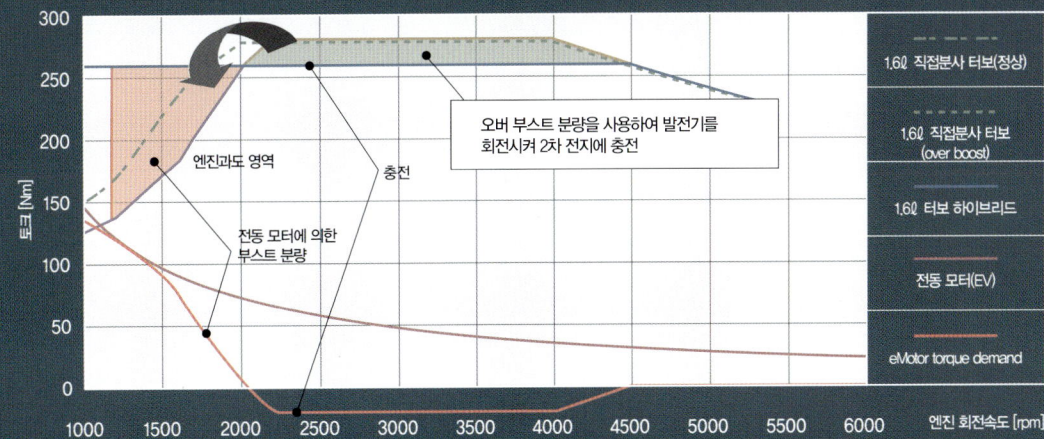

카탈로그에 표기되어 있는 토크 곡선은 전개 전부하 상태이다. 즉 가속 페달을 힘껏 밟고 있는 상태이다. 그렇긴 해도, 근래의 과급 엔진은 카탈로그 표기의 토크 곡선이 그림의 떡이 아니라 「언제든지 얻을 수 있을 것」처럼 저속회전 측에서부터 토크가 상승하여 기분 좋게 자동차를 가속시킨다.

이, 발진시의 가속감은 최신 과급 디젤 엔진 자동차에서 맛볼 수 있다. 「디젤 엔진이기 때문에 저속토크가 크다」는 것이 아니라 과급하고 있기 때문에 그 과급과의 조합이 좋은 디젤 엔진이므로 가속 페달을 밟은 직후부터 힘차게 토크가 생성되고(과도하게 가 아니고) 그 토크가 삽시간에 증가되어 무거운 자동차를 가속시킨다. 이것은 개인적인 인상이지만 과급 디젤 엔진을 MT로 운전하면 CVT 특유의 「고무줄이 늘어나는 듯한 느슨함.」이나 토크 컨버터가 미끄러지며, 토크를 증폭시키는 부자연스러운 도핑감과는 관계가 없는 엔진의 힘으로 주행하고 있다는 느낌이다. 이러한 감각에 유럽의 많은 고객이 돈을 지불하고 있다는 생각이 든다.

이제는 최신 과급 디젤 엔진을 탑재한 스포티카를 선택하는 것은 「나는 CO_2의 저감에 협력하고 있다」라는 것은 핑계에 지나지 않는다. 연비가 좋고 「주행성」이 좋기 때문이다. 기업은 「지구환경에의 공헌」을 말하지만 소비자는 연비가 싸고 주행이 좋으면 개의치 않는다. 미국 일본과 비교해서 상용속도 영역이 높은 유럽에서는 연비만으로는 자동차가 판매되지 않는다.

과급 엔진의 「지금」의 과제는 저속회전 영역에서 과급의 개선과 가일층의 연비 향상, 그리고 저비용화이다. 이 3가지의 밸런스를 좋게 하는 것이 진화의 포인트이다.

한때 유럽에서는 디젤 엔진의 수요가 한계점에 도달했다고 말했었다. 배기가스 규제 「Euro 6」이 도입되면 디젤 엔진은 배기가스 후처리장치 등의 비용이 상승하여 차량의 가격이 더욱 상승한다. 이미 가솔린 엔진 자동차보다도 디젤 엔진 사용차는 1할 정도 비싸며, 그 이상의 차량 가격의 상승은 연료비에 의한 차량 가격의 회수를 어렵게 한다.

거기에 더해 가솔린 과급 엔진의 성능이 좋아지고 있다는 점 외에 과급 엔진 자동차의 선택폭도 증가되었다. 따라서 시장은 과급 가솔린 엔진 자동차를 환영할 것이다········· 라는 이유였다.

그렇다고 하더라도 과급 디젤 엔진 자동차의 판매대수 합계는 EU(유럽연합) 선행가맹국에서는 떨어지지 않고 있다. 왜 그럴까·········.

연료의 세제(稅制)상 경유가 대우를 받고 있는 나라(경유소매가격이 가솔린보다 싼 나라)에서는 전체 승용자동차의 판매 대수에서 점유하는 디젤 엔진 자동차의 비율이 70%를 넘고 있다. 그리고 유럽에서는 대부분의 디젤 엔진이 과급 디젤 엔진으로 전환되고 있다. 연료의 가격 분을 인센티브로서 받아들이는 것뿐만 아니라 「과급 디젤 엔진의 주행이 디젤 엔진에 대한 인기를 지지하고 있다」고 하는 가설이 성립된다. 과급 디젤 엔진과 같은 최대 토크를 가솔린 엔진에서 얻는다고 한다면 배기량의 등급이 상승하기 때문에 그러한 점도 포함하여 아직 과급 디젤 엔진은 상품력이 있다고.

유럽의 메이커에서 가솔린 엔진/디젤 엔진의 기종수가 어떻게 되고 있는지는 이 특집의 서두에서 소개하였다. 과급 디젤 엔진의 증가는 유행이고 유럽에서는 가솔린 엔진의 설정 수를 축소하여 디젤 엔진으로 돌리고 있다는 점도 적지 않다. 그리고 소비자도 자동차 미디어도 차량에 탑재한 상태에서 과급 디젤 엔진은 다운 스피딩 효과에 의하여 엔진 단품에서 비교 이상으로 실연비가 좋은 것을 알고 있다. 소비자는 연비가 좋은 만큼 연료비를 세이브할 수 있고 그 인센티브를 받을 수 있다고 기대하고 더욱이 「참고 탄다.」가 아니라 「가속을 즐길 수 있다」는 것을 체험하였다.

한편, 가솔린 과급 엔진은 VW(Volkswagen)이 TSI 시리즈를 시작한 이후 착실하게 세력을 증가시키고 있다. 디젤 엔진과 비교해서 가솔린 엔진은 과급 다운사이징의 효과를 인정받는 것이 힘들었다. VW가 TSI의 판로 확장에 쓴 광고 신진비와 마케팅 비용은 막대하다. 그러나 그 노답은 대단하고 VW가 비용을 부담한 캠페인에 편승하여 PSA나 BMW, 볼보, 더 나아가서는 다임러까지도 가솔린 엔진을 다운사이징 과급으로 바꾸나갔다.

지금, 과급 엔진의 세계에서는 디젤 엔진이 주류이며, 이것을 가솔린 엔진이 맹추격하고 있다. 왼쪽 페이지의 토크 곡선에 기입했듯이 해결해야할 과제는 몇 가지 있지만 새로운 추세로서 가솔린 과급 엔진이 정착하고 있는 중이다. 그리고 이 과정에서 엔진의 공동개발, 타사로부터 엔진의 조달이라는 협업이 생겼다. 예전의 유럽에서도 예를 들어 푸조(Peugeot)/르노(Renault)/볼보(Volvo)에 의한 V6엔진(3사의 머리글자를 따서 PRV엔진이라고 한다)의 공동개발과 같이 파워트레인을 반드시 자비로 갖출 필요는 없다는 사고방식이 있었지만 다시금 그런 분위기가 높아지고 있다. 공동개발, 공동구매, 대량생산의 장점이 공급 측에도 조달 측에도 이익을 가져다준다는 것을 당사자들은 알고 있다.

그리고 성능 면에서의 가능성이 있고 과급 엔진의 가능성은 무한대이다. 「지금의 시점에서 엔진에 100만원의 비용을 더 지불한다면 가솔린 과급 엔진의 동력성능을 비약적으로 향상시켜 동시에 연비를 2할 정도 감소시켜 보이겠다.」고 어느 일본인 기술자는 나에게 말하였다. 그 비용의 배분과 이용 기술에 관한 자료도 보여 주었다. 상세히는 전달할 수 없지만 매우 설득력이 있는 시나리오였다. 일본인 연구자도 같은 말을 하였다. 개발의 최전선에는 이미 이러한 인식이 있다.

부족한 것은 경영의 판단이다. 2008년 가을의 리먼 쇼크 이후 일본의 자동차 메이커는 「지키기」를 넘어 오히려 병적으로 소심한 자세로 되어버렸다. 신규 설비투자에 소극적이고 지금 있는 것, 감가상각이 끝난 설비에서 양산할 수 있는 것에 매달리고 있다. 과급이 최선인지 어떤지 조차 장기적인 전략으로서 취급되지 않고 있다. 최종적으로 어떤 파워트레인의 전략을 취할지는 개개의 기업 판단이고, 과급을 선택지에서 제외시키는 것도 경영판단이다. 그 판단만이라도 시급히 실행해야 할 것이다.

사진 & 일러스트로 보는 꿈의 자동차 기술

Motor Fan illustrated

日本語版 직수입
서울 모터쇼에서 호평

MFi 과월호 안내

구입은 www.gbbook.co.kr 또는 영업부 Tel_ 02-713-4135로 연락주시길 바랍니다.
본 서적은 일본의 삼영서방과 도서출판 골든벨의 재고량에 따라 미리 소진될 수 있음을 알려 드립니다.

Vol.	제목	재고
Vol.1	디젤 신시대	
Vol.2	하이브리드차의 능력	재고없음
Vol.3	최신 서스펜션도감	
Vol.4	패키징 & 스타일링론	
Vol.5	엔진 기초지식과 최신기술	재고없음
Vol.6	4WD 최신 테크놀로지	
Vol.7	안전기술의 현재	
Vol.8	트랜스미션	재고없음
Vol.9	ITS 고도정보화 교통시스템	
Vol.10	보디 컨스트럭션	재고없음
Vol.11	조향·브레이크의 테크놀로지	
Vol.12	쇽업소버의 테크놀로지	
Vol.13	고급 엔진 테크놀로지	
Vol.14	엔진의 배기다기관 디자인	
Vol.15	최신 자동차기술총감	
Vol.16	Electric Drive	
Vol.17	랜서 에볼루션	
Vol.18	자동차의 플랫프레임	
Vol.19	로터리 엔진	
Vol.20	수평대향 엔진 테크놀로지	
Vol.21	변속기 진화론	
Vol.22	차세대 자동차 개발 최전선	
Vol.23	에어로 다이나믹스 자동차의 공력 개발	
Vol.24	구동계 완전 이해	
Vol.25	디젤의 역량	
Vol.26	가솔린의 테크놀로지	
Vol.27	최신 자동차기술총감 (2008~2009)	
Vol.28	배기열 이용의 테크놀로지	
Vol.29	시트의 테크놀로지	
Vol.30	레이싱 엔진	
Vol.31	독일 엔진	
Vol.32	미드십 레이아웃	